MISSION SCIENTIFIQUE
AU MEXIQUE
ET DANS L'AMÉRIQUE CENTRALE,

OUVRAGE

PUBLIÉ PAR ORDRE DU MINISTRE DE L'INSTRUCTION PUBLIQUE.

RECHERCHES ZOOLOGIQUES

PUBLIÉES

SOUS LA DIRECTION DE M. H. MILNE EDWARDS,

MEMBRE DE L'INSTITUT.

QUATRIÈME PARTIE.

ÉTUDES SUR LES POISSONS,

PAR

MM. LÉON VAILLANT ET BOCOURT.

PARIS.

IMPRIMERIE NATIONALE.

M DCCC LXXXIII.

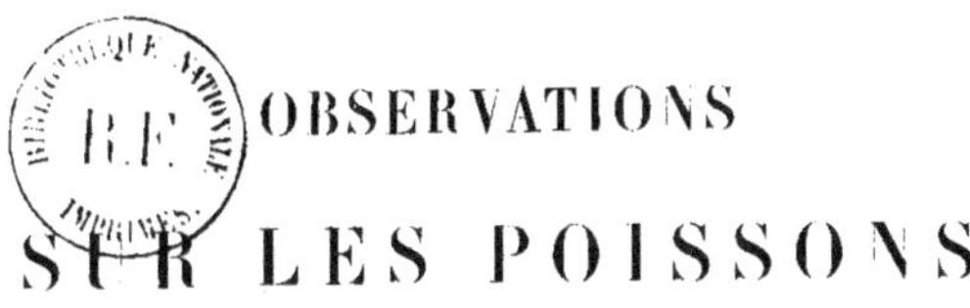

OBSERVATIONS SUR LES POISSONS

DE

LA RÉGION CENTRALE DE L'AMÉRIQUE.

AVANT-PROPOS.

La publication des recherches sur l'ichthyologie se rattachant à la mission scientifique de l'Amérique centrale s'est trouvée empêchée jusqu'ici par plusieurs circonstances; la principale et la plus douloureuse a été la mort du regretté professeur Auguste Duméril, qui avait bien voulu accepter cette partie du travail. L'état dans lequel se sont trouvées les collections du Muséum à la suite du siége de 1871, en rendant impossibles les comparaisons avec les types originaux, est aussi pour beaucoup dans ce retard. Cependant différentes notes déjà publiées[1] ont pu faire voir que la série des Poissons recueillis dans ce voyage ne le cède en rien, pour la richesse, aux collections se rapportant à d'autres groupes, et qu'elle présente un véritable intérêt.

Dans l'introduction qui précède les Études sur les Reptiles et les Batraciens de cette région, Auguste Duméril a brièvement indiqué les principales localités d'où proviennent ces animaux ainsi que les Poissons. Ces derniers ont été, pour

[1] Bocourt. *Note sur les Poissons du genre Tétragonoptère provenant du Mexique et du Guatemala* (Ann. Sc. nat. 5ᵉ série, t. IX, p. 62, 1868); — *Note sur les Poissons Percoïdes appartenant au genre Centropome, provenant du Mexique et de l'Amérique centrale* (ibid. p. 90); — *Description de quelques Acanthoptérygiens nouveaux, appartenant aux genres Serran et Mésoprion, recueillis dans l'Amérique centrale* (ibid. t. X, p. 222, 1868).

la plupart, recueillis par M. Bocourt, soit sur la côte orientale, tant à Bélize que dans la rivière Mullins, située un peu au sud de cette ville, soit dans l'intérieur des terres, au lac Isabal, dans le bassin du Polochic, la haute Vera-Paz, les environs de Coban, Solola, etc., enfin pendant différentes relâches sur la côte occidentale, particulièrement à Tauesco et la Union. Cette collection renferme également divers animaux étudiés aux îles des Antilles, et plusieurs envois reçus de MM. Bélanger, Boucard, Gerrard, de Mlle Leprévost, ou donnés par la Société économique de Guatemala.

Il serait inutile d'entrer dans de grands détails sur les travaux relatifs à la faune ichthyologique de l'Amérique centrale, le sujet ayant été traité avec tous les développements qu'il comporte dans l'introduction déjà citée. Depuis la publication du remarquable mémoire de M. Günther[1], on ne trouve que quelques notes moins importantes qui seront citées dans le cours du travail; un index bibliographique indiquera d'ailleurs l'ensemble des sources auxquelles on a pu avoir recours.

Ce travail doit surtout faire connaître les animaux recueillis par la Commission scientifique du Mexique; cependant, dans quelques cas, on trouvera décrits certains types de la collection du Muséum, comme points de comparaison pouvant servir à mieux fixer les idées sur la signification réelle de quelques espèces. Quant aux figures, elles sont d'une exactitude tout à fait exceptionnelle, la coloration ayant été prise par M. Bocourt sur le vivant avec un soin et une précision que peuvent rarement apporter à ce genre de travail les naturalistes voyageurs; ce sera pour cette publication un avantage inappréciable.

L'ordre adopté dans la disposition des espèces est conforme à la classification de Cuvier, en rapprochant les genres créés plus récemment de ceux avec lesquels ils offrent le plus d'affinités. Tous les ichthyologistes conviennent que, pour les Poissons osseux en particulier, nous ne possédons encore aucune donnée satisfaisante sur leur division en grands groupes. Les différentes modifications proposées depuis la publication du Règne animal s'appuient souvent sur des caractères

[1] *An account of the Fishes of the States of Central America, based on the collections made by capt. J. M. Dow, F. Godman, esq., and O. Salvin, esq.* (*Transact. Zool. Society of London*, t. VI, p. 377, pl. LXIII à LXXXVII, 1868-1869; mémoire lu les 22 mars et 13 décembre 1866).

généralisés avec trop de précipitation et d'une valeur trop contestable pour qu'on puisse admettre ces changements comme définitivement acquis; ils ne conduisent d'ailleurs qu'à des méthodes également artificielles. On peut donc regarder la classification de Cuvier, malgré ses imperfections très-réelles, comme encore suffisante; d'un autre côté, elle a l'avantage d'être la plus répandue et la plus habituellement suivie pour l'arrangement des collections. Dans un ouvrage de la nature de celui-ci, où le côté descriptif doit tenir une grande place, c'est donc celle qui paraît la plus convenable pour la facilité des recherches.

Ce travail se divise en deux parties : la première est consacrée au côté purement zoologique; la seconde renferme, comme conclusions, les résultats généraux de ces études au point de vue de la répartition géographique des Poissons de cette région.

Léon VAILLANT.

ÉTUDES ZOOLOGIQUES
SUR LES POISSONS
DE L'AMÉRIQUE CENTRALE.

PREMIÈRE PARTIE.

PERCOÏDES.

Cuvier, *Règne animal*, t. II, p. 131, 1829.

Les travaux de M. Günther[1] et de M. Canestrini[2] ont montré combien cette famille est composée d'éléments hétérogènes; il convient toutefois de remarquer que Cuvier en avait déjà fait l'observation, et les ichthyologistes se sont bornés, dans plusieurs cas, à mieux indiquer les divisions déjà introduites dans le Règne animal, en élevant celles-ci au rang de famille.

Les espèces que nous avons eu à examiner se rapportent à dix genres, les uns appartenant aux Percoïdes proprement dits (*Percidæ* Gthr.), *Centropomus*, *Apogon*, *Serranus*, *Plectropoma*, *Mesoprion*, *Centropristis*, *Dioplites*; d'autres aux *Bericidæ*, *Holocentrum*; enfin aux *Polynemidæ* et aux *Sphyrænidæ*. Les types les plus différents se trouvent donc représentés dans cette région.

Genre CENTROPOMUS, Lacép.

Cuvier, *Règne animal*, t. II, p. 134, 1829.

Percoïdes à ventrales thoraciques; sept rayons branchiostéges; dorsales dis-

[1] Günther, *Catalogue of the Fishes in the British Museum*.

[2] Canestrini, *Zur Systematik der Perciden* (*Verhandl. Zool.-Bot. Gesell. Wien*, t. X, *Abhandl.* p. 291, 1860).

linetes; toutes les dents en velours; préopercule dentelé; opercule obtus, privé d'épine.

Ce genre présente un intérêt particulier; il est, en effet, jusqu'à aujourd'hui, propre aux parties tropicales de l'Amérique, ce qui nous engage à en donner ici une révision complète.

Ces Poissons, généralement connus sous le nom de *Brochets de mer*, offrent, avec leur homonyme des eaux douces, certaines ressemblances par la forme de la tête et leur museau aplati, élargi; mais c'est à cela que se bornent les rapports. Leurs mâchoires sont même dépourvues de ces dents longues et acérées, très-développées chez quelques genres voisins, comme les *Lucioperca*, et si caractéristiques de l'*Esox*, auquel on veut les comparer. Aux particularités essentielles énoncées dans la diagnose on peut ajouter les suivantes :

La mâchoire inférieure dépasse constamment la supérieure; des lignes saillantes, au nombre de quatre, se voient sur la tête, où elles forment un dessin plus ou moins irrégulier et vers la nuque circonscrivent deux espaces triangulaires revêtus d'écailles[1], les parties antérieures étant nues; la joue, l'operculaire et le sous-opercule sont écailleux; le limbe du préopercule et l'interopercule, au contraire, ne présentent pas d'écailles. Langue lisse et pointue. Deux nageoires dorsales distinctes, la première triangulaire, avec huit épines fortes, les deux premières très-courtes; la seconde avec une épine et neuf ou dix rayons mous. Anale avec trois épines et six ou sept rayons mous; la seconde épine remarquablement longue et robuste, souvent égale à la hauteur du corps. Caudale fourchue. Sur-scapulaire dentelé. Ligne latérale étendue presque en ligne droite du haut de la fente branchiale au milieu de la nageoire caudale et se prolongeant visiblement sur celle-ci. Une pseudobranchie.

Les écailles des Centropomes ne paraissent pas avoir jusqu'ici fixé l'attention des zoologistes; elles offrent cependant quelques particularités intéressantes. Les résultats présentés ici ne doivent toutefois être acceptés qu'avec certaines réserves, la rareté des exemplaires m'a permis d'observer pour chacun d'eux qu'un petit nombre de ces organes, et l'on sait que, sur un même Poisson, suivant les ré-

[1] Pl. I, fig. 1 c, 2 c, 3 c.

gions du corps, on peut trouver des différences assez sensibles, capables d'induire en erreur un observateur non prévenu. Pour obvier à cet inconvénient, les écailles ont été prises, aussi exactement qu'il nous a été possible de le faire, dans des régions correspondantes du corps sur les différents individus : l'écaille des flancs vers le milieu de la hauteur entre la ligne latérale et le profil ventral, près ou sur la ligne transversale; l'écaille de la ligne latérale sur ou près de cette même ligne transversale; enfin l'écaille ventrale, beaucoup moins importante que les précédentes, en avant de l'anus[1]. Malgré ces précautions, il est probable que les analogies doivent être regardées comme ayant plus de valeur que les différences.

Les dimensions des écailles en rapport avec la taille des Poissons sont assez variables, si l'on s'en tient aux formules des lignes latérale et transversale; mais, pour la première, les chiffres les plus élevés se rapportant assez exactement aux espèces les plus allongées, les conclusions qu'on en pourrait tirer n'ont pas d'importance au point de vue qui nous occupe ici. Il n'en est pas de même de la seconde. Si les dimensions des écailles ne variaient que peu, on devrait, en effet, trouver les chiffres les plus forts sur les espèces proportionnellement les plus hautes, ce qui est loin de se vérifier : ainsi le *Centropomus armatus*, Gill., dont la hauteur atteint près du quart de la longueur, donne pour la ligne transversale 7/12, et le *Centropomus affinis*, Steind., 7/11, sa hauteur étant le cinquième de la longueur; chez les *Centropomus undecimalis*, Bloch, et le *Centropomus nigrescens*, Gthr., pour lesquels ce rapport est environ du sixième ou du septième, les formules sont, au contraire, 9/15 et 10/14. Aussi peut-on tirer de la dimension des écailles des caractères spécifiques d'autant meilleurs qu'ils sont très-frappants, lorsqu'on compare des individus à peu près de même taille.

Les écailles, considérées isolément, sont toujours d'un type franchement cténoïde. Celles des flancs ont une forme plus ou moins exactement carrée; cependant, si l'une des dimensions l'emporte, c'est la hauteur; la différence est toujours petite. Le foyer se trouve le plus ordinairement reculé jusqu'à la limite de l'aire spinigère[2], et petit, plus rarement central ou subcentral, dans ce cas élargi.

[1] Ces observations sont applicables à tous les Poissons dont il sera question dans le cours de ce travail, sauf l'écaille ventrale, qui a souvent été prise entre l'anus et la nageoire anale. — [2] Pl. I, fig. 1 c, 2 c; 1 bis, 1 c; 1 ter, 1 c.

couvert de vermiculations et séparé de l'aire spinigère par un nombre plus ou moins considérable de crêtes concentriques[1]. On sait que ces variations n'ont qu'une très-médiocre importance, et sont en rapport avec le mode de développement et l'âge de l'écaille plutôt qu'avec une forme typique particulière. Les lobes marginaux du champ postérieur montrent dans leur distribution quelques différences plus intéressantes, et, comme on retrouvera celles-ci dans les autres écailles, il est à présumer qu'elles sont générales et pourraient donner de bons caractères spécifiques. En premier lieu, le nombre de ces lobes varie dans des limites assez étendues, puisqu'il peut tomber à six[2] et s'élever parfois à dix-huit ou vingt[3]. Sous ce rapport, les Centropomes que nous avons pu étudier se partageraient en deux groupes : ceux qui présentent de six à neuf lobes, tels sont les *Centropomus Mexicanus*, Boc., *C. Cuvieri*, Boc., *C. affinis*, Steind., *C. armatus*, Gill., *C. Unionensis*, Boc., et ceux chez lesquels on en rencontre de treize à vingt, *C. undecimalis*, Bloch, *C. nigrescens*, Gthr. Cependant, le nombre de ces lobes marginaux pouvant différer, pour un même individu, suivant le point où l'écaille a été prise, et, dans une même espèce, suivant l'âge, cette division n'aurait qu'une faible valeur, si la distribution de ces mêmes lobes sur le contour de l'écaille ne venait lui donner une nouvelle importance. En effet, dans toutes les espèces du premier groupe, ces lobes marginaux n'existent que sur le bord antérieur[4], suivant le type habituel pour beaucoup de Percoïdes; chez le *Centropomus undecimalis*, Bl., et le *C. nigrescens*, Gthr., ils s'étendent plus loin et occupent une partie des bords latéraux, dans certains cas jusqu'à leur moitié antérieure[5]. Les crêtes concentriques n'offrent rien de spécial sur le champ postérieur ou sur les champs latéraux; elles sont plus serrées en avant, surtout entre les sillons centripètes, et deviennent moins nombreuses et plus écartées en se rapprochant de l'aire spinigère; c'est là un fait général chez tous les Poissons. L'aire spinigère ou champ postérieur est le plus souvent en segment de cercle avec une limite antérieure en ligne à peu près droite, formant la corde de l'arc représenté par le bord libre. Les spinules sur ce dernier sont toujours en assez grand nombre : un

[1] Pl. I, fig. 3 c.
[2] Pl. I *ter*, fig. 1 a.
[3] Pl. I *bis*, fig. 1 a.
[4] Pl. I, fig. 1 c, 2 c, 3 c; pl. I *ter*, fig. 1 a.
[5] Pl. I *bis*, fig. 1 a.

rang extérieur, un rang un peu plus intérieur, dont les spinules alternent avec celles du rang précédent, font saillie sur le bord; tous deux sont comptés dans les nombres qu'on trouvera plus loin à la description des espèces.

Les écailles de la partie ventrale inférieure du corps[1] sont toujours irrégulièrement arrondies ou ovalaires; le foyer large, central ou subcentral, peut occuper jusqu'au quart de la surface, son diamètre étant moitié du diamètre total; sa surface est couverte de vermiculations. Quant aux lobes marginaux, on retrouve ici une disposition semblable à celle que nous avons signalée précédemment. Dans le plus grand nombre des espèces, ils sont limités au bord antérieur[2] chez les *Centropomus undecimalis*, Bl., et *C. nigrescens*, Gthr.[3]; ils s'étendent en arrière et peuvent occuper le demi-contour de l'écaille. L'aire spinigère est le plus souvent fort rudimentaire, parfois réduite à un seul rang de spinules, des crêtes concentriques remplaçant les rangs qui manquent entre le foyer et le bord épineux; preuve évidente que ces parties sont des productions homologues, comme l'a parfaitement établi M. Baudelot[4] dans son mémoire sur la structure des écailles des Poissons osseux.

Les écailles de la ligne latérale sont des plus simples; elles se rapportent au type à canal perforant. Une large ouverture circulaire[5] occupe le foyer, qui est plus ou moins central; elle est protégée du côté externe par une lamelle scléreuse[6], allongée, tantôt à bords parallèles, tantôt rétrécie en avant. Cette lamelle offre ceci de particulier qu'elle n'adhère au reste de l'écaille que sur une petite partie de son étendue, par le bord contigu au champ spinigère, les trois autres bords étant libres[7]; elle forme ainsi une sorte de battant, qu'il est facile de faire jouer comme une petite porte sur l'écaille encore humide. C'est le premier genre jusqu'ici où l'on ait, pensons-nous, constaté une semblable disposition; en général, chez les autres *Percina*, l'adhérence a lieu également sur les bords supérieur et inférieur, dans toute ou presque toute leur étendue, et la lamelle forme ainsi

[1] Pl. I *bis*, fig. 1 *b*, pl. I *ter*, fig. 1 *b*.

[2] Pl. I *ter*, fig. 1 *b*.

[3] Pl. I *bis*, fig. 1 *b*.

[4] *Archives de zoologie expérim. et gén.* t. II, p. 443, 1873.

[5] Pl. I *bis*, fig. 2 *c*.

[6] Cette qualification générale, presque inusitée aujourd'hui comme synonyme de *fibreuse*, peut servir provisoirement à désigner le tissu dur qui constitue les écailles. Le terme *osseuse*, dont on se sert souvent, est inexact; celui de *dentineuse* conviendrait mieux sans doute, mais pourrait prêter à des discussions qui ne doivent pas prendre place dans ce travail.

[7] Pl. I *bis*, fig. 1 *c* et 2; pl. I *ter*, fig. 1 *c*.

un véritable canal ouvert du côté du bord adhérent de l'écaille et débouchant à son autre extrémité par la perforation, ordinairement prolongée par un tube simple ou ramifié[1]. Les lobes marginaux sont de dimensions très-inégales sur une même écaille; on voit toujours en face du canal un lobe médian huit à dix fois plus grand que les autres et qui occupe une grande partie du bord adhérent: de chaque côté s'en trouvent de plus petits, en nombre variable. Leur disposition rappelle d'ailleurs celle dont il a été parlé pour les deux sortes d'écailles précédemment décrites; le plus souvent, ces lobes n'occupent que le bord antérieur[2]; pour deux espèces, les *Centropomus undecimalis*, Bl., et *C. nigrescens*, Gthr.[3], ils remontent assez loin, jusqu'à moitié, sur les bords latéraux. L'aire spinigère est d'ordinaire bien complète, c'est-à-dire armée de spinules plus ou moins intactes, suivant qu'on se rapproche plus ou moins du bord libre[4]; parfois, cependant, ces spinules n'existent que sur le bord, les rangs manquants étant encore remplacés par des crêtes concentriques, c'est là sans doute un fait accidentel; nous ne l'avons observé que chez le *Centropomus Cuvieri*, Boc.[5] Enfin, dans certaines espèces, le *Centropomus armatus*, Gill, et surtout le *C. Unionensis*, Boc.[6], le bord libre présente une échancrure notable, destinée à recevoir la saillie formée par le canal de l'écaille sous-jacente suivante; chez les autres Centropomes, cette échancrure est nulle ou peu accusée[7]. Ces deux espèces sont les plus élevées, ou, si l'on veut, les plus raccourcies du groupe; il semblerait en quelque sorte que l'animal a subi un tassement d'avant en arrière, ayant forcé les écailles à chevaucher davantage les unes sur les autres.

En résumé, d'après ce que nous connaissons des écailles chez les Poissons osseux, étude qui est à peine ébauchée et n'a surtout été faite jusqu'ici que sur un nombre trop restreint d'espèces, les Centropomes présentent peut-être dans la structure du canal des écailles de la ligne latérale un caractère propre à les faire distinguer des genres voisins. En second lieu, si nous comparons entre elles les différentes espèces, nous voyons que les unes ont les lobes marginaux nombreux et occupant une grande partie du contour, d'autres présentant les

[1] Écailles de la ligne latérale des *Serranus* et des *M*[illegible], par exemple.

[2] Pl. I *bis*, fig. 2; pl. I *ter*, fig. 1c.

[3] Pl. I *bis*, fig. 1c.

[4] Pl. I *bis*, fig. 1c.

[5] Pl. I *ter*, fig. 1c.

[6] Pl. I *bis*, fig. 2.

[7] Pl. I *bis*, fig. 1.

caractères opposés; un groupement différent peut être obtenu, basé sur l'état de développement de l'échancrure marginale au bord libre des écailles de la ligne latérale. Ces particularités peuvent être d'un emploi utile pour les distinctions spécifiques.

Le nom de *Centropomus* a été créé par Lacépède[1], qui réunissait dans ce genre les Perches à deux dorsales ayant un opercule non épineux. La composition hétérogène de ce groupe a été profondément modifiée[2] par Cuvier dès la première édition du Règne animal[3]; il n'y admet que quatre espèces : la Variole (*Lates Niloticus*, Gml.); la *Sciæna undecimalis*, Bl.; le Lutjan gymnocéphale (*Ambassis Commersonii*, C. V.); le Pandoomenoo, Russ. (*Lates calcarifer*, Bl.). Une étude plus approfondie conduisit plus tard ce naturaliste à éliminer encore trois de ces Poissons, et la *Sciæna undecimalis*, Bl., fut laissée seule comme type du genre Centropome. C'est ainsi qu'il a été compris, depuis la publication du second volume de l'Histoire des Poissons[4] et de la dernière édition du Règne animal[5] jusque dans ces derniers temps, par la plupart des ichthyologistes[6].

Cette espèce unique aurait eu une aire d'extension très-vaste, puisque, suivant Cuvier et Valenciennes, elle se trouvait « tout autour de l'Amérique méridionale[7]. » Ces auteurs l'indiquent, en effet, comme ayant été rencontrée dans différentes

[1] Lacépède, *Histoire naturelle des Poissons*, t. IV, p. 248, an X.

[2] Le tableau ci-dessous montre la composition primitive de ce groupe. Il donne, suivant la nomenclature usitée aujourd'hui, la synonymie des différents Poissons réunis par Lacépède dans le genre Centropome. On peut voir que le Sandre et la Variole s'y trouvent, mais l'Apron n'y est pas nommé; c'est par erreur qu'on a cité ce dernier, dans l'*Histoire des Poissons* (Cuvier et Valenciennes, t. II, p. 102), comme en ayant fait partie.

Les numéros qui, dans la dernière colonne, précèdent les dénominations empruntées à Lacépède, indiquent l'ordre dans lequel sont disposées les dix-huit espèces admises par ce naturaliste.

PERCOÏDES

Labrax lupus, Lacép.	8 *Centropomus lupus*
Labrax lineatus, Bl.	7 *C. lineatus*
Lates Niloticus, Gml.	17 *C. Niloticus*
Centropomus undecimalis, Bl.	9 *C. undecim-radiatus*.
Lucioperca sandra, Cuv.	1 *C. sandat*.
Apogon imberbis, Lin.	15 *C. macrou*
Cheilodipterus octovittatus, C. V.	14 *C.* [illegible]
Cheilodipterus lineatus, Forsk.	6 *C. Arabicus*.
Ambassis Commersonii, C. V.	12 *C. ambassis*
Ambassis Commersonii, C. V.	3 *C. safga*.
Diacope fulviflamma, Forsk.	4 *C. hober*
Dules rupestris, Lacép.	13 *C. rupestris*.
Myripristis hexagonus, Lacép.	16 *C. embry*.

SCIÉNOÏDES

Corvina ocellata, Lin.	18 *Centropomus ocellatus*
Conodon Plumieri, Bl.	10 *C. Plumierii*.
Umbrina alburnus, Lin.	5 *C. alburnus*.

INCERTÆ SEDIS

Labrax seu Mugil indet.	11 *C. mulus*
?	5 *C. lophar*

[3] Cuvier, *Règne animal*, t. II, p. 294, 1817.

[4] Cuvier et Valenciennes, *Histoire des Poissons*, t. II, p. 102, 1828.

[5] Cuvier, *Règne animal*, nouv. édition, t. II, p. 131, 1829.

[6] Günther, *Cat. of the Fishes in the Brit. Mus.*, t. I, p. 7, 1859.

[7] Cuvier et Valenciennes, *Histoire des Poissons*, t. II, p. 108.

îles de la mer des Antilles (Cuba, Saint-Domingue, etc.), à Rio-Janeiro et même à Lima[1].

Des localités si différentes pouvaient faire supposer qu'on avait confondu sous une même dénomination plusieurs espèces distinctes, et, dans ces dernières années, une analyse minutieuse des caractères a conduit en effet les naturalistes à l'établissement de types devenus nombreux aujourd'hui.

M. Poey[2], pour les Centropomes de l'île de Cuba, a distingué cinq espèces : les *Centropomus appendiculatus*, *C. parallelus*, *C. pectinatus*, *C. pedimacula*, *C. ensiferus*, qui ont été généralement adoptées. Toutefois, comme on le verra, la première ne diffère pas réellement du *Centropomus undecimalis*, Bl. ; il est juste de reconnaître que la description et la figure données dans l'Histoire des Poissons prêtent à la confusion, puisqu'elles ne se rapportent vraisemblablement pas au même individu ni à la même espèce. M. Hill, d'après M. Poey, avait, avant le travail de ce dernier, signalé une espèce différente du type primitif, mais sans la faire connaître suffisamment.

Un peu plus tard, M. Gill[3] décrivait le *Centropomus armatus* des côtes occidentales de l'Amérique centrale, et, l'année suivante, M. Steindachner[4], d'une part, M. Günther[5], de l'autre, faisaient connaître plusieurs types nouveaux : le premier, le *Centropomus affinis*, des côtes orientales de l'Amérique du Sud ; le second, les *Centropomus medius*, *C. nigrescens*, du versant occidental, et le *C. brevis*, dont l'origine est inconnue.

Enfin, en 1868, l'un de nous[6] a décrit quatre espèces, dont une, le *Centropomus scaber*, doit être réunie au *C. affinis*, Steind. Les trois autres, *Centropomus Unionensis*, *C. Mexicanus*, *C. Cuvieri*, appartiennent à des localités très-différentes et proviennent de la côte occidentale, de la côte orientale et de Saint-Domingue.

[1] Un petit individu séché, donné au Muséum par Moreau de Jonès, porte l'indication «île de France»; c'est sans doute une erreur. Autant qu'on en peut juger, vu son état médiocre de conservation, il se rapproche du *Centropomus affinis*, Steind.; sa longueur est d'environ 0m,10.

[2] Felipe Poey, *Mem. sobre la Hist. nat. de la isla de Cuba*, t. II, p. 11[illegible], 1856-58.

[3] Théod. Gill, *Proceed. Acad. nat. sc. Philadelphia*, 1863, p. 163.

[4] Fr. Steindachner, *Sitzungsb. Akad. Wiss. Wien*, t. XLIX, 1, p. 200, pl. I, fig. 2, 1864.

[5] A. Günther, *Proceed. Zool. Soc. London*, 1864, p. 144.

[6] Bocourt, *Ann. sc. nat.* 5e série, t. IX, p. 90, 1868.

En résumé, même en tenant compte des doubles emplois bien établis, le nombre des espèces du genre *Centropomus* serait assez considérable, puisqu'on peut en compter treize.

Sont-ce réellement autant de types distincts? C'est une question à laquelle il est difficile de répondre aujourd'hui. Un petit nombre d'entre eux ont été figurés, plusieurs sont très-incomplétement caractérisés; souvent les auteurs ont employé des méthodes différentes pour les rapports de mensuration; aussi devient-il difficile bien souvent de comparer ces descriptions[1]. En tout cas, plusieurs de ces Poissons offrant entre eux d'extrêmes ressemblances, on ne pourrait juger de la valeur réelle des espèces que par la comparaison directe de types authentiques, ce qui malheureusement ne nous a pas été possible pour toutes.

D'après les individus que nous avons eus entre les mains et les renseignements fournis par les auteurs, les différences principales se trouvent d'abord dans les proportions générales, le rapport de la hauteur à la longueur variant du quart au cinquième et même au sixième. Les proportions de la tête, comparées à la longueur totale, changent aussi d'une manière analogue, mais dans des limites assez étroites. Le plus ou moins de largeur du museau, des espaces écailleux de la nuque signalés plus haut, le plus ou moins de courbure dans la portion antérieure du profil du dos, peuvent également fournir d'assez bons caractères, quoique d'une appréciation délicate comme les précédents. La dentelure du bord inférieur du premier sous-orbitaire, celle des deux bords concentriques du préopercule, la longueur relative du lobe membraneux du sous-opercule, donnent

[1] Pour éviter ici toute confusion, nous prévenons que les mesures, à moins d'indication contraire, seront prises conformément aux règles établies par M. Günther, dans un ouvrage qui fait justement autorité sur la matière (*Catal. Brit. Mus. Fishes*, t. I, p. v, 1859):

1° La longueur totale est la distance mesurée entre le bout du museau et l'extrémité de la queue étendue;

2° La hauteur du corps est prise au point le plus élevé (en général, en avant de la première dorsale);

3° La longueur de la tête est la distance mesurée entre le point le plus antérieur du museau et le point le plus reculé de l'os operculaire;

4° La longueur du museau est la distance mesurée entre le point le plus antérieur du museau et la verticale abaissée au devant de l'œil;

5° Les deux derniers rayons, à la nageoire dorsale comme à la ventrale, correspondant à un seul espace interépineux, ne sont comptés que pour un;

6° La ligne latérale exprime le nombre des rangées d'écailles dans le sens longitudinal du haut de la fente operculaire à la base de la caudale;

7° La ligne transversale est comptée obliquement en suivant la rangée d'écailles qui commence immédiatement en avant de la première dorsale, y compris les écailles impaires qui peuvent se trouver sur la ligne médiane.

On trouvera, au reste, les mesures directes des principales dimensions pour les animaux décrits dans ce travail, ce qui permettra d'obtenir les mensurations comparatives suivant telle méthode donnée.

des indications plus positives. Les caractères les plus importants sans contredit se tirent de la ligne latérale, dont le nombre d'écailles peut varier de 48 à 90, fait qui, à lui seul, permet d'affirmer l'existence de plusieurs espèces distinctes dans ce groupe, d'après les connaissances acquises actuellement sur le développement de ces organes chez les Poissons osseux. La position de l'anale, comparée à celle de la dorsale molle, offre aussi quelques particularités intéressantes; il en est de même pour la longueur relative des seconde et troisième épines de la première de ces nageoires, mais ce dernier caractère prêterait peut-être à la critique. La coloration est remarquablement uniforme dans tout le genre, sauf pour la ligne latérale, qui peut ou non être accentuée par une teinte sombre. Quant aux caractères anatomiques, le seul dont on ait fait usage jusqu'à présent est la disposition de la vessie natatoire: son extrémité antérieure, simplement arrondie dans presque toutes les espèces, présente chez l'une d'elles, le *Centropomus undecimalis*, Bl., deux prolongements latéraux en forme d'auricules, sur lesquels M. Poey le premier a appelé l'attention[1]: cette particularité n'a pas été étudiée avec assez de soin, sur un nombre suffisant d'individus de différents types, pour qu'on puisse cependant juger d'une manière absolue sa valeur. Il faut aussi faire entrer en ligne de compte, pour la distinction des espèces, les variations que présentent les écailles du corps et de la ligne latérale.

Les Centropomes habitent soit les eaux salées, soit les eaux douces, sans s'éloigner beaucoup des côtes, dans l'un comme dans l'autre cas. Ces mœurs sont-elles communes à toutes les espèces? Pour une espèce donnée, la saison et un état physiologique particulier sont-ils en rapport avec ces différences d'habitat? C'est ce que nous ignorons encore.

Ces Poissons sont propres à l'Amérique intertropicale. Le *Centropomus nigrescens*, Gthr., a été rencontré à Mazatlan; le *C. affinis*, Steind., à Montevideo. Ce sont les stations extrêmes en latitude.

Jusqu'ici les espèces peuvent être regardées comme étant propres à l'un ou l'autre versant: il n'y a doute que pour le *Centropomus Mexicanus*, Boc. Elles sont plus nombreuses sur le versant oriental ou Atlantique, où nous en trouvons

[1] Poey, *Mem. sobre la Hist. nat. de la isla de Cuba*, pl. XIII, fig. 1 (1856-58).

huit : les *Centropomus undecimalis*, Bl.; *C. parallelus*, Poey; *C. pedimacula*, Poey; *C. Cuvieri*, Boc.; *C. ensiferus*, Poey; *C. affinis*, Steind.; *C. pectinatus*, Poey; *C. Mexicanus*, Boc. Il est vrai qu'elles se réduiraient à cinq, dans le cas où les six dernières espèces devraient être réunies deux à deux, comme plusieurs de leurs caractères et même les localités dans lesquelles on les a signalées peuvent porter à le croire. Sur le versant Pacifique s'en rencontrent quatre : les *Centropomus nigrescens*, Gthr.; *C. medius*, Gthr.; *C. armatus*, Gill; *C. Unionensis*, Boc.

L'aire d'extension pour ces différents animaux paraît très-variable; ce qui tient peut-être à l'imperfection de nos connaissances. Parmi les Centropomes à habitat étendu, on doit citer en première ligne le *Centropomus undecimalis*, Bl., qu'on rencontre dans le golfe du Mexique, à Cuba et jusqu'au Brésil; le *C. affinis*, Steind., signalé à Belize, à la Guyane, à Rio-Janeiro, et qui, si l'assimilation avec le *C. ensiferus*, Poey, était démontrée, se trouverait à Cuba. Dans cette dernière île et à Bahia, les auteurs citent le *C. parallelus*, Poey. Sur le versant Pacifique, le *C. nigrescens*, Gthr., sorte d'équivalent zoologique du *C. undecimalis*, Bl., a été certainement rencontré à Mazatlan et à Chiapam, peut-être même à Lima; cette dernière localité toutefois est douteuse. Le *C. armatus*, Gill, trouvé à Chiapam et à Panama, offrirait une aire d'extension plus restreinte. Enfin le *C. pectinatus*, Poey, n'a été signalé jusqu'ici qu'à Cuba; il est vrai que, si ce Centropome doit être réuni au *C. Mexicanus*, Boc., il habiterait non-seulement le golfe du Mexique, mais peut-être même Oaxaca, sur le versant Pacifique. Le *C. pedimacula*, Poey, de Cuba, est aussi très-voisin du *C. Cuvieri*, Boc., recueilli à Haïti. Quant aux *C. medius*, Gthr., et *C. Unionensis*, Boc., jusqu'ici chacun d'eux n'est connu que d'une seule localité.

Les caractères des *Centropomus* ne permettent pas de les éloigner des Percoïdes, voisins des Perches proprement dites, dont Cuvier formait son premier groupe, et que M. Günther, avec quelques modifications, a réunies sous le nom de *Percina*. C'est avec le genre *Lates*, en particulier, que les rapports paraissent les plus intimes; on a vu plus haut que, dans la première édition du Règne animal, ces Poissons étaient réunis aux Centropomes. L'apparence générale offre de grandes analogies; la forme de la tête est la même; il n'est pas jusqu'aux crêtes du vertex qui donnent des figures triangulaires fort analogues, au premier coup d'œil, dans les deux genres. La disposition des dents et des nageoires est absolument la même. Cuvier s'est basé, pour distinguer les Centropomes, sur l'absence d'épine operculaire, épine, il faut le dire, peu saillante aussi chez la Variole, et sur la denticulation différente du préopercule; il convient d'ajouter au moins la forme de la nageoire caudale, la différence frappante de taille des épines anales, enfin la présence d'une pseudo-branchie, qui manque chez les *Lates*. Mais, à l'exception de ce dernier caractère, qu'on doit tenir pour important, les autres particularités pourraient, à la rigueur, être regardées comme propres à justifier des distinctions simplement spécifiques. La distribution géographique semble aussi confirmer ce rapprochement. Les deux genres sont intertropicaux, et, si les *Lates* paraissent moins franchement marins que les Centropomes, cependant les espèces des Indes habitant les embouchures des grands fleuves doivent vivre dans des eaux au moins très-mélangées: ce sont aussi les habitudes des Centropomes; plusieurs espèces même, suivant M. Poey, ne se trouveraient que dans les eaux douces. Ces considérations permettent de regarder ces deux genres comme équivalents zoologiques pour l'ancien et le nouveau continent[1].

En résumé, dans un arrangement naturel, ces genres ne doivent pas être éloignés, et la disposition adoptée dans le Règne animal ainsi que dans la grande Histoire des Poissons est certainement préférable à celle donnée par M. Günther[2] et M. Canestrini[3], qui, tous deux, éloignent ces genres l'un de l'autre, et, laissant les *Lates* près des *Perca* et des *Labrax*, rapprochent les *Centropomus* des *Etelis*, avec lesquels ces Poissons n'offrent que des rapports très-éloignés. Les *Etelis* ne doivent même pas être conservés dans la section des *Percina*: tous leurs caractères les rapprochent des *Lutjanus* et des *Diacope*.

Les différentes espèces de Centropomes étant très-voisines les unes des autres, il est difficile de les disposer dans un ordre réellement naturel. Celui que nous avons adopté, en partant de l'espèce typique, le *Centropomus undecimalis*, Bl. est surtout basé sur la forme plus ou moins allongée du corps et le nombre des écailles de la ligne latérale[4].

[1] L. Vaillant, *Sur la distribution géographique des Percidés* (*Comptes rendus de l'Acad. des Sc.* t. LXXV, p. 1478, 1872).

[2] Günther, *Cat. Brit. Mus. Fishes*, t. I, p. 56, 1859.

[3] Canestrini, *Zur Systematik der Percoiden* (*Verhandl. Zool.-Bot. Gesell. Wien*, t. X, *Abhandl.* p. 311, 1860).

[4] Nous donnons, à titre de simple renseignement, un tableau synoptique qui pourra faciliter les déterminations.

1. CENTROPOMUS UNDECIMALIS.

(Pl. II, fig. 1.)

Camuri (Robalo), Margraff, 1648 : *Hist. nat. Brasiliæ*, p. 160.
Sciæna undecimalis, Bloch, 1797 : *Ichthyol.* IXe part. p. 51, pl. CCCIII.
Platycephalus undecimalis, Bloch-Schneider, 1801 : *Syst. Ichthyol.* p. 59.
Centropomus undecim-radiatus, Lacépède, 1802 (an X) ; *Hist. nat. des Poiss.* t. IV, p. 251 et 270.
Perca toubana, Lacépède, 1802 (an X) : *Hist. nat. des Poiss.* t. IV, p. 397 et 421.
Sphyræna aureo-viridis, Lacépède, 1803 (an XI) : *Hist. nat. des Poiss.* t. V, p. 325 et 329, pl. IX, fig. 2.
Centropomus undecimalis, Cuvier et Valenciennes, 1828 ; *Hist. nat. des Poiss.* t. II, p. 102, pl. XIV (?).
C. undecimalis, Robert H. Schomburgk, 1847 : *Hist. Barbadoes*, p. 665.
C. undecimalis, Muller et Troschel, 1848 ; Richard Schomburgk, *Reisen in Brit. Guyana*, t. III, p. 620.
C. undecimalis, Guichenot, 1853 : Ramon de la Sagra, *Hist. de l'île de Cuba*, Poissons, p. 9.
C. appendiculatus, Poey, 1856-58 ; *Mem. sobre la Hist. nat. de la isla de Cuba*, t. II, p. 119, pl. XIII, fig. 1.
C. undecimalis, Günther, 1859 ; *Cat. Brit. Mus. Fishes*, t. I, p. 79.
C. appendiculatus, Poey, 1868 : *Rep. Fis. Nat. de la isla de Cuba*, t. II, p. 280.

D. VIII-I, 10 ; A. III, 6.
Écailles : 9/71/15.

Cette espèce, le type du genre, est l'une des plus allongées, la hauteur, chez l'adulte, n'étant guère que le septième de la longueur totale ; épaisseur, moins de moitié de la hauteur. Museau très-peu plus du double de l'espace interorbitaire. Sous-orbitaire presque lisse, à peine festonné ou présentant en son milieu quelques très-fines dentelures. Maxillaire étendu jusqu'aux deux tiers de l'œil. Diamètre de celui-ci mesurant environ le sixième de la longueur de la tête ; espace interorbitaire très-peu supérieur au dixième de cette même longueur. Sur-scapulaire avec trois ou plus souvent quatre dents graduellement croissantes de haut en bas, saillantes. Ligne latérale ayant de 69 à 71 écailles (non compris celles placées sur la nageoire caudale, qui ne sont

il est incomplet, et ne s'applique avec exactitude qu'aux sept espèces représentées dans les collections du Muséum. Dans la dernière colonne, où se trouvent les noms des Centropomes qui ne nous sont connus que par les descriptions des auteurs, les Poissons sont rapprochés de ceux qui leur paraissent les plus voisins, sans que les caractères énoncés dans le tableau leur appartiennent rigoureusement.

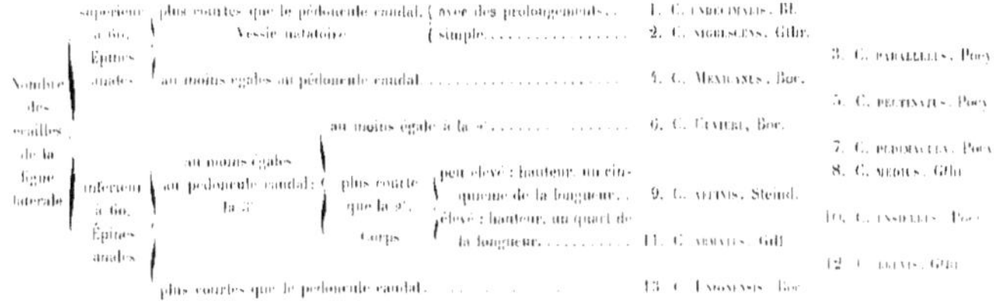
Nombre des écailles de la ligne latérale
supérieur à 60. Épines anales
plus courtes que le pédoncule caudal. Vessie natatoire { avec des prolongements .. 1. C. undecimalis, Bl.
{ simple .... 2. C. nigrescens, Gthr.
3. C. parallelus, Poey
au moins égales au pédoncule caudal .... 4. C. mexicanus, Boc.
5. C. pectinatus, Poey
inférieur à 60. Épines anales
au moins égales au pédoncule caudal : la 3e
au moins égale à la 2e .... 6. C. Cuvieri, Boc.
7. C. pedimacula, Poey
8. C. medius, Gthr.
plus courte que la 2e. Corps
peu élevé : hauteur, un cinquième de la longueur .. 9. C. affinis, Steind.
10. C. ensiferus, Poey
élevé : hauteur, un quart de la longueur .... 11. C. armatus, Gill
12. C. [illegible], Gthr.
plus courtes que le pédoncule caudal .... 13. C. unionensis, Boc.

jamais comptées). Anus aux deux tiers de la distance qui sépare les ventrales de l'anale. Troisième rayon de la première dorsale le plus long et le plus fort. Origine de la nageoire anale vers la partie moyenne de la seconde dorsale; seconde épine égale ou très-peu plus longue que la troisième, atteignant aux deux tiers ou aux trois quarts de la longueur du pédoncule caudal.

Écailles des flancs à peu près carrées, à angles et côté postérieur arrondis; une d'entre elles mesure 4^{mm}.2 de long sur 4^{mm}.4 de large; foyer excentrique plus ou moins étendu, voisin de l'aire spinigère; treize lobes marginaux occupant non-seulement tout le bord antérieur, mais encore remontant sur les bords latéraux; aire spinigère limitée en avant par une ligne droite ou peu sinueuse; sur le bord libre quarante à quarante-cinq spinules saillantes, une dizaine de celles-ci sur une ligne centripète, les trois ou quatre extérieures seules complètes. Écailles de la ligne latérale arrondies, ayant 3^{mm}.7 de diamètre; canal limité par une lamelle libre sur la plus grande partie de son étendue, suivant la forme typique; un lobe marginal énorme occupe presque tout le bord adhérent en face du canal, deux ou trois lobes plus petits sur les côtés; aire spinigère triangulaire, bord libre n'ayant qu'un léger feston rentrant en son milieu; une vingtaine de spinules environ font saillie.

Vessie natatoire avec deux appendices antérieurs en forme d'oreille, plus ou moins développés.

L'historique de ce Centropome a été fait avec beaucoup de soin dans l'Histoire des Poissons; mais Cuvier et Valenciennes ont confondu plusieurs espèces sous une même dénomination[1], et l'on ne peut regarder la synonymie comme bien établie que depuis les travaux de MM. Poey, Steindachner, Günther, etc. La figure donnée par Bloch est assez exacte; la nageoire anale se trouve toutefois placée un peu trop en avant, et la nuque trop élevée; quant à la planche de l'Histoire des Poissons, elle est fautive en des points essentiels, tels que la hauteur du corps, qui est beaucoup trop grande, la denticulation du sous-orbitaire, trop accentuée; on peut supposer qu'elle a été faite d'après un petit individu se rapportant au *Centropomus Cuvieri*, Boc., et modifiée en partie pour cadrer avec la description du véritable type; nous reviendrons plus loin sur ce point. Il est assez singulier que les appendices auriculiformes de la vessie natatoire aient échappé à l'attention de Cuvier et de Valenciennes, qui font mention de cet organe en indiquant sa grande longueur; on peut cependant constater leur existence sur les individus mêmes qui ont servi à la description donnée par ces auteurs. Il devient impossible, dès lors, de regarder le *Centropomus appendiculatus*, Poey, comme une espèce distincte.

[1] Voy. *Centropomus nigrescens* et *C. Cuvieri*, p. 24 et 27.

Suivant l'âge, ce Centropome présente quelques modifications qu'il n'est pas sans importance de connaître pour se rendre compte de la valeur des caractères. Nous avons cherché, dans le tableau suivant, à exprimer ces différences. Deux individus, l'un provenant d'un envoi de M. Delalande et étant un des types de Cuvier et Valenciennes, l'autre rapporté de Belize par la Commission scientifique du Mexique, ont servi pour cette comparaison, la taille étant assez différente pour que l'écart dans les mensurations puisse être sensible. Le premier sera désigné sous le n° 5110, qu'il porte sur le catalogue général de la collection du Muséum; le second, sous le n° 5205. Une première colonne énonce les principales dimensions, lesquelles se trouvent exprimées dans les deux colonnes suivantes; pour rendre la comparaison plus facile, ces dimensions sont calculées plus loin en les rapportant à des dimensions prises comme unité, à savoir la longueur totale et la longueur de la tête, ce qu'indique la dernière colonne.

	Dimensions absolues.		Dimensions relatives.		
	N° 5110.	N° 5205.	N° 5110.	N° 5205.	
Longueur totale	280^{mm}	112^{mm}	"	"	
Hauteur	42	23	15	20	Longueur totale supposée 100.
Épaisseur	21	9	7	8	*Idem.*
Longueur de la tête	75	33	27	29	*Idem.*
Longueur de la nageoire caudale	55	22	20	19	*Idem.*
Longueur du museau	26	11	35	33	Longueur de la tête supposée 100.
Diamètre de l'œil	13	7	17	21	*Idem.*
Espace interorbitaire	9	4	11	12	*Idem.*

Il résulte de cette comparaison que les dimensions principales, quel que soit l'âge, sont peu variables, sauf la hauteur du corps et le diamètre longitudinal de l'œil, ce que les zoologistes ont remarqué depuis longtemps; la longueur du museau et l'intervalle de séparation des yeux ou espace interorbitaire seraient, au contraire, assez constants, en les rapportant à la longueur de la tête et non au diamètre de l'œil, comme on le fait d'habitude.

Le *Centropomus undecimalis* est jusqu'ici propre à l'Atlantique. M. Mehédin, membre de la Commission scientifique du Mexique, l'a rapporté du golfe du Mexique; un exemplaire, on l'a vu plus haut, provient de Belize; la collection du Muséum en renferme venant de Haïti (Ricord), de Porto-Rico (Plée), ces derniers de grande taille, l'un ne mesurant pas moins de 0^{m},650 de long; enfin l'espèce descendrait jusqu'au Brésil (Delalande). En y joignant le *Centropomus appendiculatus*, il faudrait ajouter à ces localités Cuba (Ramon de la Sagra, Poey) et la rivière Chagres (Günther).

Cuvier et Valenciennes indiquent ce Poisson comme provenant de Lima[1]; il est possible qu'il s'agisse plutôt de l'espèce suivante.

[1] *Hist. des Poissons*, t. II, p. 108, 1828.

2. Centropomus nigrescens.

(Pl. I *bis*, fig. 1, 1 *a*, 1 *b*, 1 *c*.)

Centropomus nigrescens, Günther, 1864; *Proceed. zool. Soc. London*, p. 144.
C. nigrescens, Günther, 1868-69; *Trans. zool. Soc. London*, t. VI, pars VII, p. 407.

D. VIII-I, 10; A. III, 6.
Écailles : 10/74/14.

Hauteur égalant environ le sixième de la longueur totale et moindre que le double de la plus grande épaisseur. Tête à très-peu près égale au quart de la longueur, déprimée; nuque non relevée. Museau élargi, égalant deux fois et demie l'espace interorbitaire; maxillaire dépassant un peu le centre de l'orbite; le diamètre de celui-ci environ sept fois dans la longueur de la tête, presque égal à l'espace interorbitaire. Sous-orbitaire à bord inférieur lisse ou n'offrant à sa partie moyenne que quatre ou cinq denticules très-fins, à peine perceptibles. Limbe antérieur du préopercule ne présentant qu'une dent nette, encore est-elle médiocrement développée; bord postérieur finement dentelé, muni sur le côté montant de trente à trente-cinq épines croissant de haut en bas jusque vers l'angle, où sont les plus fortes. Lobe membraneux du sous-operculaire n'atteignant pas à beaucoup près le niveau de la dorsale épineuse. Ligne latérale très-visible par sa coloration; elle suit assez exactement le contour du dos. Anus aux deux tiers de la distance qui sépare l'origine des ventrales de celle de l'anale. Écailles médiocrement développées. Première dorsale à rayons plutôt grêles; le quatrième un peu plus long que le troisième et ayant environ les deux tiers de la hauteur du corps; abaissé, il n'atteint pas la naissance de la seconde dorsale. Anale prenant son origine à la hauteur de la partie moyenne de la dorsale molle; son troisième rayon égal au second; couchés, ils occupent les deux cinquièmes antérieurs du pédoncule caudal, et leur longueur absolue ne dépasse pas celle de la plus haute épine dorsale.

Les parties supérieures du corps sont colorées en gris violacé; les inférieures sont d'un blanc jaunâtre, à reflets argentés; des lignes grises traversent longitudinalement toutes les écailles; les nageoires dorsales, anale et caudale, sont piquetées de petits points d'un gris foncé; pectorales et ventrales de couleur jaune; ligne latérale teintée de noir.

Écailles du corps[1] en carré, à angles arrondis, le côté postérieur saillant, en courbe; l'une d'elles mesure 8mm,8 de long sur 8mm,2 de haut; foyer petit en ovale transverse, situé au delà des deux tiers antérieurs, contre le champ postérieur; les sillons rayonnants sont nombreux, limitant sur un de ces organes dix-neuf festons, qui occupent

[1] Pl. I *bis*, fig. 1 c.

non-seulement le champ antérieur, mais encore la partie avoisinante des champs latéraux; les crêtes concentriques sont très-nombreuses et très-fines, fort régulières et presque aussi serrées sur les champs latéraux que sur le champ antérieur. Les écailles ventrales[1] offrent exactement le même type, mais en ovale, allongé d'avant en arrière, ayant 8mm,7 dans un sens, 6mm,1 dans l'autre; le foyer est séparé de l'aire spinigère par des crêtes concentriques plus espacées que celles des champs latéraux et antérieur; les festons, au nombre de dix ou douze, occupent presque tout le demi-contour antérieur. Une écaille de la ligne latérale[2] est en quadrilatère arrondi, mesurant 8mm,2 de long sur 6mm,8 de haut; canal perforant; paroi externe formée par une lamelle rétrécie en avant et libre sur presque toute son étendue, de manière à pouvoir être soulevée comme un battant de porte, suivant la disposition typique; un énorme feston occupe à peu près tout le bord antérieur; de chaque côté s'en trouvent quatre ou cinq plus petits remontant sur la moitié des bords latéraux; les sillons rayonnants qui les limitent sont prolongés jusque vers le foyer occupé par le canal; les crêtes concentriques entre ces sillons sont plus rapprochées que celles de la portion antérieure des champs latéraux; aire spinigère triangulaire prolongée jusqu'au canal.

La vessie natatoire est simple, sans prolongements en oreilles antérieurement.

Longueur totale	400mm
Hauteur	66
Épaisseur	37
Longueur de la tête	103
Longueur de la nageoire caudale	81
Longueur du museau	35
Diamètre de l'œil	15
Espace interorbitaire	14

N° 4934 du Catalogue général de la collection du Muséum.

M. Günther, en établissant cette espèce, fait remarquer qu'elle est voisine du *Centropomus appendiculatus*, Poey, c'est-à-dire du *Centropomus undecimalis*, Bl., « ne s'en « distinguant à l'extérieur que par les épines de ses nageoires beaucoup plus faibles et « plus courtes. » La description ajoute à ces différences une écaille de plus à la ligne transversale dans sa partie supérieure, la hauteur du corps un peu plus grande, la tête très-peu plus longue, enfin la vessie natatoire simple. D'après l'exemplaire que nous avons sous les yeux, en le comparant aux individus de l'espèce typique du genre, le dernier de ces caractères est le seul positif, les autres sont d'une appréciation trop délicate, et, en l'absence de ce détail anatomique ou de renseignements sur la station,

[1] Pl. I *bis*, fig. 1 *b*. — [2] Pl. I *bis*, fig. 1 *c*.

on ne pourrait certainement distinguer les espèces. Nous savons aujourd'hui, en ce qui concerne les animaux placés de chaque côté de l'isthme de Panama, que les données géographiques n'ont que peu de valeur. Quant à la différence observée dans la vessie natatoire, justifie-t-elle absolument la distinction? C'est ce qu'il est difficile de préciser dans l'état actuel de nos connaissances: elle suffit cependant pour faire regarder le *Centropomus nigrescens*, Gthr., comme espèce particulière.

Peut-être doit-on rapporter à ce même Centropome l'individu cité par Cuvier et Valenciennes comme provenant de Lima[1]. C'est un fort grand exemplaire, long de plus de 0m,790, par malheur empaillé, ce qui nous laisse sans renseignements sur la vessie natatoire. La formule des écailles 8/71/15 étant plutôt celle du *Centropomus undecimalis*, Bl., la provenance seule, et l'on vient de voir ce qu'il faut en penser, parle en faveur de l'assimilation à l'espèce du grand Océan Pacifique. Ajoutons que la localité même est douteuse; on lit sous la planchette qui supporte le poisson : « Acquis par échange au duc de Rivoli. Donné au Rio-de-Janeiro par un de ses cousins qui revenait de Lima. » La détermination exacte de cet exemplaire est donc fort difficile.

Le *Centropomus nigrescens*, Gthr., a été établi d'après un individu rapporté de Chiapam au Guatemala; l'exemplaire du Muséum provient de Mazatlan (Salmin).

3. CENTROPOMUS PARALLELUS.

Centropomus parallelus, Poey, 1858: *Mem. sobre la Hist. nat. de la isla de Cuba*, t. II, p. 120, pl. VIII, fig. 2 et 3.

C. parallelus, Poey, 1868; *Rep. Fis. Nat. de la isla de Cuba*, t. II, p. 280.

C. parallelus, Günther, 1868-69: *Trans. zool. Soc. London*, t. VI, pars VII, p. 407.

D. VIII-I, 10; A. III, 6.
Écailles : 14/90/?

Plus grande hauteur égalant environ le sixième de la longueur totale; dos arrondi, ventre élargi, plat en dessous, ce qui rend les flancs presque parallèles. Tête contenue trois fois et un tiers dans la longueur; le maxillaire n'atteint pas tout à fait le milieu de l'œil; ce dernier contenu cinq fois dans la longueur de la tête; sous-orbitaire dentelé. Dentelures préoperculaires du bord montant dirigées un peu en haut; vers l'angle deux ou trois épines beaucoup plus fortes; prolongement membraneux de l'opercule étendu jusqu'au niveau de l'origine de la première dorsale. Anus entre l'anale et la base postérieure des ventrales. Seconde épine de l'anale égalant en longueur la hauteur du corps, la troisième très-grêle, plus courte; toute cette nageoire est supportée par une partie saillante.

Couleur d'un brun clair argenté avec des reflets dorés aux tempes et au devant de

[1] Cuvier et Valenciennes, *Hist. des Poissons*, t. II, p. 108, 1828.

l'œil; le dos avec des reflets verts, changeant en bleu; chaque écaille montre au centre un reflet dont l'ensemble forme des lignes blanches longitudinales; iris jaunâtre; extrémités des ventrales et de l'anale brun orangé; ligne latérale non colorée en noir.

Vessie natatoire simple.

Suivant M. Poey, auquel est empruntée presque toute cette description, ce Centropome reste de petite taille; les détails qu'il figure, coupe du corps et diamètre de l'œil, sont cependant pris sur un individu de 0m,330. M. Günther, depuis, a ajouté quelques renseignements concernant cette espèce. Elle se distingue surtout par ses écailles beaucoup plus nombreuses que dans aucun autre Centropome, puisqu'on en compte quatre-vingt-dix à la ligne latérale; suivant M. Günther, on peut, il est vrai, n'en trouver que quatre-vingt-cinq; ce nombre est encore toutefois notablement supérieur aux nombres trouvés chez les *Centropomus nigrescens*, Gthr., et *C. undecimalis*, Bl., espèces qui s'en rapprochent le plus sous ce rapport. La nageoire anale portée sur un prolongement, en rendant la ligne du profil du ventre moins régulière, donne aussi à ce Poisson une physionomie spéciale; on retrouvera cependant cette particularité sur plusieurs autres espèces.

Le *Centropomus parallelus*, Poey, inconnu au Muséum, a d'abord été trouvé à Cienfuegos, dans l'île de Cuba; depuis, M. Günther l'a reçu de Haïti, de la Jamaïque, de Bahia et aussi de la rivière Chagres, cours d'eau de l'isthme de Panama qui se déverse dans l'Atlantique. C'est, on le voit, une aire de répartition fort étendue.

4. Centropomus Mexicanus.

(Pl. I, fig. 2, 2 *a*, 2 *b*, 2 *c*.)

Centropomus Mexicanus, Bocourt, 1868; *Ann. Sc. nat.* 5e sér. t. IX, p. 90.

D. VIII-I, 10; A. III, 6.
Écailles : 11/69/16.

Corps allongé, un peu moins cependant que dans les espèces précédentes; la hauteur égalant le cinquième de la longueur totale, et supérieure au double de l'épaisseur. Flancs assez régulièrement parallèles; ventre plat. Tête un peu plus longue que le quart de la longueur du corps, aplatie; largeur du museau double de l'espace interorbitaire[1]; le maxillaire atteint ou à peu près le centre pupillaire. Œil grand; son diamètre fait près du quart de la longueur de la tête; espace interorbitaire n'ayant guère qu'un septième de cette même longueur. Sous-orbitaire avec cinq ou six dents très-nettes. Bord antérieur du limbe préoperculaire armé de deux dents accentuées

[1] Pl. I, fig. 2 *a*.

surtout la supérieure: le bord postérieur porte les dentelures habituelles, on en compte vingt à vingt-trois dirigées horizontalement en arrière sur le bord montant et six environ sur le bord horizontal: lobe membraneux prolongé jusqu'au niveau de la première épine dorsale. Anus à peine plus près de la nageoire anale que de l'origine des nageoires ventrales. Écailles plutôt petites, comme l'indique la formule: sur-scapulaire avec de cinq à sept dents, l'inférieure plus forte comme détachée. Première nageoire dorsale abaissée atteignant la naissance de la seconde: troisième rayon un peu plus long que le quatrième et mesurant environ les sept dixièmes de la hauteur du corps: l'anale, portée sur une petite saillie basilaire, ayant son origine au-dessous du septième ou huitième rayon mou de la seconde dorsale: la seconde épine est plus longue que la troisième et atteint ou même dépasse l'origine de la caudale. Les pectorales sont faibles: les ventrales s'étendent plus loin qu'elles et dépassent un peu l'anus.

La coloration n'offre rien de particulier: la ligne latérale est de couleur sombre et tranche par sa teinte sur le reste du corps, comme chez le *Centropomus undecimalis*, Bl., et plusieurs autres espèces.

Écailles du corps en carré plus ou moins arrondi, à foyer tantôt petit antérieur [1], d'autres fois élargi et occupant tout le centre de l'écaille, couvert alors de vermiculations: huit festons marginaux: aire spinigère étroite, ayant de deux à cinq rangs au plus de spinules: la longueur d'une de ces écailles s'est trouvée de 3mm,4 sur 3mm,7 de haut. Sur la ligne ventrale, écailles du même type, circulaires, pauci-spinulées, mesurant 2 millimètres de diamètre avec six festons marginaux. Écailles de la ligne latérale subquadrilatère ayant 3mm,2 aussi bien dans le sens de la longueur que de la hauteur: le canal formé sur le type habituel par un battant détaché en occupe environ le tiers, il est large de 1mm,2: un feston médian, étendu, répond au canal, et de chaque côté s'en trouve un ou deux plus petits.

Pas d'appendices à la partie antérieure de la vessie natatoire

Longueur totale	188mm
Hauteur	39
Épaisseur	16
Longueur de la tête	50
Longueur de la nageoire caudale	37
Longueur du museau	17
Diamètre de l'œil	12
Espace interorbitaire	7

N° 18[illegible] du Catalogue général de la collection du Muséum.

Ce Centropome, par sa forme, le nombre des écailles de la ligne latérale, etc., se

[1] Pl. I, fig. [illegible]

rapproche beaucoup des trois espèces précédentes, surtout du *Centropomus parallelus*, Poey. Il se distingue de ce dernier par la formule de ses écailles, puisqu'il n'en présente que soixante-huit ou soixante-neuf au lieu de quatre-vingt-cinq à quatre-vingt-dix; l'œil serait aussi plus grand, il occupe, en effet, le quart de la longueur de la tête, dans l'espèce de M. Poey cet organe n'en atteint que le cinquième; mais, les individus que nous avons examinés étant de dimensions relativement petites, cette dernière différence n'est peut-être qu'une affaire d'âge. Quant à la distinction entre cette espèce et les *Centropomus undecimalis*, Bl., et *C. nigrescens*, Gthr., elle est facile à établir par la dimension de l'épine de l'anale, toujours plus courte que le pédoncule caudal dans ceux-ci, tandis qu'elle lui est au moins égale dans le *Centropomus Mexicanus*, Boc. On peut y joindre pour l'un d'eux la disposition de la vessie natatoire.

Ce Poisson n'est connu jusqu'ici que par deux individus, l'un du golfe du Mexique (Boucard), l'autre d'Oaxaca (Sallé), fait remarquable qui paraîtrait indiquer que l'espèce se trouve sur les deux versants de l'Amérique tropicale; malheureusement, la seconde localité est trop peu précise pour ne pas laisser quelque incertitude. La désignation s'applique-t-elle à la province ou à la ville? Il paraît peu probable qu'un Centropome remonte jusqu'à cette dernière, située fort loin des côtes.

5. CENTROPOMUS PECTINATUS.

Centropomus pectinatus, Poey, 1856-58; *Mem. sobre la Hist. nat. de la isla de Cuba*, t. II, p. 121, pl. XIII, fig. 6.
C. pectinatus, Poey, 1868; *Rep. Fis. Nat. de la isla de Cuba*, t. II, p. 280.

D. VIII-I, 10; A. III, 7.
Écailles : ?/67/?

Corps allongé et étroit, la hauteur étant égale au cinquième de la longueur et plus du double de l'épaisseur. Tête plus de trois fois et demie dans la longueur totale. Maxillaire n'atteignant pas le centre de l'œil; ce dernier égal seulement au sixième de la longueur de la tête; sous-orbitaire denté. Dentelures préoperculaires longues, minces, serrées, en dents de peigne au-dessus de l'angle. Anus au milieu de la distance qui sépare la base des ventrales de l'origine de l'anale. Celle-ci portée sur un prolongement angulaire fort saillant; sa seconde épine égalant presque la hauteur du corps; la troisième de même dimension, mais très-grêle.

Couleur plombée en dessus, blanche aux flancs et en dessous; chaque écaille ayant le centre bleu et le bord épineux mat, il en résulte des lignes peu prononcées; nageoires verdâtres; lobe inférieur de la caudale jaunâtre; iris d'un brun jaunâtre.

La vessie natatoire est simple.

Cette espèce, qui ne nous est connue que par la description de M. Poey, est évidemment très-voisine de la précédente: toutefois la tête est plus longue, le diamètre de l'œil comparé à cette dernière plus petit, enfin les deux épines anales sont de même longueur, tandis que dans le *Centropomus Mexicanus*, Boc., la seconde est plus courte. Ces différences sont-elles suffisantes pour justifier la séparation? Il est impossible de l'affirmer, vu l'absence de figure d'ensemble, et la description ne nous donnant pas certains détails importants, comme le rapport de la longueur des épines anales au pédoncule caudal et la position relative des nageoires dorsale molle et anale. La question doit donc être laissée dans le doute, en attendant qu'on puisse comparer des types authentiques.

Le *Centropomus pectinatus*, Poey, peut atteindre jusqu'à 0m,310 : telle était au moins la dimension de l'individu décrit par l'auteur de l'espèce. Il a été rencontré dans les lacs et les rivières de l'île de Cuba, et aussi à Cienfuegos.

6. CENTROPOMUS CUVIERI.

(Pl. I *ter*, fig. 1, 1 *a*, 1 *b*, 1 *c*; pl. II, fig. 2.)

Centropomus Cuvieri, Bocourt, 1868, *Ann. Sc. nat.* 5e sér. t. IX, p. 91.

D. VIII-I, 10; A. III, 7.
Écailles : 9/51/14.

Corps assez allongé, la hauteur étant très-peu moins du cinquième de la longueur totale et égale à deux fois et un tiers l'épaisseur. Tête aplatie, faisant le quart de la longueur; nuque relativement basse; parties triangulaires du crâne peu allongées; museau déprimé, court, plutôt étroit, équivalant à une fois un tiers l'espace interorbitaire; maxillaire étendu au plus jusqu'au tiers antérieur de l'orbite; œil grand, occupant plus du cinquième de la longueur de la tête; espace interorbitaire proportionnellement large, il atteint plus du sixième de cette dernière dimension; sous-orbitaire avec six ou sept dents très-nettes. Préopercule à bord antérieur du limbe armé de deux épines courtes, élargies, triangulaires; bord postérieur avec une vingtaine d'épines sur la portion montante, les supérieures plus petites et se dirigeant vers le haut; lobe membraneux ne se prolongeant pas jusqu'au niveau du premier rayon de la nageoire dorsale. Anus très-peu au delà du milieu de la distance qui sépare la base des pectorales de l'anale. Écailles plutôt grandes; sur-scapulaire avec trois dents fortes. Rayons de la première nageoire dorsale robustes, atteignant la seconde lorsqu'ils sont abaissés; troisième rayon dépassant à peine le quatrième comme longueur et supérieur aux cinq septièmes de la hauteur. Anale portée sur une partie très-saillante et anguleuse; son origine en face du huitième rayon mou de la seconde dorsale; troisième épine de l'anale égale à la seconde ou même la dépassant un peu, au moins aussi longue que le pédoncule caudal et égalant la plus grande hauteur du corps.

La couleur de cette espèce, qui n'est encore connue que par des individus depuis longtemps dans la liqueur, doit se rapprocher beaucoup de celle du *Centropomus undecimalis*, Bl.: la ligne latérale offre une teinte plus sombre, comme dans cette espèce: l'extrémité des ventrales paraît sablée de noirâtre.

Les écailles sont construites sur le type habituel: celles du corps[1], assez régulièrement quadrilatères, à bord postérieur libre un peu saillant en angle, mesurent sur l'exemplaire 5mm,3 de long sur autant de hauteur: le foyer est petit antérieur: le bord adhérent montre six lobes marginaux; le champ postérieur est limité en avant par une ligne droite: il y a au maximum quatorze ou quinze épines sur une rangée centripète, les cinq ou six externes seules sont de véritables spinules; le bord libre porte plus de soixante-quinze de celles-ci. Une écaille ventrale[2] est très-irrégulièrement ovalaire, à foyer occupant, par érosion, près du quart de la surface: au bord adhérent se trouvent cinq festons marginaux peu visibles: le bord libre porte environ ving-cinq épines inégalement réparties sur une seule rangée. Une écaille de la ligne latérale[3] rappelle la précédente plutôt que l'écaille des flancs: sa longueur est de 5mm,8, sa largeur de 4mm,7; à la partie antérieure d'un foyer large, vermiculé, se voit le canal limité, suivant la forme habituelle, par un battant libre sur la plus grande partie de son étendue: au bord adhérent existe un large feston central, et de chaque côté un ou deux festons beaucoup plus petits: l'aire spinigère est très-irrégulière, avec une série de trente à quarante spinules le long du bord: cette série est interrompue sans ordre de distance en distance: d'un côté seulement se voient trois ou quatre spinules rudimentaires en rangée centripète.

La vessie natatoire est enlevée sur cet individu: sur un autre de plus petite taille, elle est simple.

Longueur totale	220mm
Hauteur	42
Épaisseur	18
Longueur de la tête	54
Longueur de la nageoire caudale	52
Longueur du museau	20
Diamètre de l'œil	12
Espace interorbitaire	9

N° 5112 du Catalogue général de la collection du Muséum.

Ce Centropome est assez voisin, au premier coup d'œil, de l'espèce typique du genre, avec laquelle elle a été confondue, comme on le verra plus bas: cependant, en y regardant d'un peu près, il est facile de trouver des différences nombreuses, dont quel-

[1] Pl. I *ter*, fig. 1 *a*. — [2] Pl. I *ter*, fig. 1 *b*. — [3] Pl. I *ter*, fig. 1 *c*.

ques-unes importantes. La hauteur est notablement plus grande, le cinquième au lieu du septième par rapport à la longueur; la tête plus courte[1], le maxillaire également; l'œil plus grand occupe le cinquième au lieu du sixième de la longueur de la tête; l'espace interorbitaire est aussi plus large; le sous-orbitaire présente des denticulations très-nettes, il est, au contraire, à peine festonné chez le *Centropomus undecimalis*, Bl.; la ligne latérale a seize à vingt écailles de moins; l'anus est plus en avant; enfin sur la ligne du profil ventral se voit une saillie qui porte la nageoire anale; la troisième épine de celle-ci est plus longue que la seconde et que le pédoncule caudal; il y aurait un rayon mou de plus à la nageoire anale. Plusieurs de ces caractères demandent un examen attentif pour être reconnus, mais on ne peut contester la valeur de la plupart d'entre eux. Il est bon de remarquer que les différences de proportions de l'orbite, des épines, etc., ont été étudiées sur des exemplaires assez peu différents de taille, 22 et 28 centimètres, pour qu'on puisse très-légitimement en tenir compte.

L'histoire de cette espèce est assez singulière : les deux individus qui la représentent, celui que nous avons décrit et un second beaucoup plus petit, long de 0m,146 seulement, ont été envoyés par Ricord à la collection du Muséum avec un *Centropomus undecimalis*, Bl., vrai; les trois Poissons furent réunis dans un même bocal sous la dénomination de la seule espèce admise alors. Si l'on examine la figure donnée par Cuvier et Valenciennes[2], on est frappé d'y voir indiqués certains caractères dont il n'est pas question dans le texte ou qui même sont en contradiction avec lui; M. Poey a déjà relevé ce fait avec beaucoup de sagacité : ainsi, la hauteur est trop grande, l'œil également; le sous-orbitaire offre de véritables denticulations; l'anale est supportée sur une partie saillante[3]. Or on peut remarquer que ces particularités conviennent parfaitement à l'espèce qui nous occupe ici; il devient dès lors probable que la description a été faite, comme nous l'avons dit plus haut, sur un individu appartenant au *Centropomus undecimalis*, Bl., tandis que le dessinateur, pour faciliter peut-être la réduction sur la planche, choisissait le petit exemplaire, c'est-à-dire un *Centropomus Cuvieri*, Boc.

Le *Centropomus Cuvieri*, Boc., habite Haïti (Ricord).

[1] Pl. II, fig. 1 et 2.

[2] Cuvier et Valenciennes, *Hist. des Poissons*, pl. XIV.

[3] Poey, *Mem. sobre la Hist. nat. de la isla de Cuba*, t. II, p. 119 (1856-58).

7. CENTROPOMUS PEDIMACULA.

Centropomus pedimacula, Poey, 1856-58; *Mem. sobre la Hist. nat. de la isla de Cuba*, t. II, p. 122, pl. XIII, fig. 4 et 5.

C. pedimacula, Poey, 1868; *Rep. Fis. Nat. de la isla de Cuba*, t. II, p. 280.

D. VIII-I, 10; A. III, 7.
Écailles : 8/?/?.

Corps allongé; sa hauteur étant comprise plus de cinq fois et demie dans la longueur totale; une coupe perpendiculaire à l'axe donne une figure ovalaire, à grosse extrémité supérieure, le ventre étant un peu rétréci. Tête plus de trois fois et demie dans la longueur; le maxillaire atteint le centre de l'œil; celui-ci contenu cinq fois dans la longueur de la tête; sous-orbitaire dentelé. Ligne latérale n'ayant qu'une légère sinuosité antérieure; anus au milieu de la distance qui sépare la base des ventrales de l'anale. L'anale est attachée sur un angle arrondi et saillant; sa seconde épine équivaut à la hauteur du corps; la troisième, très-grêle, l'égale en longueur.

Le dos est d'un brun peu brillant, le reste du corps blanc; chaque écaille présente un espace central plus clair; ce qui distingue le plus ce Poisson, c'est la ventrale, qui est orangée, avec l'extrémité noir foncé.

L'individu décrit par M. Poey était long de 0^{m},250; les figures donnant la coupe du corps et le diamètre de l'œil ont été prises sur un exemplaire de 0^{m},330.

Cette espèce, inconnue au Muséum, est-elle réellement distincte du *Centropomus Cuvieri*, Boc.? Il est assez difficile de le décider d'après cette description empruntée à l'auteur de l'espèce; en tout cas, les rapports entre les deux animaux sont des plus intimes; les proportions principales du corps, les dimensions des épines anales, etc., ne diffèrent pas. Les seules distinctions à établir sont un maxillaire un peu plus prolongé et l'égalité des deux épines anales; dans le Centropome précédent, la troisième est un peu plus longue que la seconde. Malheureusement, M. Poey n'indique pas le nombre des écailles de la ligne latérale, caractère qu'on doit regarder comme étant d'une extrême importance dans ce genre; sur les cinq espèces qu'il décrit, cet auteur donne trois fois ce nombre; le plus élevé étant 70 pour le *Centropomus undecimalis*, Bl. (*C. appendiculatus*, Poey), le plus faible 65 pour le *Centropomus pectinatus*, Poey, il est permis de supposer que chez les *Centropomus pedimacula*, Poey, et *C. ensiferus*, Poey, pour lesquels les chiffres ne sont pas mentionnés, les nombres sont compris entre les précédents, c'est-à-dire assez élevés. Dans ce cas, l'espèce dont nous nous occupons ici serait certainement différente du *Centropomus Cuvieri*, Boc., qui n'a que cinquante et une écailles à la ligne latérale. En résumé, parmi les caractères distinctifs, le seul réellement important est problématique et demanderait vérification; ceux qui nous sont connus n'ont qu'une valeur très-faible. Si la comparaison des types conduisait à réunir les deux espèces, le nom donné par M. Poey devrait naturellement être préféré.

Le *Centropomus pedimacula*, Poey, a été trouvé dans les lacs et les rivières de Cuba; on l'a rencontré à Cienfuegos.

8. CENTROPOMUS MEDIUS.

Centropomus medius, Günther, 1864; *Proceed. zool. Soc. London*, p. 144.
C. medius, Günther, 1868-69; *Trans. zool. Soc. London*, t. VI, pars VII, p. 406.

D. VIII-I. 10; A. III. 7.
Écailles : 8/57/2.

La hauteur est comprise trois fois et trois quarts dans la longueur du corps (abstraction faite de la caudale); la longueur de la tête deux fois et quatre cinquièmes. L'intermaxillaire s'étend un peu au delà du bord antérieur de l'orbite. Sous-orbitaire finement denticulé. Prolongement membraneux sous-operculaire n'atteignant pas le niveau de l'origine de la première dorsale. Épines de cette nageoire fortes, la troisième plus longue que la quatrième et moitié aussi longue que la tête (ce qui correspondrait assez exactement, d'après les mesures connues, aux deux tiers de la hauteur). La seconde épine anale longue, un peu plus courte cependant que la troisième, égalant la distance qui sépare l'extrémité de la mâchoire supérieure du bord préoperculaire.

Ligne latérale noire.

Longueur de l'individu, 0m,330.

Cette description, empruntée au travail de M. Günther, ne donne pas certains détails qui seraient utiles à connaître pour comparer cette espèce aux deux précédentes; il en ressort toutefois clairement qu'elle présente avec elles, surtout avec le *Centropomus Cuvieri*, Boc., des rapports très-intimes. Les proportions du corps[1], de la tête, etc., sont absolument les mêmes; la différence de longueur, si remarquable entre les deux grandes épines anales, se retrouve ici; en un mot, presque tous les détails sont semblables. Les seuls caractères différentiels se tirent de la ligne latérale, qui présente, dans l'espèce de M. Günther, six écailles de plus; les épines anales paraîtraient un peu plus courtes, car dans le *Centropomus Cuvieri*, Boc., elles mesurent une distance égale à celle qui sépare l'extrémité de la mâchoire *inférieure* du bord du préopercule. La formule de la ligne transversale est prise par M. Günther, contrairement à sa méthode habituelle, en avant de la seconde nageoire et non de la première; mais, chez les Centropomes, nous nous sommes assuré qu'on trouve ordinairement le même

[1] Les tableaux que nous avons donnés peuvent permettre de les prendre suivant la méthode adoptée ici par M. Günther.

chiffre dans les deux cas; les nombres sont donc comparables. La description ne mentionne pas le prolongement si remarquable qui supporte la nageoire anale dans les deux espèces précédentes.

Ces caractères sont-ils suffisants pour autoriser la distinction de ces espèces? Cela est au moins douteux: nous avons cru devoir toutefois les conserver, attendant que la comparaison de types authentiques vienne justifier une réunion qu'on peut regarder dès à présent comme probable.

M. Günther a reçu deux exemplaires de cette espèce recueillis à Chiapam sur les côtes du grand Océan Pacifique.

9. CENTROPOMUS AFFINIS.

(Pl. I, fig. 1, 1 *a*, 1 *b*, 1 *c*.)

Centropomus affinis, Steindachner, 1864; *Sitzungsb. Akad. Wiss. Wien*, t. XLIX, pars I, p. 200, pl. I, fig. 1.
C. scaber, Bocourt, 1868; *Ann. Sc. nat.* 5ᵉ sér. t. IX, p. 90.

D. VIII-I, 10; A. III, 6.
Écailles : 7/46/11.

Hauteur comprise cinq fois dans la longueur totale et égale à deux fois et demie l'épaisseur. Tête un peu relevée, à profil supérieur peu concave; les parties triangulaires écailleuses du crâne prolongées en pointe aiguë en arrière[1]; museau déprimé; sa largeur équivalant à moins de deux fois l'espace interorbitaire; maxillaire prolongé environ jusqu'au tiers antérieur de l'orbite; œil grand, occupant le quart de la longueur de la tête; espace interorbitaire très-peu inférieur au sixième de cette même dimension; sous-orbitaire avec cinq à six dents très-nettes. Préopercule avec deux dents fortes triangulaires au bord antérieur du limbe; bord postérieur ne présentant que huit à dix épines écartées, relativement plus saillantes que dans les autres espèces, à pointes dirigées un peu en haut; le lobe membraneux operculaire se prolonge jusqu'au niveau de la troisième épine de la dorsale. Les flancs sont parallèles et le ventre aplati[2]; la ligne latérale, à peu près droite, suit le profil du dos; anus situé plus ou moins au delà du milieu de la distance qui sépare la base des pectorales de l'origine de l'anale. Écailles proportionnellement grandes; sur-scapulaire armé de quatre dents; l'inférieure plus forte, comme détachée. Première dorsale abaissée n'atteignant pas tout à fait la base de la seconde; son troisième rayon, le plus long, égal environ aux trois cinquièmes de la hauteur. Anale supportée sur un angle assez saillant, à seconde épine allongée, courte, notablement plus longue que la troisième et que le pédoncule caudal, dépassant d'un dixième la plus grande hauteur du corps.

[1] Pl. I, fig. 1 *a*. — [2] Pl. I, fig. 1 *b*.

La coloration rappelle beaucoup celle des autres espèces: un sablé noir se voit sur les membranes des nageoires impaires: la teinte est assez intense entre les deux longues épines anales: ligne latérale de couleur brune.

Écailles du corps[1] en forme de quadrilatère régulier ou un peu moins longues que hautes, mesurant 1mm,8 dans le premier sens, sur 2mm,4 dans le second: le foyer est petit, rapproché de l'aire spinigère: on compte six ou sept festons au bord adhérent: quarante-cinq spinules environ arment le bord libre: il y en a sur une ligne centripète quatre ou cinq entières et trois ou quatre oblitérées. Les écailles ventrales, d'après ce que nous avons pu observer, sont encore plus étendues dans le sens transversal, une d'elles mesure 1mm,4 de long sur 2mm,3 de large: foyer central érodé, étendu, séparé de l'aire spinigère par des crêtes concentriques écartées: on compte de sept à neuf festons au bord adhérent et trente-cinq à trente-sept spinules au bord libre, sur deux ou trois rangs au plus. Les écailles de la ligne latérale sont irrégulièrement arrondies, mesurant 2mm,3 dans les deux sens: elles sont d'ailleurs construites sur le type habituel: paroi externe du canal perforant très-détachée: un grand feston marginal au bord adhérent, en face du canal, et un ou deux beaucoup plus petits latéraux, n'existant souvent que d'un seul côté: l'aire spinigère est en triangle surbaissé, assez étendue: on compte de trente-cinq à quarante spinules sur le bord libre et six à huit sur une rangée centripète.

La vessie natatoire est simple.

Longueur totale	91mm
Hauteur	18
Épaisseur	7
Longueur de la tête	24
Longueur de la nageoire caudale	21
Longueur du museau	7
Diamètre de l'œil	6
Espace interorbitaire	4

[1] N° 5006 du Catalogue général de la collection du Muséum.

Ce Centropome, rapproché des précédents par ses proportions générales et l'élongation du corps, s'en distingue aisément par la grandeur de ses écailles, comme le montre le petit nombre de celles qui forment la ligne latérale. Sous ce rapport, il se rapproche du *Centropomus Cuvieri*, Boc.: mais il en diffère au premier coup d'œil par sa troisième épine anale, notablement plus courte que la seconde, et son museau moins long, qui est près de trois fois et demie dans la longueur de la tête, tandis qu'il s'y trouve un peu moins de trois fois dans le Poisson avec lequel nous le comparons.

Pl. I, fig. [illegible]

M. Steindachner a donné de cette espèce une bonne figure avec une description qu'on peut considérer comme un modèle de précision et de méthode. Les caractères détaillés plus haut en diffèrent sur certains points de peu d'importance, l'individu qui nous a servi de type étant beaucoup plus petit que celui décrit par l'ichthyologiste de Vienne. Il n'est pas douteux que le *Centropomus scaber*, Boc., établi sur l'exemplaire que nous décrivons ici, ne soit le même que le *Centropomus affinis*, Steind.

Cette espèce a été d'abord connue par des échantillons rapportés de Rio Janeiro et de Cajutuba par Johann Natterer. M. Steindachner en avait aussi reçu de Demerara, en Guyane. Le Muséum possède un individu rapporté des marais de Belize par M. Bocourt, c'est celui que nous avons étudié; trois autres ont été offerts par M. Schombourg; enfin M. Séraphin Braconnier en a donné un cinquième, d'après lequel a été faite la figure de la planche I.

10. Centropomus ensiferus.

Centropomus ensiferus, Poey, 1856-1858; *Mem. sobre la Hist. nat. de la isla de Cuba*, t. II, p. 122; pl. XII, fig. 1.

Centropomus ensiferus, Poey, 1868; *Rep. Fis. Nat. de la isla de Cuba*, t. II, p. 280.

Centropomus ensiferus, Günther, 1868-1869; *Trans. Zool. Soc. London*, t. VI, pars VII, p. 408.

D. VIII-I, 10; A. III, 6.

Écailles, 7/53/?

Hauteur comprise cinq fois un quart dans la longueur totale, tête trois fois et demie. Le maxillaire n'atteint pas tout à fait le centre de l'œil; celui-ci petit, entrant six fois et demie dans la longueur de la tête. Sous-orbitaire fortement denté; préopercule avec seize dentelures fortes et écartées, augmentant de longueur à mesure qu'elles se rapprochent de deux longues épines situées à l'angle; prolongement membraneux sous-operculaire étendu jusqu'au niveau de l'origine de la nageoire dorsale. Ligne latérale sans inflexions. Anus reculé au delà du milieu de la distance qui sépare la base des ventrales de l'anale. Épines dorsales de force médiocre, les troisième et quatrième les plus longues, égales aux trois cinquièmes de la hauteur environ. Anale supportée par un angle médiocrement saillant; sa seconde épine très-allongée, dépassant des deux cinquièmes la hauteur du corps et mesurant la longueur de la tête; la troisième beaucoup plus courte. D'après le croquis donné par M. Poey, cette nageoire aurait son origine à peu près au niveau du quart antérieur de la dorsale molle.

Couleur argentée; nageoire dorsale, une tache sur l'opercule, deuxième épine anale et membrane qui l'unit à la troisième, noires; ventrales orangées. La ligne latérale n'est pas de couleur foncée.

Vessie natatoire simple.

Cette espèce, qui nous est connue seulement par les descriptions de M. Poey et de M. Günther, se rapproche évidemment beaucoup du *Centropomus affinis*, Steind., par l'ensemble de ses caractères et même certains détails de coloration. Les seuls distinctions à établir seraient la tête un peu plus longue, l'œil sensiblement plus petit, le lobe qui supporte l'anale moins saillant, celle-ci plus avancée, sa seconde épine, enfin, plus haute à proportion. Ces différences, on le voit, sont délicates et, pour être admises d'une façon définitive, devraient être constatées par la comparaison directe de types authentiques.

Le *Centropomus ensiferus*, Poey, mesure de 0m,205 à 0m,260; il habite Cuba. M. Günther l'a reçu de la Jamaïque, de la Guyane et, par l'entremise de M. Godman, de Belize, localité où se trouve également l'espèce décrite dans le précédent article.

11. Centropomus armatus.

Pl. I *ter*, fig. 2.

Centropomus armatus, Gill, 1863; *Proceed. Acad. nat. sc. Philadelphia*, p. 163.
Centropomus armatus, Günther, 1868-1869; *Trans. Zool. Soc. London*, t. VI, pars VII, p. 408.

D. VIII-I, 9; A. III, 6.
Écailles, 7/49/12.

Ce Centropome a le corps élevé et étroit, la hauteur étant très-peu inférieure au quart de la longueur totale, et deux fois et demie égale à l'épaisseur. La longueur de la tête équivaut environ aux trois onzièmes de la longueur du corps; elle est élevée. Chanfrein un peu concave; museau faisant un peu moins du tiers de la longueur de la tête, médiocrement large, inférieur pour cette dimension au double de l'espace interorbitaire. Maxillaire atteignant ou dépassant même un peu le centre de l'œil; celui-ci petit, n'ayant pas le cinquième de la longueur de la tête. Espace interorbitaire très-peu inférieur au sixième de cette même dimension; sous-orbitaire avec cinq ou six dents bien visibles. Bord préoperculaire antérieur avec deux dents fortes et une troisième antéro-inférieure beaucoup moins distincte. Bord postérieur avec douze dents croissant graduellement en se rapprochant des deux grandes épines de l'angle, les supérieures dirigées obliquement en haut. Lobe membraneux prolongé un peu au delà de l'origine de la première dorsale. Anus plus éloigné de la base des ventrales que de l'anale. Écailles grandes; sur-scapulaire avec une demi-douzaine de dents régulièrement croissantes. La première dorsale, abaissée, dépasse l'origine de la seconde; ses épines sont assez robustes; la quatrième, la plus longue, un peu supérieure à la moitié de la hauteur du corps. Anale supportée sur un lobe saillant; son origine au niveau du sixième rayon mou de la seconde dorsale environ; la seconde épine excessivement robuste, légèrement courbée, égale à un peu plus des sept neuvièmes de la hauteur: elle atteint ou à peu près la caudale[1]. La troisième épine plus faible et plus courte.

Couleur brun jaunâtre en dessus, argentée en dessous. Nageoire dorsale épineuse, membrane entre les seconde et troisième épines anales, une tache sur l'opercule, noirâtres: les portions molles et les autres nageoires jaunâtres. Seconde épine anale rougeâtre. Ligne latérale non colorée.

Une écaille des flancs en quadrilatère, à côté postérieur convexe, mesure $4^{mm},5$ de long sur $4^{mm},9$ de haut: foyer petit, antérieur, séparé cependant de l'aire spinigère par quelques crêtes concentriques: neuf lobes marginaux au bord adhérent: bord libre avec près de soixante spinules; on en compte environ huit, sur une ligne, centripètes: les trois ou quatre internes plus ou moins oblitérées. Écaille ventrale absolument du même type, mais plutôt arrondie, mesurant $3^{mm},8$ dans tous les sens, avec quatre lobes marginaux et vingt-cinq à trente spinules au bord libre. Écaille de la ligne latérale ayant $4^{mm},5$ de long sur à peu près autant de large: lame du canal perforant nettement détachée: un lobe marginal assez étendu en face d'elle, avec deux lobes plus petits d'un côté et cinq très-petits de l'autre. Le bord libre montre une sorte d'échancrure, de feston rentrant, qui reçoit la saillie du canal de l'écaille suivante: il y a environ trente-cinq à quarante spinules au bord libre.

Vessie natatoire simple.

Longueur totale	155^{mm}
Hauteur	38
Épaisseur	15
Longueur de la tête	42
Longueur de la nageoire caudale	35
Longueur du museau	13
Diamètre de l'œil	8
Espace interorbitaire	7

N° 7657 du Catalogue général de la collection du Muséum.

L'exemplaire étudié ici s'écarte sur quelques points des descriptions données par M. Gill et M. Günther. Ainsi, c'est la quatrième épine dorsale, et non la troisième, qui est la plus longue: il y a un rayon mou de moins à la seconde dorsale: enfin la formule des écailles 7 51 14 donnée par ces auteurs s'écarte un peu de celle que nous avons trouvée. Ces différences sont trop légères pour qu'il y ait lieu d'en tenir compte. Les auteurs précités ne sont pas d'accord sur un caractère auquel on serait peut-être tenté d'accorder une certaine importance, parce qu'il est très-frappant : la coloration

[1] Sur l'exemplaire du Muséum, l'extrémité de cette épine n'est pas intacte; elle paraît avoir été brisée ou usée.

de la ligne latérale. M. Gill l'indique comme étant brunâtre. Est-ce le fait de la conservation qui l'a rendue incolore sur les individus que M. Günther et nous avons observés?

Ce Centropome se distingue d'ailleurs aisément des autres espèces par le petit nombre d'écailles de sa ligne latérale, la longueur réciproque de ses seconde et troisième épines anales, cette dernière étant notablement plus courte; enfin par la hauteur proportionnelle du corps et le petit diamètre de l'œil, quoique les individus décrits ne soient pas de grande taille. Ceux que M. Gill et M. Günther ont examinés étaient plus grands, sans dépasser 0^{m}.280 à 0^{m}.304.

Le *Centropomus armatus*, Gill, a été d'abord décrit d'après des individus récoltés sur la côte occidentale de l'Amérique; depuis, M. Günther l'a reçu de Chiapam; enfin, le Muséum en possède un exemplaire venant de Panama (Boucard). Cette espèce paraît donc propre au versant Pacifique.

12. Centropomus brevis.

Centropomus brevis, Günther, 1864, *Proceed. Zool. Soc. London*, p. 145.

D. VIII-I. 10; A. III. 6.
Écailles. 8/50/?

Hauteur du corps comprise trois fois et demie dans la longueur (abstraction faite de la caudale), la tête entrant pour deux fois et demie dans cette même dimension. Maxillaire étendu jusqu'au-dessous du milieu de l'orbite; sous-orbitaire fortement dentelé; lobe membraneux de l'opercule prolongé au delà de la verticale abaissée de l'origine de la première dorsale. Anus beaucoup plus près de l'anale que de la ventrale. Épines dorsales fortes; la troisième est à peine plus longue que la quatrième, et égale la distance comprise entre le bord postérieur de l'orbite et l'extrémité de la mâchoire inférieure. Seconde épine anale très-longue, mesurant les deux tiers de la longueur de la tête, c'est-à-dire un peu supérieure à la hauteur du corps, plus longue que le pédoncule caudal; la troisième beaucoup plus courte.

Ligne latérale grisâtre.

Le compte des écailles pour la partie supérieure de la ligne latérale est pris à l'origine de la seconde dorsale, et non de la première.

Cette espèce n'est pas sans présenter certains rapports avec les précédentes. Autant qu'on en peut juger par cette description, empruntée à M. Günther, le nombre des écailles de la ligne latérale, les dimensions des épines anales, sont très-semblables. Le corps est moins élevé que dans le *Centropomus armatus*, Gill, chez lequel, en prenant les rapports, abstraction faite de la caudale, on trouve :: 100 : 32, tandis que, d'après la mesure donnée plus haut, le *Centropomus brevis*, Gthr., ne donne que

: : 100 : 28. Ce poisson se distinguerait du *Centropomus affinis*, Steind., par sa tête plus longue; chez ce dernier, elle fait très-peu plus du tiers de la longueur totale, non compris la caudale. Ici encore la comparaison de types authentiques pourrait seule fixer définitivement les idées sur la valeur de ces différences.

Le *Centropomus brevis*, Gthr., n'est connu jusqu'ici que par un exemplaire long de 0m,152, sans indication d'origine; il appartient au British Museum.

13. CENTROPOMUS UNIONENSIS.

Pl. I, fig. 3, 3*a*, 3*b*, 3*c*. Pl. I *bis*, fig. 2, 2*a*.

Centropomus Unionensis, Bocourt, 1868; *Ann. sc. nat.* 5e sér. t. IX, p. 90.

D. VIII-I, 9; A. III, 6.
Écailles, 8/49/12.

Corps élevé, la hauteur étant supérieure au cinquième de la longueur totale et double de l'épaisseur. Tête contenue environ trois fois et demie dans la longueur, mais paraissant courte par suite de l'élévation du tronc: la nuque est très-élevée, le chanfrein un peu concave; museau allongé, occupant plus du tiers de la longueur de la tête, sa largeur un peu supérieure au double de l'espace interorbitaire[1]. Maxillaire n'atteignant pas le centre de l'œil; celui-ci petit, occupant un peu moins du sixième de la longueur de la tête. Espace interorbitaire de même dimension; sous-orbitaire avec une ou deux dents écartées vers son milieu et des dentelures irrégulières plus en arrière. Préopercule avec deux grosses dents élargies à son limbe antérieur, assez faiblement dentelé à son bord montant postérieur, où se voient douze à quatorze épines, les supérieures petites et dirigées un peu vers le haut. Lobe membraneux de l'opercule dépassant le niveau de l'origine de la première dorsale. Ligne latérale à peu près droite. Anus un peu plus rapproché de la nageoire anale que de la base des nageoires ventrales. Écailles proportionnellement grandes; sur-scapulaire armé de cinq ou six dents régulièrement croissantes. Première nageoire dorsale abaissée n'atteignant pas la seconde; son troisième rayon dépasse à peine la longueur du quatrième et mesure les deux tiers de la hauteur du corps. Origine de la nageoire anale sous le dernier rayon de la dorsale molle; sa seconde épine relativement faible, un peu plus longue que la troisième et n'occupant guère que les trois quarts de la longueur du pédoncule caudal.

La couleur n'offre rien de bien spécial. On distingue sur le ventre quelques lignes obscures longitudinales. Les deux dorsales, la portion antérieure de l'anale, les lobes de la caudale, une tache sur l'operculaire, sont brunâtres. Ligne latérale non colorée.

[1] Pl. I, fig. 3*a*.

Écailles des flancs[1] en carré, à côtés légèrement arrondis, offrant à peu près les mêmes dimensions dans les deux sens : 6^{mm},6 de long sur 7 millimètres de haut; foyer submédian médiocre, séparé des épines par un certain nombre de crêtes concentriques; huit à dix lobes marginaux, plus de soixante et dix spinules au bord libre et une dizaine sur une rangée centripète, dont trois ou quatre au plus entières. Les écailles ventrales sont arrondies irrégulièrement, mesurant 4^{mm},7 de diamètre; sur l'une d'elles, le foyer, vermiculé, occupe plus du quart de la surface; sept ou huit lobes marginaux se voient en avant; le bord libre montre une aire spinigère réduite, formée de quarante ou quarante-cinq spinules saillantes, sur un ou deux rangs seulement. Les écailles de la ligne latérale[2], longues de 7 millimètres, larges de 6, montrent sur le bord libre une profonde échancrure pour recevoir le canal de l'écaille suivante. La lame qui limite ce canal n'offre rien de particulier; sur l'un des côtés du grand lobe marginal se voient deux lobes plus petits, et quatre de l'autre. L'aire spinigère offre une cinquantaine d'épines sur son bord libre; en suivant le contour de l'échancrure, sur la plus étendue des rangées centripètes, on compte seize à dix-huit spinules dont une dizaine complètes.

Vessie natatoire simple.

Longueur totale	242^{mm}
Hauteur	54
Épaisseur	27
Longueur de la tête	69
Longueur de la nageoire caudale	42
Longueur du museau	25
Diamètre de l'œil	11
Espace interorbitaire	11

N° 5907 du Catalogue général de la collection du Muséum.

C'est du *Centropomus armatus*, Gill, que cette espèce se rapproche évidemment le plus. Les proportions sont à très-peu près les mêmes, quoique la hauteur soit peut-être un peu moindre, et la largeur, au contraire, légèrement plus forte. Les nombres des écailles sont très-voisins, et l'on peut citer encore comme point de rapprochement l'échancrure remarquable du champ postérieur dans les écailles de la ligne latérale. Cependant le *Centropomus Unionensis*, Boc., se distingue par la largeur plus grande du museau, supérieur au double de l'espace interorbitaire, par les dentelures moins nombreuses et irrégulières du sous-orbitaire, enfin par la brièveté de sa seconde épine anale, qui est loin d'atteindre la racine de la caudale.

C'est une des espèces de Poissons qui, salés et séchés au soleil, entrent pour une

[1] Pl. I, fig. 3 c. — [2] Pl. I *bis*, fig. 2.

part importante dans l'alimentation des Indiens du littoral au Salvador et au Guatemala.

Le Muséum possède deux fort beaux exemplaires du *Centropomus Unionensis*, Boc.: ils ont été récoltés par la Commission scientifique du Mexique dans la baie de la Union, port de la république du Salvador, sur le Pacifique.

Genre APOGON, Lacép.

Lacépède, *Histoire des Poissons*, t. III, p. 411. An x (1802).

Percoïdes à sept rayons branchiaux; deux nageoires dorsales distinctes, ventrales thoraciques; toutes les dents en velours, préopercule entier, à double rebord dentelé ou lisse; écailles grandes, peu adhérentes.

Dans cette diagnose, empruntée au *Règne animal* de Cuvier, le rebord intérieur ou crête du préopercule doit être regardé comme le caractère distinctif de ces Poissons, parmi les Percoïdes proprement dits, privés de canines. La disposition de ce rebord, muni ou privé de dents, avait engagé M. Bleeker à établir un second genre sous le nom d'*Apogonichthys*[1], division proposée presque en même temps par M. Poey sous le nom de *Monoprion*[2]. Depuis, le premier de ces naturalistes[3] a regardé cette différence comme de trop peu d'importance et ne devant servir qu'à des distinctions spécifiques. Les genres créés par M. Krefft[4], *Mionurus*, et par M. Gill, *Archamia*, *Lepidamia*, *Glossamia*[5], ne semblent pas non plus pouvoir être conservés.

On a proposé dans ces dernières années[6] de substituer au nom d'*Apogon* celui d'*Amia*, appliqué par Gronovius dès 1763[7] à une espèce de la mer des Indes mal déterminée, mais appartenant sans aucun doute au genre qui nous occupe. Ce changement présenterait de graves inconvénients. Le nom *Apogon*, d'une part, est très-généralement adopté depuis le commencement du siècle pour désigner ces Poissons, d'un autre côté, le terme *Amia* a été employé depuis plus long-

[1] Bleeker, *Ichthy. van Japan*, p. 56. *Verhandl. Batavia Genootschap.* t. XXVI; 1854-57.

[2] Poey, *Mem. sobre la Hist. nat. de la isla de Cuba*, t. II, p. 123; 1856-1858.

[3] Bleeker, *Rev. des Apogonini*, p. 63.

[4] Krefft, *Proceed. Zool. Soc. of London*, p. 942; 1867.

[5] Gill, *Proceed. Acad. nat. sc. Philadelphia*, 2ᵉ série, t. XV, p. 81; 1863.

[6] Bleeker, *Rev. des Apogonini*, p. 5; 1874.

[7] Gronovius, *Zoophylacii Gronoviani*, fasciculus primus, p. 80, n° 273, pl. IV, fig. II; 1763.

temps encore, comme tout le monde le sait, par l'auteur du *Systema naturæ*, pour désigner un groupe absolument distinct. C'est ici, pensons-nous, qu'il convient d'invoquer en faveur de la nomenclature Linnéenne la prescription adoptée par la plupart des zoologistes et nettement formulée au congrès international de botanique en 1867[1]. D'ailleurs, si l'on voulait être absolument juste au point de vue de l'antériorité, ce n'est pas pour les *Apogon* que la désignation *Amia* devrait être réservée, mais plutôt pour le *Pelamys Sarda*, Bl., poisson que tous les ichthyologistes, depuis Rondelet[2], regardent comme le véritable *Amia* d'Aristote.

Ce genre est aujourd'hui très-nombreux en espèces. M. Günther[3] en énumère soixante-sept dans son Catalogue (*Apogon* et *Apogonichthys* réunis). Depuis cette époque, ce même auteur[4] et MM. Garret[5], Playfair[6], Poey[7], Steindachner[8], Cope[9], ont fait connaître une dizaine environ de types nouveaux; enfin tout récemment M. Bleeker[10], dans un travail spécial sur les *Apogon* de l'archipel Indien, n'a pas décrit moins de cinquante-sept espèces, dont un cinquième environ ne paraît pas avoir été connu des auteurs précédents. En somme, tout en faisant la part des doubles emplois, on ne peut guère estimer à moins de soixante et dix à quatre-vingts le nombre des espèces du genre *Apogon*.

Presque toutes sont intertropicales : l'*Apogon imberbis*, Lin., de la Méditerranée; les *Apogon lineatus*, T. et Schl., *Apogon semilineatus*, T. et Schl., *Apogonichthys glaga*, Bleek., *Apogonichthys carinatus*, C. V., du Japon; les *Apogon Ruppellii*, Günth., *Apogon Victoriæ*, Günth., de Victoria, auxquels il faut joindre peut-être les *Apogon australis*, Steind., *Apogonichthys Gillii*, Steind., de Queen's land, doivent cependant être cités comme exception. Parmi les espèces intertropicales, la plus grande partie est confinée dans la mer des Indes, qui paraît être le véri-

[1] *Lois de la nomenclature botanique adoptées par le congrès international de botanique tenu à Paris en août 1867*, 2e édit. p. 17 et 34, art. 15.

[2] Rondelet, *De Piscibus*, lib. VIII, p. 239; 1554.

[3] Günther, *Catal. Brit. Mus. Fishes*, t. I, p. 224 et 245; 1859.

[4] Günther, *Ann. and Mag. of nat. hist.* t. XX, p. 57; 1867.

[5] Garret, *Proceed. of the California Academy of natural sciences*, t. III, p. 105; 1867.

[6] Playfair, *The Fishes of Zanzibar*, p. 19; 1866.

[7] Poey, *Mem. sobre la Hist. nat. de la isla de Cuba*, t. II, p. 123; 1856-1858. — *Rep. Fis. Nat. de la isla de Cuba*, p. 233; 1868.

[8] Steindachner, *Sitzungsb. Akad. Wiss. Wien*, t. LX, p. 10; 1867.

[9] Cope, *Transac. Amer. Phil. Soc. Philadelphia*, 2e sér. t. XIII, p. 400; 1865-1869.

[10] Bleeker, *Rev. des Apogonini*; 1874.

table centre du genre; un petit nombre habitent le grand océan Pacifique : tels sont les *Apogon Novæ Guineæ*, Val., *Apogon nigro-maculatus*, H. et J., *Apogon monochrous*, Bleek., *Apogon quadrifasciatus*, Val., *Apogon frenatus*, Val., *Apogon fasciatus*, White, *Apogon aterrimus*, Günth., *Apogon maculiferus*, Garret, trouvés sur différents points de l'Océanie; quelques espèces aussi ont été rencontrées dans l'Atlantique, à Cuba : *Apogon maculatus*, Poey, *Apogon pigmentarius*, Poey, *Apogon punctulatus*, Poey, *Apogon binotatus*, Poey; aux îles Bahama : *Apogon stellatus*, Cope; à Bahia : *Apogon Americanus*, Castel.; à l'Ascension : *Apogon axillaris*, Val. Toutes les mers tropicales, comme on le voit, offrent des représentants de ce genre; il est probable que le nombre s'en accroîtra, ces Poissons, généralement de petite taille, sont souvent, malgré leurs couleurs brillantes, négligés par les collectionneurs.

Jusque dans ces dernières années la côte occidentale de l'Amérique n'avait fourni aucune espèce d'*Apogon*; en 1861 seulement, M. Günther a fait connaître l'*Apogon Dorii*[1], nom sous lequel avaient été envoyés au Muséum les exemplaires décrits plus bas, mais qui se rapportent plutôt à l'espèce signalée par M. de Castelnau sur la côte orientale.

APOGON AMERICANUS.

Apogon americanus, de Castelnau, 1855; *Animaux nouveaux ou rares de l'Amérique du Sud, Poissons*, p. 3, pl. III, fig. 2.

Apogonichthys americanus, Günther, 1859; *Cat. Brit. Mus. Fishes*, t. I, p. 247, n° 9.

D. VI—I, 9; A. II, 8;
Écailles : 3/25/9.

Forme assez allongée, eu égard à l'apparence ordinaire des Apogons, la hauteur étant comprise environ quatre fois un tiers dans la longueur totale et double de l'épaisseur. La tête, qui occupe le tiers et demi de la longueur du corps, est peu élevée; mâchoires égales, toutes les dents fines, museau court; œil grand faisant un peu moins du tiers de la longueur de la tête, intervalle interorbitaire ayant environ les deux neuvièmes de cette même dimension. Sous-orbitaire, crête préoperculaire, interoperculaire, sur-scapulaire, lisses; préopercule très-finement dentelé sur son bord montant seulement, épine operculaire visible, sous-opercule prolongé au delà de cette épine en

[1] Günther, *Trans. Zool. Soc. London*, t. VI, pars VII, p. 413; 1868-69.

un lobe membraneux. Ligne latérale parallèle au contour du dos; anus rapproché de l'anale sans toutefois être en contact avec elle. Écailles grandes, caduques, comme dans les autres espèces du genre. Première dorsale aiguë, sa première épine moitié de la seconde, qui est la plus robuste et égale presque la troisième, cette dernière mesure un peu moins de moitié de la longueur de la tête; dorsale molle arrondie, une fois et demie aussi haute que la première. Anale aussi longue et aussi haute que la précédente. Caudale légèrement échancrée avec quatre rayons épineux formant des espèces de fulcres plus ou moins distincts aussi bien en haut qu'en bas en plus des rayons ordinaires. Pectorales allongées, atteignant presque l'anale; ventrales plus courtes, leur base située au-dessous de l'origine des précédentes, se terminant vers ou avant l'anus.

Couleur violacée, autant qu'il est permis d'en juger sur un exemplaire conservé dans l'alcool, toutes les écailles chargées de ponctuations pigmentaires, visibles seulement à la loupe, beaucoup plus fortes et plus nombreuses sur les opercules, une tache noire apparaissant par transparence au travers de l'operculaire, une autre à la base de la queue au niveau de la ligne latérale: dorsale molle, anale et caudale, sablées de noir sur la membrane vers le bord libre, dorsale épineuse et nageoires paires unicolores.

Écaille des flancs subquadrilatère à côté postérieur arrondi, mesurant environ $2^{mm},9$ dans les deux sens: foyer arrondi, situé en arrière du centre de figure; treize à quatorze lobes marginaux, plus de cinquante-six spinules au bord libre, sept à huit sur une ligne centripète dont les quatre ou cinq premières entières. Écailles de la ligne latérale plus hautes que longues, mesurant $2^{mm},9$ dans ce dernier sens et $3^{mm},7$ dans l'autre: foyer très-étendu en hauteur, vermiculé; canal sans tube visible dans l'aire spinigère, dilaté vers son point d'adhérence rétréci en arrière[1]; dix-huit lobes marginaux peu différents entre eux comme dimensions, une soixantaine de spinules au bord libre sur trois ou quatre rangs seulement.

Longueur totale	82^{mm}
Hauteur	19
Épaisseur	9
Longueur de la tête	23
Longueur de la nageoire caudale	20
Longueur du museau	4
Diamètre de l'œil	7
Espace interorbitaire	5

N° 8390 du Catalogue général de la collection du Muséum.

[1] Cette structure des écailles de la ligne latérale, analogue à celle que nous avons indiquée plus haut chez les Centropomes, s'est trouvée la même dans toutes les espèces d'Apogons appartenant à la collection du Muséum, à de très-légères différences près. Agassiz (*Rech. sur les Poiss. foss.* t. IV, p. 65) décrit le canal comme «se terminant entre les aspérités de la partie postérieure par trois branches divergentes», disposition habituelle chez les Lutjanus, les Diacope et autres genres, mais que nous n'avons jamais rencontrée chez les Apogons; malheureusement le

Cet Apogon diffère de l'*Apogon Dorii*, Günth., par les dimensions relatives de ses nageoires dorsales, tandis que dans celui-ci elles sont presque d'égale hauteur; chez l'*Apogon americanus*, Cast., la différence est de plus de la moitié en faveur de la seconde, qui atteint dans notre individu 16 millimètres, tandis que la plus haute épine de la première n'en mesure pas plus de 10; sauf ce caractère, auquel M. Günther attache avec raison une grande importance, il y a entre ces deux espèces des rapports frappants, à en juger par la description, qui seule nous est connue. Il se rapprocherait aussi de l'*Apogon imberbis*, Lin., mais s'en distingue cependant par le sablé noir des joues et la tache de l'operculaire, qui ne sont pas marqués sur les nombreux individus que nous avons pu examiner de l'espèce typique du genre; de plus sur ceux-ci l'espace interoculaire est à la plus grande largeur du museau :: 82 : 100, tandis que dans l'*Apogon americanus*, Cast., ce rapport n'est que :: 70 : 100. On peut aussi, d'après une description de M. Poey[1], penser que son *Monoprion pigmentarius* n'est pas sans présenter quelques analogies avec les exemplaires de notre espèce, surtout par les points pigmentaires des joues; cependant la position des ventrales bien en avant des pectorales dans l'espèce de Cuba ne permettrait pas de les confondre.

La description et la figure données dans l'ouvrage de M. de Castelnau auraient été insuffisantes pour permettre l'assimilation, si nous n'avions pu établir la comparaison avec l'individu type. Ce dernier n'est pas dans un état de conservation absolument satisfaisant, cependant les principaux caractères, proportions du corps, position et formules des nageoires, tache operculaire, sablé des joues, s'y retrouvent, la tache noire caudale et la teinte rembrunie de la dorsale molle et de l'anale manquent, ce qu'on doit attribuer sans doute au séjour prolongé dans l'alcool. Quoique les dentelures du bord montant du préopercule soient très-fines, leur présence est indiscutable et cette espèce ne peut rentrer dans la section des *Apogonichthys*.

L'individu, qui fait partie des collections rassemblées par la Commission scientifique du Mexique, provient de Caïmito, près Chorrera, Panama (Boucard). Le type de Castelnau avait été rapporté de Bahia et, d'après M. Cope[2], l'espèce a été retrouvée à Newport (Rhode-Island). L'*Apogon americanus* serait l'une des espèces les plus remarquables par sa distribution géographique; d'une part, elle s'étendrait fort loin en latitude sur la côte orientale de l'Amérique, et, en second lieu, elle existe sur les deux versants de l'isthme de Panama.

savant professeur de Neufchâtel n'indique pas avec précision les espèces qu'il a pu observer.

[1] Poey, *Mem. sobre la Hist. nat. de la isla de Cuba*, t. II, p. 123; 1856-58.

[2] Cope, *Transactions American Phil. Society Philadelphia*, 2e série, t. XIII, p. 400; 1865-69. (19 octobre 1866.)

Genre SERRANUS, Cuvier.

Cuvier, *Règne animal*, t. II, p. 139; 1829.

Percoïdes à ventrales thoraciques; sept rayons branchiostéges; une seule dorsale, occupant une grande partie de la longueur du dos et composée de IX à XI épines avec plus de 12 rayons mous; des dents canines et des dents en velours plaques dentaires vomériennes et palatines distinctes; préopercule dentelé, operculaire avec trois épines plus ou moins saillantes. Écailles nombreuses, cténoïdes, polystiques.

Ce genre, l'un des plus riches en espèces et répandu dans toutes les mers, ne peut être regardé, dans l'état actuel de nos connaissances, comme absolument naturel. Les zoologistes sont déjà d'accord pour en détacher les *Anthias* ou Barbiers, qui doivent former un genre distinct, ayant entre autres caractères celui d'être couvert d'écailles monostiques ou distiques, mais, même ainsi réduit, on y reconnaît encore deux ou trois types que les progrès de la science engageront, sans doute, à élever au rang de divisions spéciales.

Ce n'est pas cependant que les Serrans, compris à peu près suivant les idées de Cuvier, soient absolument éloignés les uns des autres. En ne faisant entrer dans ce groupe que les Serrans proprement dits et les Mérous, on a un ensemble de poissons très-rapprochés par leur forme générale, la disposition de leurs dents maxillaires, l'armature de leurs pièces operculaires, la conformation de leurs nageoires.

La présence de dents canines aux deux mâchoires est un des caractères principaux invoqué par Cuvier, comme caractéristique du genre. On a souvent fait remarquer que ce plus ou moins de longueur est d'une appréciation difficile. D'un autre côté, pour le plus grand nombre des Poissons, ces organes étant toujours simplement destinés à saisir les aliments, à retenir la proie sans qu'il y ait rien de comparable à la mastication ou même à la dilacération, on comprend que des différences de grandeur assez notables puissent se rencontrer sans entraîner des modifications typiques réellement importantes. Aussi peut-on considérer ce caractère comme ayant à peine une valeur générique.

La disposition de ces canines présente certaines variations. Chez les Serrans proprement dits, tels que le *Serranus scriba*, Lin., ces organes, solidement soudés aux os maxillaires et intermaxillaires, sont nombreux, placés sur toute la longueur des mâchoires et, quoique augmentant sensiblement de dimensions d'arrière en avant, tous assez développés. Dans le *Serranus maculato-fasciatus*, Steind.[1], et les autres espèces dont M. Girard a fait le genre *Paralabrax*[2], les canines sont encore disposées avec plus de régularité, à peu près de même force et également espacées entre elles tant à la mâchoire supérieure qu'à la mâchoire inférieure. Les Mérous[3], au contraire, ont en général une ou deux paires de canines seulement bien développées; de plus, les dents de la mâchoire supérieure sur la partie terminale et au point d'union des intermaxillaires, en arrière des canines, jouissent d'une mobilité très-appréciable, qui n'est pas sans avoir une valeur physiologique importante. Elles sont susceptibles de s'appliquer complétement sur la voûte palatine, si on les fait mouvoir d'avant en arrière; par contre, en cherchant à les ramener en sens inverse, elles prennent une direction verticale qu'on ne peut leur faire dépasser sans les rompre. Cette disposition anatomique a évidemment pour but de permettre une introduction plus facile de la proie et de s'opposer efficacement à ce qu'elle puisse s'échapper. En examinant avec soin le mode d'union de ces dents mobiles avec la mandibule, on voit à leur base un ligament élastique et inextensible qui les relie aux os des mâchoires; il est placé à la partie postérieure, et un prolongement osseux antérieur vient, lors du redressement, buter contre les dents et s'oppose au mouvement en avant passé une certaine limite. Ces faits sont absolument analogues à ceux dont M. Owen a parlé en décrivant les dents mobiles du *Lophius piscatorius*, Lin.[4]; seulement la mobilité des dents est moins générale chez les Mérous dont nous parlons ici et par suite ces organes forment un « piége à ressort », suivant l'expression de l'anatomiste anglais, moins complet que celui de la Baudroie.

Les différentes pièces qui composent l'opercule offrent des caractères les uns généraux convenant à toutes les espèces du groupe, d'autres au contraire qui ne

[1] Pl. IV, fig. 1

[2] Girard, *Expl. and Surv. Pacific Railroad, Fishes*, p. 33; 1858.

[3] Pl. II, fig. 3.

[4] Owen, *Odontography*, p. 153; pl. LVI, fig. 1; 1840-1845.

doivent servir qu'à des distinctions spécifiques. L'operculaire est toujours épineux : le préopercule plus ou moins finement denticulé à son bord postérieur, souvent lisse inférieurement, ne présente en tous cas jamais de grosses dents dirigées en avant.

Ces deux pièces offrent certaines différences suivant les espèces et seront sans doute susceptibles de fournir d'excellents caractères pour le groupement des Serrans, lorsqu'elles auront été étudiées méthodiquement sur un nombre convenable d'individus, mais les considérations que nous allons présenter ne peuvent être acceptées qu'avec certaines réserves, n'étant pas encore appuyées sur la comparaison de préparations suffisamment variées.

En ce qui concerne l'operculaire, on reconnaît deux dispositions principales : tantôt, comme chez le *Serranus boenack*, Bloch, les trois épines du bord postérieur sont égales, ou tout au moins la moyenne dépasse à peine les épines extrêmes, tantôt celle-là est beaucoup plus prolongée en arrière, les deux autres étant tout à fait rudimentaires; le *Serranus hexagonatus*, Forst., en montre un exemple. On comprend que, dans le premier cas, l'operculaire est terminé presque carrément, et au contraire prolongé en pointe plus ou moins aiguë dans le second. La distance réciproque des trois épines paraîtrait offrir un caractère d'un emploi assez commode; ainsi dans la première des espèces citées les deux épines inférieures sont notablement plus rapprochées l'une de l'autre que la mitoyenne ne l'est de l'épine supérieure; les espaces qui séparent ces trois épines sont au contraire à très-peu près égaux dans bon nombre d'autres Mérous. Sur le squelette ces différences s'accusent plus nettement encore par la manière dont les trois côtes internes, qui soutiennent ces épines, partent en divergeant de l'articulation operculo-cranienne; on pourrait peut-être trouver là des mesures angulaires susceptibles d'une assez grande précision.

La forme de l'operculaire entraîne celle d'un lobe membraneux, qui le double, le prolonge en arrière; il en résulte des différences qui aident à apprécier celles que présentent les épines. Si ces dernières sont d'égale longueur, le lobe membraneux paraît large et terminé en angle obtus, son bord postérieur est très-oblique. Au contraire, quand l'épine moyenne est saillante, le lobe membraneux se prolonge en angle aigu, son extrémité étant tantôt relevée, tantôt dirigée directement en arrière. Déjà les auteurs de l'histoire naturelle des Poissons ont employé ce caractère pour des distinctions spécifiques[1].

De toutes ces pièces, le préopercule a été le plus généralement indiqué dans les descriptions. Sa forme présente quelques variations, mais plus difficiles à exprimer, même par le dessin, que celles des organes précédents, tant les nuances sont délicates. Il est tantôt arrondi, tantôt en angle droit ou obtus; dans ce dernier cas, les dentelures inférieures de son bord postérieur peuvent se prolonger en dents distinctes, comme par exemple chez le *Serranus angularis*, C. V.; dans le premier cas, au contraire, les denticulations sont fines sur tout le bord postérieur et augmentent à peine vers l'angle; il y a souvent une faible sinuosité un peu au-dessus de ce dernier, c'est ce qu'on voit fort bien chez le *Serranus boenack*, Bloch, entre autres.

Les seules particularités offertes par l'interopercule et le sous-opercule consistent en des dentelures fines qu'ils peuvent présenter l'un ou l'autre à leur bord libre près de leur point de jonction. Dans certaines espèces, comme le *Serranus Bleekeri*, Vaill. (*S. variolosus*, Bleck.), ces dentelures paraissent assez constantes: mais il ne faudrait peut-être pas y attacher d'une manière générale une trop grande importance. Elles peuvent, en effet, exister d'un côté et manquer du côté opposé : un individu du *Serranus angularis*, C. V., de la collection du Muséum, présente cette disposition[2].

La considération des organes de la locomotion, quelle que soit la classe des vertébrés qu'on étudie, est insuffisante pour permettre d'établir des divisions d'ordre supérieur. Pour les Poissons en particulier, les perfectionnements apportés dans leur classification, quelque imparfaite que soit encore celle-ci, confirment ce principe, et si les anciens ichthyologistes basaient presque exclusivement leurs divisions primaires sur la position des nageoires, ce caractère tend de plus en plus à être relégué en seconde ligne. Cependant ici, de même que pour les écailles, si les indications fournies par ces organes n'ont pas une valeur suffisante pour permettre la formation de sous-classes, ni de familles, ils peuvent toutefois être utilement employés pour caractériser des genres ou tout au moins servir à des groupements

[1] Voy. *loc. cit.* t. II, p. 282, à propos du *Serranus Alexandrinus*, C. V.

[2] N° 7285 du Catalogue général de la collection du Muséum.

d'espèces. En ce qui concerne les Serrans et les genres voisins, les auteurs ont déjà fait pour les nageoires un emploi fréquent de différences au premier abord assez peu importantes, mais dont l'usage a montré l'utilité pratique.

La forme de ces parties, le nombre des rayons, sont les seules particularités dont on puisse faire emploi d'une manière générale, la disposition étant invariable dans le groupe. Les dimensions réciproques de ces organes pourraient peut-être être de quelque utilité, cependant des recherches faites dans ce but ne nous ont jusqu'ici donné aucun résultat, les plus grandes variations s'étant souvent rencontrées comme particularités individuelles dans une même espèce.

On n'observe de différence de forme suffisamment marquée que pour la caudale. Cette nageoire est le plus ordinairement arrondie, carrée ou faiblement concave, formes trop voisines les unes des autres pour pouvoir fournir des distinctions, mais dans certains cas son bord postérieur est profondément échancré et les angles se prolongent en filaments plus ou moins étendus. Le rôle prépondérant de cet organe pour la locomotion donne à ce caractère une valeur spéciale, qui ne paraît pas toutefois propre à justifier autre chose qu'un groupement d'espèces et même, sous ce rapport, semble d'ordre inférieur à la structure des écailles de la ligne latérale, comme on le verra plus loin.

On serait tenté de regarder le nombre des rayons comme d'une importance très-secondaire, l'observation prouve cependant qu'il est chez ces acanthoptérygiens d'une constance remarquable, au moins pour certaines nageoires; il n'est donc pas sans utilité de voir quelles sont celles de ces dernières où cette constance est la plus grande et dans quelle limite on doit s'y fier. L'examen attentif d'un nombre aussi grand que possible d'individus d'une même espèce pris dans des conditions de développement variées nous a conduit pour les Serrans aux conclusions suivantes.

Tout d'abord il faut éliminer les nageoires paires. Les ventrales offrent toujours une même formule non-seulement pour le genre, mais encore pour la famille; cette constance peut s'expliquer par ce fait que ces organes ont un rôle physiologique élevé se rapportant plutôt au tact qu'à la locomotion.

Quant aux nageoires pectorales, elles ne paraissent pas non plus, soit dans leur forme, soit dans leur constitution, présenter chez les Serrans aucun caractère qui puisse les faire employer pour la distinction des groupes. Cependant, si le plus souvent elles sont arrondies, dans certains cas, comme chez les *Serranus Louti*. Forsk., et *S. furcifer*, C. V., on les trouve allongées, falciformes; mais c'est précisément sur les espèces à queue fourchue, que ces deux modifications, sans doute corrélatives l'une de l'autre et en rapport avec une progression plus rapide, se rencontrent à la fois. Ces nageoires, en effet, servent certainement à la locomotion, au moins dans certains cas, dans le mouvement de recul en particulier, suivant les observations de M. Monoyer[1]; elles paraissent aussi avoir un autre usage en relation avec l'acte respiratoire, celui de favoriser par leurs mouvements d'ondulation l'issue de l'eau hors des cavités branchiales. La longueur de ces nageoires, à laquelle on a souvent fait jouer un rôle important dans les distinctions spécifiques, ne paraît pas chez les Serrans mériter grande considération; on la voit sensiblement varier sur une même espèce suivant l'âge, ou suivant certaines particularités individuelles indéterminées. Quant au nombre des rayons qui les composent, il est difficile à apprécier avec exactitude et ne peut être pratiquement mis en usage; les variations sont d'ailleurs nulles ou insignifiantes autant qu'il est permis d'en juger.

Les nageoires dorsale et anale donnent des caractères plus nets et dont tous les ichthyologistes se sont servis habituellement. L'emploi qu'en fait l'animal pour la locomotion n'est peut-être pas encore parfaitement établi par l'expérience, cependant lorsqu'on examine une Perche, poisson dont les Serrans se rapprochent assez pour qu'on puisse user de cette comparaison, on voit pendant la natation les nageoires dorsale et anale agitées d'un double mouvement, l'un, d'oscillation latérale, l'autre, consistant en ondulations se propageant dans les parties molles. Il est permis de conclure de ces faits qu'elles aident la caudale pour la progression; mais elles doivent surtout maintenir la station verticale d'après les données physiologiques connues. La constance dans le nombre des rayons est le seul caractère dont on puisse faire emploi, les différences de forme se réduisant à des variations, encore assez faibles, de hauteur.

En premier lieu, le nombre des épines paraît très-constant. Chez les Serrans,

[1] Monoyer. *Recherches expérimentales sur l'équilibre et la locomotion chez les Poissons*, Ann. sc. nat. 5e série, t. VI, p. 14; 1866. — Bert. *Notes d'Anatomie et de Physiologie*, p. 31; 1867.

dont le *Serranus scriba*, Lin., est le type, on trouve toujours dix épines dorsales: chez tous les Mérous le nombre est neuf ou onze à une exception près, le *Serranus Courtadei*, Bocl., dont on trouvera plus loin la description. M. Bleeker et M. Günther ont pris ce caractère pour diviser le genre en groupes et, après les distinctions fournies par les écailles de la ligne latérale, c'est celui qui paraît sinon avoir la plus grande valeur, au moins être le plus commode comme emploi. Les épines de l'anale, plus fixes encore à cet égard que celles de la dorsale, sont toujours au nombre de trois.

Une remarque analogue peut être faite pour les rayons mous de ces deux nageoires. Il y a suivant les espèces des variations dans le nombre de ces parties à l'anale, mais dans une même espèce la constance est remarquable. En cherchant à vérifier ce fait sur une espèce des mieux représentées dans les collections du Muséum, nous avons trouvé que, sur près de quarante individus appartenant au *Serranus hexagonatus*, Forst., il ne s'en est pas rencontré un seul ayant plus ou moins de huit rayons à l'anale; au contraire, sur ces mêmes exemplaires le nombre des rayons de la dorsale molle a varié de quinze à dix-sept. Ceci est sans doute concordant avec ce principe que dans les organes de cette sorte plus les nombres sont faibles, moins ils sont variables; quoi qu'il en soit, le résultat reste le même et montre qu'on peut faire utilement usage de ces particularités pour la distinction des espèces et leur groupement dans ce genre si étendu et si difficile.

Il ne faut toutefois se fier au nombre des épines et des rayons dans les différentes nageoires qu'après un examen portant sur un nombre suffisant d'exemplaires pour ne pas risquer d'être trompé par des accidents dus à des monstruosités individuelles. Ainsi, dans des espèces bien établies, on peut parfois rencontrer des animaux portant un nombre anomal d'épines dorsales. Cela peut arriver par défaut: dans les collections du Muséum nous en avons rencontré deux exemples. l'un sur l'individu type[1] du *Serranus boelang*, C. V. (c'est le même que le *Serranus boenack*, Bloch), il ne présente que VIII épines nettes; l'autre sur un *Serranus cirulatus*, C. V.[2], ayant X épines. D'autres fois c'est par excès, c'est-à-dire dix ou douze épines alors que le nombre normal serait neuf ou onze : les *Serranus mar-*

[1] N° 7672 du Catalogue général de la collection du Muséum.

[2] N° 7347 du Catalogue général de la collection du Muséum.

ginatis, Bloch[1], et *S. Mentzelii*, C. V.[2], nous ont fourni des exemples de ces anomalies. Quant au nombre des rayons mous de l'anale chez les espèces se rapportant au type du Mérou, la collection du Muséum ne nous a montré qu'un exemple d'anomalie parmi les Serrans de beaucoup les plus nombreux qui ont pour formule III, 9 : il nous a été fourni par un exemplaire du *Serranus aurantius*, C. V.[3], dont la formule anale était III, 10; tous les autres individus de la même espèce, au nombre d'une dizaine, en y joignant le *Serranus analis*, C. V., qui ne paraît pas pouvoir en être distingué, présentaient au contraire le type normal III, 9. Chez les Serrans proprement dits la constance est moindre, et le *Serranus cabrilla*, Lin., présente presque indifféremment sept ou huit rayons mous à l'anale.

En somme, pour les Serrans on arrive à cette conclusion, quant à l'emploi taxonomique des nageoires, que la forme de la caudale et les nombres fournis par les épines et les rayons de la dorsale et de l'anale donnent seuls des caractères pour le groupement des espèces. En ce qui concerne ces nombres, celui des épines de l'anale est le plus constant; puis vient celui des épines de la dorsale qui, dans une même espèce, sauf anomalie ou pourrait dire tératologique, est également toujours le même. Le nombre des rayons mous de l'anale offre une régularité comparable à celle des rayons dorsaux et doit être employé au même titre pour le groupement des espèces; quant aux rayons de la portion molle de la nageoire dorsale, ils peuvent présenter des variations numériques assez étendues. Ces résultats, déduits de l'étude minutieuse d'un nombre considérable d'individus, peuvent à ce titre être regardés comme exacts en ce qui concerne ce genre, mais l'expérience seule permettra plus tard de juger s'ils sont applicables à d'autres groupes.

Les faits les plus intéressants, et peut-être les plus positifs, pour l'étude de ces Poissons nous ont été donnés par l'examen des écailles de la ligne latérale, et l'un de nous, dans différentes notes[4], a insisté sur l'importance des caractères présentés par ces organes.

[1] N° 4520 du Catalogue général de la collection du Muséum.

[2] N° 7368 du même Catalogue.

[3] N° 7253 du même Catalogue.

[4] Léon Vaillant : *Sur certains caractères différentiels de quelques genres appartenant au groupe des* Serranina. (*Bull. Soc. Philom. de Paris*, Nouv. série, t. X, p. 51; 1873.) — *Sur les écailles de la ligne latérale chez différents Poissons percoïdes*. (*Comptes rendus des séances de l'Académie des sciences*, t. LXXIX, p. 406; 1874.)

Les écailles des flancs sont construites chez tous ces animaux sur un plan très-uniforme : elles sont quadrilatères, ordinairement un peu allongées d'avant en arrière, toujours franchement cténoïdes, polystiques[1]. Le foyer et la forme de l'aire spinigère présentent seuls quelques modifications. Le premier est tantôt petit, circulaire, rapproché du bord libre[2]; d'autres fois, très-allongé, occupant une portion de l'écaille qui peut aller jusqu'au tiers ou à la moitié du diamètre longitudinal[3]; dans l'un et l'autre cas, les sillons rayonnants atteignent toujours le foyer, étant longs ou courts, suivant que ce foyer est lui-même réduit ou allongé. Les variations de forme de l'aire spinigère sont en rapport avec les modifications précédentes : dans le premier cas les épines occupent un espace régulièrement triangulaire[4] : dans le second, les épines les plus rapprochées du foyer tendent à disparaître[5] et l'aire spinigère prend la forme d'un segment de cercle ou même d'une simple zone bordant l'écaille à son côté postérieur. Ici, comme pour les changements analogues signalés plus haut chez les Centropomes, ces légères différences ne sont nullement en rapport avec la constitution typique de l'organe, mais probablement avec l'âge relatif de celui-ci; au reste on rencontre habituellement l'une et l'autre sorte d'écailles contiguës et irrégulièrement entremêlées les unes aux autres, sur un même individu[6].

Les écailles de la ligne latérale offrent des variations plus importantes dont on peut faire un très-utile emploi dans le groupement des espèces et qui même concourront sans doute plus tard à justifier davantage le partage des Serrans en plusieurs genres distincts.

Dans un premier groupe où se trouvent le *Serranus cabrilla*, Lin., le *Serranus maculato-fasciatus*, Steind.[7], c'est-à-dire les Serrans proprement dits, ces écailles sont construites sur le type le plus habituel chez les poissons Percoïdes. La forme générale est celle d'un triangle à sommet postérieur tronqué, arrondi; la base est également convexe. Parmi les festons qu'elle présente il s'en trouve un plus développé, plus ou moins rapproché de la partie médiane du bord et faisant face à l'orifice antérieur du canal. L'aire spinigère, parfaitement distincte, est cependant

[1] Pl. II, fig. 3 et 4; pl. III, fig. [illegible]
[2] Pl. II, fig. 4.
[3] Pl. II, fig. 3.
[4] Pl. II, fig. 4.
[5] Pl. II, fig. 3.
[6] Pl. III, fig. [illegible]
[7] Pl. Ier, fig. [illegible]

peu développée par suite même de la forme de l'écaille. Le canal est formé par une lamelle scléreuse, homogène, d'une grande transparence et absolument privée de stries. Cette lamelle, recourbée en gouttière infundibuliforme, se trouve soudée par les bords à la lame de l'écaille, la réunion donnant un canal complet ouvert à ses deux extrémités; l'orifice antérieur est large, le postérieur, situé à l'extrémité de la portion rétrécie qui parcourt l'aire spinigère, est au contraire étroit. On trouve de plus une perforation circulaire, large, pratiquée dans la lame de l'écaille vers le tiers postérieur de sa longueur[1], laquelle établit une troisième communication entre le canal et l'extérieur. Cet orifice, qui n'avait à notre connaissance jamais été signalé, n'est pas spécial aux Serrans du type étudié ici; c'est un fait général qui a même été constaté pour la première fois chez la Perche commune et a pu être vérifié depuis sur un nombre considérable d'espèces appartenant aux types les plus divers. En comparant ces écailles à celles que nous avons précédemment étudiées chez les Centropomes, chez le *Centropomus unionensis*, Boct.[2], par exemple, on est conduit à penser que les écailles du *Serranus maculato-fasciatus*, Steind., diffèrent de celles-là par l'adjonction du petit tube qui traverse l'aire spinigère pour venir s'ouvrir au bord postérieur.

Cette perforation médiane de la lamelle dans les écailles de la ligne latérale chez la Perche, les Serrans, etc., a donné lieu à une erreur d'optique, qui avait trompé les observateurs jusque dans ces derniers temps. La lamelle, formant la paroi externe du canal, est d'une transparence telle qu'en examinant, comme on le fait d'ordinaire au microscope, ces organes par lumière transmise, la perforation apparaît en clair et on a tendance à rapporter la mince couche, qu'on perçoit la voilant à peine, à la lamelle écailleuse; aussi a-t-on décrit et figuré[3] le canal comme largement ouvert et taillé en bec de flûte vers l'origine de l'aire spinigère. Une fois prévenu, il est facile de reconnaître partout la véritable disposition des parties telle qu'elle vient d'être indiquée ici.

Les rapports des écailles de la ligne latérale dans les Serrans de ce premier groupe ne diffèrent pas de ce qu'ils sont pour les autres écailles du reste du corps.

[1] Pl. I *ter*, fig. 3'.

[2] Pl. I *bis*, fig. 2, 2'.

[3] Consulter en particulier L. Vaillant, *Recherches sur les Poissons des eaux douces de l'Amérique septentrionale, désignés par M. Agassiz sous le nom d'*Etheostomatidae, pl. I, fig. 1', 3', 4'; pl. II, fig. 4', 5', 6'; pl. III, fig. 2', 4', 6', 8' (*Nouv. Arch. Muséum*, t. IX; 1873).

A l'état de vie, ces organes sont entièrement enveloppés par l'épiderme muqueux qui revêt tout le poisson, les spinules seules peuvent faire une légère saillie; on observe d'ailleurs facilement entre celles-ci des cellules pigmentaires étoilées indiquant en ce point la présence de la couche de Malpighi. La portion spinigère, bien dégagée et entièrement visible à l'extérieur, se montre imbriquée sur l'écaille suivante. L'adhérence de ces organes aux couches voisines est assez faible pour qu'après avoir légèrement soulevé leur partie libre, en la saisissant avec des pinces, il soit facile de les arracher comme les écailles du reste de la surface du corps.

Dans le groupe des Mérous dont fait partie le *Serranus capreolus*, Poey, qui sera décrit plus loin et peut servir d'exemple, la structure et les rapports des écailles de la ligne latérale présentent de notables différences. Ces organes, fort petits[1], ont une forme plus régulièrement triangulaire et en général allongée; le grand feston antérieur existe presque seul, les festons latéraux étant peu nombreux et peu développés; l'aire spinigère fait absolument défaut: quant au canal lui-même, il ne diffère pas de celui qui a été décrit plus haut chez le *Serranus maculato-fasciatus*, Steind.; il s'ouvre dans les trois points habituels, ayant un orifice antérieur large, un orifice postérieur étroit placé à l'extrémité libre de l'écaille, enfin une perforation interne pratiquée dans la lame striée même. Les différences portent donc sur la forme et sur l'absence d'aire spinigère.

Ces écailles ainsi modifiées affectent avec la peau des rapports intéressants à remarquer: elles sont absolument cachées dans le tégument, comme renfermées dans une poche qu'il faut inciser pour les extraire; chez certains individus de grande taille une véritable dissection est même nécessaire pour parvenir à les enlever. Un nombre plus ou moins considérable de très-petites écailles cycloïdes se trouvent toujours placées superficiellement sur ces écailles canaliculées, complétant en quelque sorte le cuirassement cutané sur ce point.

Cette structure et cette situation anatomiques sont évidemment en rapport l'une avec l'autre. L'observation prouve, en effet, que les écailles intra-cutanées se montrent toujours privées de spinules et réduites à la lame scléreuse; c'est ce qu'on voit sur les écailles des Anguilles ou, pour prendre un exemple dans des Poissons

[1] Pl. I *ter*, fig. 5. — Holbrook (*Ichth. of South Carolina*, Charleston, 1855, pl. V, fig. 1 et 2) a donné l'un des premiers une figure de ces écailles sur le *Serranus erythrogaster*, Dekay.

d'un type moins différent, sur les écailles des *Grammistes* et des *Rhypticus*. La théorie tend du reste à prouver que la lame est fournie par le derme, tandis que les spinules, dans les écailles réellement cténoïdes, sont une dépendance de l'épiderme[1].

Ces deux types d'écailles, très-différents l'un de l'autre lorsqu'on examine des espèces aussi distinctes que celles prises ici pour exemple, se relient entre eux par des transitions faciles à constater. Ainsi chez le *Serranus Louti*, Forsk., on trouve des écailles du second type en avant, tandis que vers le pédoncule caudal ces organes ont une aire spinigère bien développée. Un passage plus complet encore nous a été fourni par le *Serranus creolus*, C. V., chez lequel existe une aire spinigère rudimentaire, réduite à quelques rares spinules placées le long de l'extrémité postérieure du canal, souvent même n'existant que d'un seul côté. Cependant, dans le plus grand nombre des cas on peut trouver, dans la considération de ces écailles de la ligne latérale, un caractère d'une appréciation facile, qui, joint aux particularités fournies par l'étude des dents, des pièces operculaires, des nageoires, peut justifier la formation de coupes secondaires dans ce genre.

Avant d'abandonner ce sujet, il reste à signaler une troisième modification des écailles de la ligne latérale; une seule espèce jusqu'ici nous l'a présentée, dans ce genre, c'est le curieux *Serranus Itaïara*, Lichtenst. Ici cet organe[2] en parallélogramme allongé un peu rétréci à une de ses extrémités, plutôt qu'en triangle, n'offre à son bord antérieur festonné rien de bien remarquable et qui diffère notablement de ce que nous avons vu chez les Serrans proprement dits ou les Mérous. Le bord postérieur en quelque sorte membraneux ne présente ni stries concentriques comme la lamelle, ni spinules visibles. Mais cette écaille se distingue au premier coup d'œil par son canal, se divisant dans le champ postérieur en quatre ou cinq branches qui s'ouvrent par autant d'orifices au bord libre. Il existe comme toujours une perforation de la lamelle établissant une communication directe entre le canal et la face profonde; elle est située très-peu en avant du point où le canal se ramifie. Cette disposition, qu'on retrouve chez des Poissons appartenant à

[1] L. Vaillant, *Sur le développement des spinules dans les écailles du Gobius niger*, Linné (*Comptes rendus des séances de l'Académie des sciences*, tome LXXXI, page 137; 1875).

[2] Pl. I *ter*, fig. 4.

différents genres, est assez singulière, comparée à ce que montrent les autres Serrans.

L'observation ayant porté sur le nombre relativement considérable d'espèces que renferme la collection du Muséum (on en trouvera plus loin l'énumération), ces résultats peuvent être considérés comme présentant un degré réel de certitude et nous paraissent conduire à une division facile et positive en grands groupes des nombreuses espèces de ce genre.

Pour établir les caractères différentiels des espèces, on a égard chez les Serrans et, d'une manière plus générale, chez tous les Poissons à certaines particularités tirées des proportions du corps et de la coloration, particularités sur lesquelles nous croyons à propos de fixer ici l'attention: ce genre, par les observations que nous avons pu faire, ou par celles qu'on trouve consignées dans les auteurs, étant un des plus propres à faire ressortir les difficultés de ces sortes d'examen.

Dans les diagnoses spécifiques, on a recours habituellement à différentes mesures obtenues, en comparant entre elles des dimensions choisies telles que la longueur, la largeur du corps, le diamètre de l'œil, etc. On peut en tirer d'excellents renseignements et, si les individus d'espèces distinctes sont dans le même état de développement, les comparaisons deviennent très-faciles et rigoureuses; mais, dans le cas contraire, il en est tout autrement, des changements assez notables pour les proportions générales de certains organes ayant depuis longtemps été remarqués par les zoologistes. Ce serait une question d'un très-haut intérêt d'arriver à formuler, si cela est possible, les lois de ces variations; par malheur, le problème est fort difficile et les auteurs, tout en le signalant, ne paraissent pas s'être sérieusement préoccupés de rassembler les éléments nécessaires pour le résoudre. Dans le grand nombre d'individus que renferment les collections du Muséum, quelques-uns, appartenant à une même espèce, présentent des tailles très-différentes; nous avons cherché à mesurer leurs principales dimensions avec le plus de rigueur possible et l'on trouvera dans le tableau suivant, pour trois espèces, le résumé de ces recherches, trop incomplètes sans doute pour pouvoir fournir des déductions à l'abri de toute critique, mais qui permettent peut-être sur certains points d'entrevoir une solution.

	SERRANUS GIGAS.		SERRANUS ÆNEUS.		S. HEXAGONATUS.		
	N° 7297.	N° 7298.	N° 7328.	N° 7347.	N° 1904.	N° 7395.	
Longueur de l'individu	450mm	673mm	600mm	180mm	220mm	637mm	
Plus grande hauteur	25	26	17	20	24	23	Longueur totale supposée 100.
Plus grande épaisseur	16	12	12	9	13	12	*Idem.*
Longueur de la tête	31	30	29	28	33	31	*Idem.*
Distance du bout du museau à l'anus	49	52	52	50	50	49	*Idem.*
Distance du bout du museau à la dorsale épineuse	31	23	30	29	34	30	*Idem.*
Longueur de la dorsale épineuse	24	26	25	22	26	24	*Idem.*
Longueur de la dorsale molle	16	19	18	17	20	19	*Idem.*
Longueur de l'anale	12	14	12	14	13	13	*Idem.*
Longueur de la caudale	17	19	18	19	18	19	*Idem.*
Diamètre longitudinal de l'œil	14	23	16	21	21	28	Longueur de la tête supposée 100.
Longueur du museau	220	100	207	118	133	72	Diamètre de l'œil supposé 100.
Distance interorbitaire	125	54	121	73	67	41	*Idem.*
Hauteur de la Ire épine dorsale	21	21	16	22	17	?	Hauteur du corps supposée 100.
Hauteur de la IVe épine dorsale	47	45	57	53	43	46	*Idem.*
Hauteur de la portion molle	49	47	51	67	52	58	*Idem.*
Hauteur de la Ire épine anale	15	21	9	17	20	?	*Idem.*
Hauteur de la IIIe épine anale	33	37	27	42	43	58	*Idem.*

Admettant *à priori* que les différences dans les rapports de dimensions sont proportionnelles à la différence de taille ou, si l'on veut, d'âge des individus, on n'a examiné que des exemplaires présentant des écarts notables. Ainsi pour le *Serranus gigas*, Gml., et le *Serranus hexagonatus*, Forst., le plus grand exemplaire a environ six fois la taille du plus petit, et pour le *Serranus æneus*, Geoff., le rapport est encore supérieur à : : 3 : 1. La première ligne du tableau seule donne des valeurs réelles, les chiffres suivants expriment simplement le rapport des dimensions données toujours supposées cent, comme l'indique la dernière colonne, afin de rendre immédiatement comparables les chiffres correspondant aux différents individus. Le numéro placé en tête de chaque colonne est celui que porte l'exemplaire dans le catalogue général de la collection du Muséum.

On peut trouver dans l'étude de ce tableau deux ordres de résultats : les uns relatifs aux variations des espèces différentes comparées entre elles, les autres aux variations d'une même espèce à différents âges. Il n'est pas non plus inutile de faire remarquer que, dans ces sortes de mensurations une exactitude absolue étant impossible à réaliser, surtout lorsque le petit nombre de sujets examinés ne permet pas d'admettre une sorte de correction par moyenne, on ne doit avoir égard qu'aux différences un peu fortes, au moins supérieures au quart de la dimension observée.

Ces mesures comparatives ainsi résumées montrent que les changements de taille n'apportent dans ces rapports pour une même espèce que des variations peu considérables. Ainsi la hauteur reste la même ou à peu près; dans le *Serranus æneus*, Geoff., où le rapport des tailles est cependant le moins différent, la variation est la plus grande sans dépasser un sixième ou un septième. Il n'en serait pas de même de l'épaisseur, puisque dans deux espèces la différence irait à un quart en faveur du plus âgé; elle pourrait être considérée comme nulle chez le *Serranus hexagonatus*, Forst. Toutefois, des conditions spéciales peuvent changer beaucoup cette mensuration sur un même individu suivant l'état de vacuité et de réplétion de la cavité abdominale et, bien que les mesures aient toujours été prises au niveau de la ceinture scapulaire et des pectorales, point moins soumis à ces influences, cependant il peut y avoir des causes d'erreur.

La longueur de la tête ne donne pas prise aux mêmes objections, le plus ou moins de saillie de l'épine operculaire pourrait seul fausser les chiffres, et, dans le genre Serran, cette épine n'est jamais développée au point de produire de grandes variations. Si les résultats énoncés dans le tableau se généralisaient, cette mesure serait fort importante, l'âge ne paraissant pas la faire sensiblement varier, la plus grande différence n'étant que de un quinzième à peine pour la troisième espèce; malheureusement, à en juger par les Serrans dont les dimensions sont indiquées dans ce tableau, l'écart est si petit d'espèce à espèce qu'il ne peut guère être invoqué comme caractère spécifique.

Il est inutile d'insister sur la position de l'anus, sur le point d'origine de la dorsale épineuse, ni sur les longueurs des diverses nageoires, les différences étant nulles ou peu marquées; cependant, le point d'origine de la première dorsale paraît se porter plus en avant chez l'adulte que chez le jeune et si, pour les deux dernières espèces, les nombres sont sensiblement égaux ou ne montrent qu'un écart peu considérable, pour la première, l'écart de huit centièmes représente le quart ou le tiers de la longueur mesurée.

Ce sont les mensurations de l'œil, du museau et de l'espace interorbitaire, qui présentent les différences les plus notables. Le diamètre oculaire comparé, comme on le fait souvent, à la longueur de la tête est toujours beaucoup plus grand dans le jeune que dans l'adulte; la différence peut aller à près de moitié ou du quart des mensurations des parties. Les différences sont encore plus considérables pour ce qui est de la longueur du museau et de l'intervalle interorbitaire, mais, à l'inverse de ce qui a lieu pour l'œil, c'est chez l'adulte que les dimensions, comparativement au diamètre de ce dernier organe, sont les plus grandes; elles peuvent le dépasser de plus de la longueur ou au minimum du tiers de la dimension chez l'adulte. Des variations aussi fortes n'avaient pas été sans frapper les ichthyologistes et M. Günther, entre autres, l'a très-expressément énoncé dans sa préface du Catalogue des Poissons du Musée Britannique[1]. Les dimensions générales du corps, la longueur de la tête, la position des nageoires et de l'anus étant si constantes, on peut en conclure que ces variations sont dues au changement du globe oculaire lui-même, qui ne suit pas la loi d'accroissement du reste de l'organisme et est proportionnellement plus développé chez le jeune que chez l'adulte, fait peu étonnant, puisque chez les vertébrés, qui sont le plus habituellement sous nos yeux, il paraît en être toujours plus ou moins ainsi : les jeunes mammifères, les jeunes oiseaux en fournissant des exemples vulgairement connus. Il y aurait donc avantage à abandonner comme mesure comparative un organe aussi variable dans ses dimensions et à rapporter la longueur du museau et la largeur de l'intervalle interorbitaire à la longueur de la tête par exemple, puisque celle-ci paraît plus fixe. Voici les nombres que l'on obtient sur ces mêmes exemplaires, la longueur de la tête étant supposée 100 :

	SERRANUS GIGAS.		SERRANUS ÆNEUS.		SERR. HEXAGONATUS.	
	N° 7227.	N° 7228.	N° 7848.	N° 7827.	N° 6904.	N° 7896.
Longueur du museau	10	7	10	7	9	6
Distance interorbitaire	5	4	6	[illegible]	4	3

Ce mode de comparaison conduit, on le voit, à des résultats plus précis; il montre également une remarquable conformité entre toutes ces espèces assez éloignées les unes des autres, bien qu'elles appartiennent toutes à une même grande division du genre.

[1] Günther, *Cat. Brit. Mus. Fishes*, t. I, p. VI; 1859.

Les hauteurs des épines dorsales et de la nageoire dorsale molle ne fournissent aucune indication, les résultats étant contradictoires suivant les espèces. Il n'en est pas de même des épines de l'anale, qui seraient toujours moins développées chez l'adulte que chez le jeune, et cela dans une proportion considérable pouvant presque aller du simple au double.

Sans insister davantage sur ce sujet, nous avons cru utile, vu son importance, d'entrer ici dans ces quelques développements.

Quels avantages trouverait-on pour la distinction des espèces à examiner les animaux à l'état de vie ou en ayant conservé les apparences? c'est ce qui n'a pu être tenté jusqu'ici que sur une petite échelle, la comparaison directe entre des poissons répandus sur un aussi vaste espace étant impossible et nos moyens de conservation très-imparfaits. Quant aux descriptions, aux dessins mêmes, ils ne nous fournissent d'ordinaire que des renseignements insuffisants : les premières étant souvent très-difficiles à interpréter lorsqu'on les emprunte à un même auteur, à plus forte raison, lorsqu'elles ont été faites par des personnes différentes d'après des méthodes dissemblables; les seconds, sauf ceux qui ont été exécutés avec grand soin, et ils sont rares, ne nous donnent guère plus de renseignements que les individus conservés dans nos collections. Pour ces derniers, il ne faut guère compter sur les individus desséchés et quant aux animaux placés dans l'alcool, quoiqu'ils soient évidemment d'un bien plus grand secours, cependant c'est dans ce cas un aide très-fautif sur beaucoup de points.

A en juger par les espèces méditerranéennes, dont le coloris brillant rappelle celui des poissons tropicaux, une fois dans la liqueur les teintes disparaissent, mais la disposition générale subsiste assez bien pour qu'on puisse l'apprécier avec exactitude. On doit en conclure que c'est à cette seule considération qu'on peut avoir égard pour les individus ainsi préparés. En se bornant à cet ordre de faits, on est frappé de l'analogie que présentent entre elles certaines espèces, et il est facile au premier coup d'œil de grouper les types principaux en plusieurs séries; quand on veut, il est vrai, aller un peu plus loin on éprouve de sérieuses difficultés, et ces types de passage viennent en grand nombre faire disparaître des limites qui d'abord paraissaient convenablement établies. Chez les Serrans de la subdivision des Mérous a onze épines à la dorsale et huit rayons mous à l'anale, les plus nombreux et les plus difficiles à distinguer, le mode de coloration, bien qu'il paraisse très-constant pour chaque espèce, est susceptible de présenter sur chacune d'elles des variations considérables suivant la prédominance de telle ou telle teinte dont la disposition est cependant normale. Un des exemples les plus frappants nous est fourni par le *Serranus hexagonatus*, Forst.

Dans ce Poisson, le système typique de coloration est formé par des taches obscures, de forme hexagonale, répandues sur toute la surface du corps et séparées par des traits plus pâles. On reconnaît facilement que sur la tête et à la partie ventrale ces taches deviennent rondes, et les espaces limites s'étendent davantage, en sorte qu'on devine une tendance au changement de ces taches en ponctuations plus ou moins larges sur un fond clair; c'est ce qu'on trouve habituellement sur les petits individus ne dépassant pas 7 ou 8 centimètres et, par exception, sur des animaux adultes. On reconnaît qu'avec les progrès du développement les taches ont une tendance à s'agrandir aux dépens de la teinte claire du fond, sur les parties latérales et surtout dorsales; en ce dernier point, l'envahissement peut être absolu en certains endroits et les taches se confondent; il est facile de constater, en examinant un nombre suffisant d'individus, que cette fusion se fait de préférence sur certains points déterminés, quatre à la base de la nageoire dorsale et un sur le pédoncule caudal, donnant ainsi naissance à cinq taches d'autant plus à remarquer qu'elles semblent en quelque sorte typiques de la coloration d'un grand nombre d'espèces du genre, comme on le verra tout à l'heure. Le système de coloration par taches hexagonales simples est surtout caractéristique des variétés dont on a fait les *Serranus faveatus*, C. V., et *S. pardalis*, Blkr., le second avec taches dorsales des *Serranus merra*, Bloch, et *S. hexagonatus*, Forst. Dans le *Serranus nigriceps*, C. V., les taches dorsales sont plus nettement accusées, les taches hexagonales ne sont séparées que par de fines lignes pâles, enfin ces taches elles-mêmes sont de teintes plus ou moins accusées suivant des zones transversales dont les plus foncées correspondent aux taches dorsales qu'elles semblent continuer, en formant cinq bandes latérales. Citons encore, comme modification singulière du type du *Serranus hexagonatus*, Forst., un individu rapporté des îles Marquises en 1846, par M. Teschoire[1]: ici l'animal paraît entièrement

[1] N° 7384 du Catalogue général de la collection du Muséum.

d'une teinte foncée parsemée de très-petits points blancs, mais, en y regardant d'un peu plus près, on s'aperçoit que ces derniers sont disposés régulièrement et dessinent des hexagones dont ils représentent le sommet des angles : on voit qu'ici il y a eu absorption presque complète des lignes limites des taches.

Un type différent nous est donné par le *Serranus striatus*, Bloch. Sur un fond unicolore, on observe cinq bandes transversales entourant le corps, quatre correspondant à la nageoire dorsale, une au pédoncule caudal; cette dernière, très-foncée à la partie supérieure, forme la tache noire si nette dans cette espèce. En avant, sur la nuque et la tête existent deux autres bandes en fer à cheval, concentriques l'une à l'autre, dont l'extérieure partant des orbites vient passer devant la nageoire dorsale. Ces dernières peuvent être regardées comme accessoires et spécifiques, tandis que les cinq bandes verticales constitueraient le dessin fondamental dans ce groupe; le rapport à établir ici avec les cinq taches dorsales, qui apparaissent dans certaines variétés du *Serranus hexagonatus*, Forst., est facile à saisir.

Auprès du *Serranus striatus*, Bl., se placent les *Serranus semipunctatus*, C. V. et *S. sex-fasciatus*, C. V., chez lesquels les bandes montrent une tendance à se décomposer en taches, où des ponctuations apparaissent sur les nageoires; puis les *Serranus diacanthus*, C. V., et *S. Oceanicus*, Lacép., dont la teinte foncée rend les bandes peu perceptibles; les premiers font passage au type du *S. hexagonatus*, Forst., les seconds, au *Serranus gigas*, Bl. Schn.

Pour ce dernier, la teinte générale est uniformément brune chez certains individus, nuagée irrégulièrement de blanchâtre chez d'autres, sans qu'on puisse remarquer aucune tendance à un dessin déterminé, soit de ponctuation, soit de bandes. Les *Serranus dicropterus*, C. V., *S. Goreensis*, C. V., *S. Alexandrinus*, Geoff., *S. Boutoo*, Russ., et *S. nebulosus*, C. V., ont un type de coloration analogue; cependant chez ce dernier, on distingue obscurément des bandes transversales, qui nous ramènent vers le *Serranus striatus*, Bloch.

D'autres types multiplient les passages et rendent plus difficile encore la limitation des groupes. Ainsi chez le *Serranus lutra*, C. V., tout le corps est parsemé de ponctuations noirâtres; de plus on remarque cinq bandes verticales obscures, interrompues, troublées de taches plus pâles, et une tache noire trèsaccusée sur le pédoncule caudal. Ces caractères montrent une tendance vers le type du *S. hexagonatus*, Forst., qui devient encore plus évidente chez les *Serranus crapao*, C. V., *S. salmonoïdes*, Lacép., ce dernier surtout où les bandes transversales s'atténuent; d'autre part, le *Serranus æneus*, Geoff., tout en présentant des rudiments de bandes et de taches, se rapproche beaucoup du *S. gigas*, Gml.

Dans la subdivision des Serrans proprement dits, des bandes verticales foncées, larges, et de petites lignes transversales sur la joue constituent le type principal de coloration, et sous ce rapport, en comparant des espèces géographiquement très-éloignées comme le *Serranus scriba*, Lin., et le *S. novem-cinctus*, Knerr, par exemple, on ne peut qu'être frappé de leur ressemblance sous ce rapport[1].

En somme, il semble possible, comme l'ont fait jusqu'ici les ichthyologistes, d'employer le système général de coloration pour le groupement des espèces, mais à défaut seulement de caractères plus positifs. Ajoutons que l'âge paraîtrait dans quelques cas apporter des changements notables dans le système de coloration pour une même espèce. Ainsi M. Day est conduit à regarder le *Serranus lanceolatus*, Bloch, comme l'état jeune du *Serranus morrhua*, C. V.; il est vrai que ce fait important ne peut encore être regardé comme absolument mis hors de doute[2].

Tous les caractères que nous venons de discuter permettent de distinguer ce genre, compris suivant la méthode de Cuvier et de Valenciennes, des genres de Percoïdes les plus voisins. Ainsi les *Aulacocephalus*, les *Glaucosoma*, les *Myriodon*, les *Trachypoma* n'ont que des dents en velours : les deux derniers genres ont de plus, comme les Plectropomes, sur lesquels nous reviendrons plus tard

[1] M. Steindachner (*Sitzungsb. Akad.* Wiss. Wien., t. LVI, p. 611) pense même que cette dernière espèce pourrait être regardée comme identique au *Serranus cabrilla*, Lin.; c'est, croyons-nous, aller trop loin. La comparaison d'individus types de l'espèce méditerranéenne avec des exemplaires du *Serranus novem-cinctus*, Knerr., rapportés de Saint-Paul par M. A. de L'Isle, voyageur du Muséum, montre certaines différences, déjà indiquées par les auteurs, pour les proportions générales, et suffisantes, croyons-nous, pour justifier une distinction spécifique.

[2] C'est au *Serranus horridus*, K. et v. H., que M. Day rapporta d'abord le *Serranus lanceolatus*, Bloch (*The Fishes of Malabar*, p. 41); M. Blyth pensait que c'est plutôt le jeune âge du *Serranus suillus*, C. V. M. Playfair (*Zanzibar Fishes*, p. 41) a donné des raisons assez plausibles contre ces deux manières de voir, que M. Günther n'a pas cru non plus devoir adopter (voy. *Zool. Record*, t. VI, 1869, p. 128). Depuis M. Day a avancé que cette espèce devait être rapprochée du *Serranus morrhua*, C. V.

Il serait important, croyons-nous, dans cette question de chercher à distinguer, au milieu des variations, la coloration typique sur laquelle on a insisté plus haut, puisque dans un groupe donné elle paraît commune comme fond à un certain nombre d'espèces.

le bord inférieur du préopercule armé de dents fortes dirigées en avant. Chez les *Hypperodon* et les *Prionodes*, il n'existe pas de dents palatines; ces organes manquent même aussi au vomer chez les derniers. Les écailles des *Grammistes* et des *Rhypticus*, cachées dans l'épaisseur du tégument, ont la structure bien connue qu'on a décrite depuis longtemps chez l'Anguille et n'offrent pas trace de spinules. Chez les *Anthias*, réunis autrefois aux Serrans proprement dits, et chez les *Callanthias*, les écailles monostiques ou distiques ont une apparence toute différente sans parler de la forme du corps, qui les rapproche des Berycidés. Quant aux *Polyprion*, ils se distinguent des Serrans par l'absence de dents canines, leur crête operculaire et la forme des écailles; ces dernières sont quadrilatères, mais, chose assez rare, la lame, au lieu d'être régulièrement plane, faiblement convexe, est coudée vers son milieu transversalement; la moitié antérieure se trouve donc, par rapport à l'axe du corps, sur un plan plus profond que la partie postérieure, ces deux portions étant réunies par une partie moyenne à peu près verticale. Quant aux genres *Aprion*, *Apsilus*, *Etelis*, *Diacope* et *Lutjanus*, les écailles de la ligne latérale à canal postérieurement ramifié à peu près comme dans le *Serranus itaïara*, Lichtenst., mais toujours nettement cténoïdes, peuvent servir à les différencier. Nous laisserons de côté pour le moment les *Centropristis*, fort difficiles à distinguer des Serrans proprement dits, nous réservant de revenir plus tard sur ce point en traitant de ce genre en particulier.

Bloch, l'un des fondateurs de l'ichthyologie moderne, a le premier fait connaître un grand nombre d'espèces du genre Serran. Le groupement qu'il a adopté laisse cependant à désirer; on peut aussi reprocher aux figures de son atlas relatives à ces animaux une trop grande importance donnée à la coloration, interprétée d'après le sec dans bien des cas, et des inexactitudes dans les détails de parties importantes telles que les pièces operculaires. Cependant ces planches des plus remarquables pour l'époque à laquelle elles ont été publiées, fournissent encore de très-précieuses indications.

Cuvier et Valenciennes, ayant pu examiner un nombre considérable d'exemplaires conservés dans la liqueur, ont eu une idée plus exacte de ces poissons et, suivant l'écaillure plus ou moins complète du museau et des mâchoires, établirent une division en Serrans proprement dits, Barbiers et Mérons, laquelle, tout en étant basée sur un caractère de médiocre importance et d'une difficile appréciation, n'en mérite pas moins d'être conservée; le second groupe même doit incontestablement former un genre distinct. Les Mérous, qui répondent à peu près aux *Epinephelus* de Bloch, sont très-nombreux; les auteurs de l'Histoire des Poissons se sont contentés de les partager, d'après la coloration et la répartition géographique, en quatre groupes :

1° Espèces à teintes plus ou moins uniformes, marbrées ou nuageuses : Méditerranée et côtes américaines;

2° Espèces avec des raies, des bandes, de grandes marbrures soit longitudinales, soit transversales : Mer des Indes;

3° Espèces à taches assez grandes et serrées : Océan Indien;

4° Espèces à corps piqueté : Mer des Indes, Océan Atlantique.

Il est inutile d'insister sur l'insuffisance de ces caractéristiques, ce que d'ailleurs les auteurs précités ne dissimulent point. Les notions qu'on possède aujourd'hui sur les changements de coloration dans une même espèce suivant l'âge viennent encore infirmer ces divisions auxquelles cependant, faute de mieux, on est encore obligé d'avoir recours comme ressource extrême.

M. Günther, dans son catalogue des Poissons du Musée Britannique[1], fait jouer un rôle plus considérable à ce qu'on pourrait appeler les caractères anatomiques extérieurs. Ainsi en première ligne se trouve la forme de la caudale, puis le nombre des rayons mous de l'anale qui, nous l'avons dit plus haut, paraît par sa constance avoir une importance réelle. L'emploi du mode de coloration, et encore en tant qu'il s'agit de la distribution générale des teintes, la denticulation plus ou moins forte du préopercule, enfin le nombre des épines et des rayons de la dorsale ne viennent qu'en dernier lieu servir au groupement des espèces. Cette disposition, beaucoup plus parfaite que les précédentes, paraît cependant susceptible de quelques perfectionnements si on emploie les particularités fournies par la structure des écailles de la ligne latérale et en interprétant différemment la valeur des caractères employés.

Citons ici, pour mémoire, la méthode n'ayant été appliquée qu'aux animaux

[1] A. Günther, *Cat. of the Fishes in the British Museum*, t. I, p. 97; 1859.

d'une région déterminée, les tableaux donnés par M. Bleeker sur le groupe des *Epinephelini*. Cet auteur insiste avec grande raison sur l'importance spécifique qu'il convient d'attribuer au nombre des écailles comptées tant dans le sens longitudinal que dans le sens transversal[1]. Il est seulement fâcheux que ce savant n'ait pas adopté pour ses calculs la méthode de M. Günther, laquelle, donnant des résultats aussi précis qu'aucune autre et ayant été exposée scientifiquement la première, mérite la préférence, jusqu'à ce qu'on en ait trouvé une réellement plus parfaite.

Dans le nouveau rangement des collections ichthyologiques du Muséum nous avons introduit une disposition indiquée par le tableau suivant, qui n'est, on peut le voir, que l'application des principes énoncés plus haut sur la subordination des caractères dans ce groupe difficile. Si la considération des écailles de la ligne latérale a une valeur prépondérante et conduit à une division plus précise, on ne peut disconvenir que les autres caractères employés prêtent beaucoup à la critique, surtout en ce qui concerne la coloration prise pour grouper les nombreux Serrans de la première division de la seconde section dans le quatrième sous-genre; les énoncés ne s'appliquent avec une certaine précision qu'aux types, autour desquels les espèces sont réunies suivant leurs affinités générales[2]. Il est d'ailleurs probable, comme les travaux de différents ichthyologistes et en particulier les études de M. Bleeker le font pressentir, que le genre Serran devra être subdivisé. Nous reviendrons sur ce sujet en parlant des Centropristes; mais, avant de changer aussi radicalement les coupes généralement adoptées, il est peut-être plus convenable d'attendre que des études suivies sur l'ensemble des Poissons osseux aient mieux fait connaître les bases des grandes divisions naturelles à établir dans cette sous-classe.

[1] P. Bleeker, *Révision des espèces indo-archipélagiques du groupe des Epinephelini et de quelques genres voisins*, p. 28; 1873.

[2] Faisons de plus remarquer qu'il s'agit d'animaux conservés dans la liqueur, chez lesquels les couleurs et même le système suivant lequel celles-ci sont réparties peuvent être plus ou moins altérés.

GENRE SERRANUS, Cuv.[1]

Ier SOUS-GENRE : SERRANUS, s. str.

Écailles de la ligne latérale quadrilatères, cténoïdes. Caudale arrondie, coupée carrément ou faiblement concave.

Dorsale avec x épines; anale avec 7 ou 8 rayons.

1. S. *scriba*, Lin.
2. S. *cabrilla*, Lin.
3. S. *papilionaceus*, C. V.
4. S. *novem-cinctus*, Knerr.
5. S. *oxyrhynchus*, C. V.
6*. S. *humeralis*, C. V.[2]
7. S. *gymnopareius*, C. V.

IIe SOUS-GENRE : PARALABRAX.

Écailles de la ligne latérale subtriangulaires, cténoïdes. Caudale faiblement concave. Canines médiocres, nombreuses, égales et placées sur toute la longueur des mâchoires.

Dorsale avec x épines; anale avec 7 rayons.

8*. S. *nebulifer*, Grd.
9*. S. *clathratus*, Grd.
10**. S. *maculato-fasciatus*, Steind.

IIIe SOUS-GENRE : PARANTHIAS.

Écailles de la ligne latérale triangulaires avec ou sans spinules le long du canal. Queue profondément échancrée, à angles prolongés.

Dorsale avec IX épines; anale avec 8 ou 9 rayons.

11*. S. *furcifer*, C. V.
12*. S. *creolus*, C. V.
13*. S. *colonus*, Val.[3]
14. S. *louti*, Forsk.

IVe SOUS-GENRE : EPINEPHELUS.

Écailles de la ligne latérale triangulaires, sans spinules. Queue arrondie, coupée carrément ou faiblement concave.

Ire SECTION

Dorsale avec IX épines.

§ 1er.

Anale avec 8 rayons.

[1] Les espèces marquées d'un astérique * sont américaines; le signe doublé ** indique celles dont on trouvera plus loin la description.

[2] L'individu unique, qui représente cette espèce, ne paraît pas adulte et est en mauvais état. — Il nous paraît très-vraisemblable que les *Serranus furcifer*, C. V., *S. creolus*, C. V., *S. colonus*, Val., ne constituent qu'une seule et même espèce.

a. Des bandes sur le corps ou teinte uniforme.

15. *S. lineo-ocellatus*, Guich.
16. *S. formosus*, Shaw.
17. *S. pachycentron*, C. V.
18. *S. spiloparæus*, C. V.
19. *S. microprion*, Blkr.
20. *S. boenack*, Bl.

b. Corps tacheté.

21*. *S. nigriculus*, C. V.
22*. *S. coronatus*, C. V.

§ II.

Anale avec 9 rayons.

a. Des taches ocellées.

23. *S. tæniops*, C. V.
24. *S. cyanostigma*, K. et v. H.[1]
25. *S. myriaster*, C. V.
26. *S. guttatus*, Bl.
27. *S. miniatus*, Forsk.
28*. *S. ouatalibi*, C. V.

b. Pas de taches ocellées.

29. *S. rogaa*, Forsk.
30. *S. nigripinnis*, C. V.
31. *S. aurantius*, C. V.[2]
32. *S. Sonnerati*, C. V.
33. *S. erythræus*, C. V.
34. *S. zanana*, C. V.[3]
35. *S. leopardus*, Lacép.[4]
36. *S. urodelus*, Forst.

IIe SECTION.

Dorsale avec XI épines[5].

§ Ier.

Anale avec 8 rayons.

a. Teinte générale sombre, le pédoncule caudal et toutes les nageoires pâles unicolores.

37. *S. flavo-cæruleus*, Lacép.

b. Teinte générale obscure, nuagée de blanc ou uniforme.

38. *S. gigas*, Bl. Schn.
39*. *S. dicropterus*, C. V.
40. *S. goreensis*, C. V.
41. *S. melanurus*, Geoff.
42. *S. alexandrinus*, C. V.
43. *S. dermochirus*, C. V.
44. *S. boutoo*, Russ.
45. *S. nebulosus*, C. V.

c. Teinte générale obscure, parsemée de deux sortes de taches pâles, les unes grandes, les autres petites.

46. *S. summana*, Forsk.[6]
47. *S. angus*, Bl.

[1] Cette espèce et les deux suivantes sont difficiles à distinguer et devraient sans doute être réunies.

[2] En y joignant le *Serranus analis*, C. V.

[3] En y joignant le *Serranus spilurus*, C. V., réunion déjà indiquée par M. A. Günther.

[4] Cette espèce paraît identique à la précédente.

[5] Excepté *Serranus Courtadei*, Boc., n° 59.

[6] En y joignant le *Serranus tumilabris*, C. V. Cette espèce et la suivante sont très-voisines l'une de l'autre.

d. Cinq bandes foncées verticales, une tache fortement marquée sur le pédoncule caudal.

48. *S. oceanicus*, Lacép.[1]
49. *S. diacanthus*, C. V.
50**. *S. striatus*, Bl.

e. Cinq bandes foncées verticales, parfois plus ou moins interrompues par des espaces clairs, des ponctuations sur tout le corps.

51. *S. æneus*, Geoff.
52. *S. semipunctatus*, C. V.
53. *S. sex-fasciatus*, C. V.
54. *S. latra*, C. V.
55. *S. tæniocheirus*, C. V.
56. *S. Lebretonianus*, H. et J.[2]
57. *S. corallicola*, K. et v. H.
58. *S. crapao*, C. V.
59**. *S. Courtadei*, Boc.
60. *S. salmonoides*, Lacép.

f. Sur un fond clair un système de bandes ou de points alignés, formant des courbes à concavité supérieure, plus ou moins parallèles à la ligne ventrale.

61. *S. lanceolatus*, Bl.
62. *S. pœcilonotus*, Tem. et Schl.
63. *S. morrhua*, C. V.
64. *S. lineatus*, C. V.[3]
65*. *S. arara*, Parra.

g. Des taches hexagonales séparées par des lignes claires plus ou moins larges.

66**. *S. maculatus*, Bl.
67. *S. chlorostigma*, C. V.
68. *S. areolatus*, Forst.
69. *S. celebricus*, Blkr.
70. *S. Bleekeri*, Vaill.[4]
71. *S. Stathouderi*, Vaill.[5]
72. *S. angularis*, C. V.
73. *S. suillus*, C. V.
74**. *S. capreolus*, Poey.
75. *S. Gaimardi*, C. V.[6]
76. *S. Quoyanus*, C. V.
77. *S. hexagonatus*, Forst.[7]

h. Coloration générale claire avec ou sans taches ou ponctuations encore plus pâles; membrane de la dorsale épineuse ayant une bordure sombre.

78. *S. marginalis*, Bl.[8]
79. *S. tsirimenara*, Tem. et Schl.
80. *S. rivulatus*, C. V.

i. Coloration foncée avec points ou taches blanches.

81. *S. albo-guttatus*, C. V.
82. *S. variolosus*, Forst.
83. *S. spiniger*, Gthr.

[1] Il est possible, suivant la remarque de M. Peters, que cette espèce ne soit qu'une variété du *Serranus marginalis*, Bl.; voy. n° 78.

[2] Cette espèce est représentée par un individu unique dans un très-mauvais état de conservation : on doit la regarder comme douteuse.

[3] En y joignant le *Serranus chlorocephalus*, C. V.

[4] C'est le *Serranus variolosus*, Blkr. non C. V. Le *Serranus variolosus*, Forst., d'après les types et les dessins originaux du Muséum, est un tout autre poisson; voy. n° 82.

[5] C'est le *Serranus maculosus*, C. V., espèce dont le nom doit être changé suivant la remarque faite par M. Günther. (*Cat. Brit. Mus. Fishes*, t. I, p. 99, note.)

[6] Cette espèce et la suivante, représentées chacune par un seul exemplaire, ne sont peut-être pas distinctes du *Serranus hexagonatus*, Forst.; voy. n° 77.

[7] En y joignant les *Serranus nigriceps*, C. V., *S. merra*, C. V., *S. fuscatus*, C. V., *S. pardalis*, Blkr.

[8] En y joignant le *Serranus erythraeus*, C. V.

§ II.

Anale ayant de 9 à 11 rayons[1]

84*. *S. niveatus*, C. V.
85*. *S. inermis*, C. V.
86*. *S. apua*, Bl.[2]
87*. *S. Mentzelii*, C. V.
88*. *S. undulosus*, C. V.
89. *S. fuscus*, Low.
90*. *S. acutirostris*, C. V.
91. *S. emarginatus*, Val.[3]
92*. *S. rupestris*, C. V.
93*. *S. dimidiatus*, Poey.
94*. *S. tigris*, C. V.

Ve SOUS-GENRE : ITAÏARA.

Écailles de la ligne latérale sans spinules, canal ramifié en arrière. Caudale arrondie. Dorsale avec XI épines; anale avec 8 rayons mous.

95**. *S. itaiara*, Lichtenst.

La distribution géographique des Serrans, d'après les espèces que nous avons eues sous les yeux et en s'en tenant aux localités authentiques des exemplaires de la collection du Muséum, justifie sur certains points la division que nous avons adoptée et les démembrements proposés par divers auteurs.

D'une manière générale ces poissons habitent surtout les régions situées entre les tropiques et, en dehors des mers équinoxiales, c'est dans l'hémisphère Nord qu'on les rencontre plutôt, leur véritable centre de grande extension serait l'Océan Indien. M. Günther[4] a fait remarquer que proportionnellement les espèces du Grand Océan Pacifique équinoxial sont peu nombreuses.

On peut aussi établir certaines distinctions suivant les groupes : ainsi les animaux du sous-genre *Serranus s. str.* sont presque exclusivement extra-tropicaux, la plupart de l'Océan Atlantique boréal : *Serranus scriba*, Lin., *S. cabrilla*, Lin., *S. papilionaceus*, C. V. (ce dernier descend dans l'Océan Atlantique équinoxial); d'autres appartiennent à l'Océan Atlantique austral : *Serranus novem-cinctus*, Kurr., *S. humeralis*, C. V. Les Poissons du sous-genre *Paralabrax* semblent représenter dans le Grand Océan boréal les Serrans proprement dits, dont d'ailleurs ils dif-

[1] Le *Serranus atticelis*, C. V., qui, d'après la formule de ses nageoires, devrait être compris dans cette division, est regardé par divers auteurs comme le type d'un genre spécial (voy. Bleeker, *Epinephelini*, p. 25; 1873). L'état de l'exemplaire du Muséum ne permet pas de se prononcer à cet égard.

[2] En y joignant le *Serranus morio*, Guich.

[3] Cette espèce, mal connue par un individu empaillé, pourrait bien être identique à la précédente.

[4] *Journ. Museum Godeffr.*, Pars III, *Fische der Südsee*, Pars I, p. 2; 1873.

fèrent peu, et ces deux divisions pourraient être regardées comme des équivalents géographiques.

Les trois autres sous-genres ont évidemment entre eux beaucoup plus d'affinité qu'ils n'en offrent avec les deux précédents. Parmi les nombreuses espèces qui les composent, un très-petit nombre s'étendent au delà des tropiques; ces dernières appartiennent à la deuxième section des Epinephelus, tels sont : les *Serranus gigas*, Bl. Schn., *S. alexandrinus*, C. V., *S. æneus*, Geoff., *S. lutra*, C. V., *S. acutirostris*, C. V.; encore la présence de cette dernière espèce dans la Méditerranée ne nous paraît-elle pas parfaitement démontrée. Parmi les Serrans habitant les mers tropicales, la plupart sont spéciaux soit à l'Océan Indo-Pacifique, soit à l'Océan Atlantique; cependant le *Serranus itaïara*, Lichtenst., fournit un nouvel exemple d'une espèce qui se rencontre des deux côtés de l'isthme de Panama; il faudrait citer aussi les Serrans américains du sous-genre *Paranthias*, comme offrant un fait analogue, si ces trois Poissons appartiennent, comme nous le croyons, à un seul type. En descendant dans l'étude plus détaillée des subdivisions des sections, on verrait que, si quelques-unes d'entre elles ont une extension géographique nette, un nombre presque égal ont des représentants dans toutes les mers chaudes : ce sont des faits qu'on ne peut que signaler en passant, la diagnose comparative des espèces étant encore trop vague dans l'état actuel de nos connaissances, pour qu'il soit possible de tirer de ces études des résultats réellement positifs.

Le seul point sur lequel nous désirions attirer l'attention, parce qu'il justifie, croyons-nous, l'importance attribuée à la nageoire anale dans le groupement des espèces, est que tous les animaux du sous-genre *Epinephelus*, deuxième section, § II, sont propres à l'Océan Atlantique et particulièrement à la faune américaine, en sorte que la présence sur un Serran de XI épines dorsales et de plus de 9 rayons mous à l'anale peut faire présumer qu'il appartient à cette région. En revanche il n'y a pas exclusion, car cette faune renferme des représentants de toutes les subdivisions principales du genre, sauf peut-être les *Serranus s. st.* dont fait partie, il est vrai, le *Serranus humeralis*, C. V., qu'on doit regarder comme une espèce douteuse.

Les recherches ultérieures et une connaissance plus approfondie des différentes espèces modifieraient sans doute ces résultats; il est cependant permis de présumer qu'ils expriment dans leur ensemble la répartition générale réelle, car en étudiant au point de vue de la distribution géographique les espèces, au nombre de 135, indiquées par M. Günther, dans son remarquable catalogue du Musée Britannique, on est conduit à des déductions analogues. Si, en effet, on néglige 8 espèces ou appartenant à d'autres genres, ou de localités inconnues, on voit que dans l'Océan Atlantique, sur 33 espèces, 24 se rencontrent dans les régions équinoxiales, et dans le Grand Océan, sur 99 espèces mentionnées, 86 appartiennent à l'Océan Indo-Pacifique; c'est-à-dire qu'en somme près des six septièmes des Serrans sont propres aux mers intertropicales.

Les espèces rapportées par la Commission scientifique du Mexique et qui doivent être décrites ici sont peu nombreuses; l'une appartient au sous-genre Paralabrax, c'est le *Serranus maculato-fasciatus*, Steind.; quatre à la seconde section des Epinephelus : *Serranus striatus*, Bl., *S. Courtadei*, Boc., *S. maculatus*, Bl., *S. capreolus*, Poey; enfin la dernière constitue le sous-genre Itaïara.

1. Serranus maclato-fasciatus.

(Pl. IV, fig. 1; Pl. I *ter*, fig. 3, 3 *a*.)

Serranus maculato-fasciatus, Steindachner, 1868; *Sitzbungs. Akad. Wiss. Wien*, t. LVII, *Ichth. Not.* VII, p. 969, pl. II.

S. acantophorus, Bocourt, 1868; *Ann. Sc. nat.* 5e série, t. X, p. 223.

D. X, 14; A. III, 7.
Écailles : 18/92/30.

Hauteur inférieure au quart de la longueur totale et moindre que le double de la largeur. Tête occupant près du tiers de la longueur, chanfrein insensiblement continué avec la ligne dorsale. Museau équivalant environ aux deux cinquièmes de la longueur de la tête, le maxillaire atteint le centre de l'œil; mâchoires supérieure et inférieure, outre les dents en velours, armées toutes deux de chaque côté d'une dizaine environ de dents subégales, les antérieures à la mâchoire d'en haut, un peu plus développées, il est vrai, mais méritant à peine le nom de canines; dents vomériennes formant une plaque en chevron, les palatines en bande élargie relativement à ce qu'elle est chez la plupart des Serrans. Le diamètre de l'œil fait le cinquième environ de la longueur de la tête et l'espace interorbitaire a la même dimension. Sous-orbitaire large, couvrant la partie supérieure du maxillaire. Préoperculaire en angle obtus.

arrondi, des denticulations le long de son bord montant et sur la partie postérieure du bord inférieur; les trois dents operculaires équidistantes, la moyenne beaucoup plus développée et plus saillante que les deux autres; lobe membraneux en pointe émoussée; écailles plutôt petites, couvrant toute la tête, sauf la portion antérieure à partir du niveau du centre orbitaire. Ligne latérale bien visible. Anus très-peu en arrière du milieu de la longueur du corps, à une petite distance de la nageoire anale. Surscapulaire arrondi, portant sept à huit dentelures.

La troisième épine de la dorsale est remarquablement développée et équivaut à plus des trois quarts de la hauteur du corps; elle porte à son extrémité une petite lanière membraneuse analogue à celle que présentent un grand nombre de poissons tels que l'*Anthias sacer*, Bl., de la Méditerranée : la dernière épine est un peu plus longue que l'avant-dernière. Anale courte, plus haute que la portion molle de la dorsale. Pectorale arrondie, son extrémité de niveau avec celle des ventrales qui n'atteignent pas l'anus.

La coloration du dessus et des côtés du corps est de teinte lilas, à la partie ventrale d'un blanc jaunâtre : cinq ou six bandes verticales, formées par de petites taches brunes et arrondies, existent sur chaque côté; entre les bandes se voient d'autres petites taches de même configuration, plus faiblement colorées, qui forment, avec les premières, des ondulations longitudinales : la tête, excepté à sa partie inférieure, est couverte de taches pareilles, un peu plus petites; une bande légèrement nuancée de brun s'étend obliquement en arrière de la partie inférieure de l'œil à l'interopercule et se prolonge même sur la membrane branchiostége, cette dernière chargée, comme le reste du corps, de ponctuations sombres; le dos porte six taches d'un brun foncé, l'antérieure placée en avant du premier rayon épineux de la dorsale, les quatre suivantes espacées presque également sur la base de cette nageoire, et la sixième sur la racine des premiers rayons de la caudale; la membrane de la dorsale est ornée de taches brunes, arrondies et entourées d'un cercle jaune, légèrement verdâtre; les mêmes dessins se retrouvent sur les nageoires caudale et anale, mais marqués plus faiblement : ventrales brunes avec les extrémités jaunes; les pectorales sont teintées de cette dernière couleur, avec cinq ou six points bruns à leur articulation.

Écailles des flancs quadrilatères à bord postérieur arrondi : foyer soit reculé, circulaire, soit antéro-médian, allongé; bord adhérent avec huit ou neuf festons marginaux; aire spinigère portant cinq ou six rangs de spinules au centre, celles du bord libre, au nombre de trente-six à trente-neuf, seules développées, les pointes en étaient émoussées, légèrement élargies, sur l'écaille que nous avons examinée : les dimensions étaient de 3mm,4 de long sur 2mm,8. Sur la ligne ventrale, une écaille est fort allongée mesurant 2mm,5 d'avant en arrière sur 0mm,8 de large; elle n'a que deux festons marginaux et ne présente aucune trace de spinules. Écailles de la ligne latérale[1] subtriangulaires,

[1] Pl. I *ter*, fig. 3 et 3 *c*.

canal infundibuliforme, terminé par une portion rétrécie, qui traverse toute l'aire spinigère; un grand feston marginal médian, deux à quatre plus petits de chaque côté: spinules peu nombreuses existant de chaque côté du canal: l'une de ces écailles mesure 3 millimètres de long sur 2mm.8 de large.

Une pseudobranchie: vessie natatoire simple, argentée, assez grande. Estomac en cul-de-sac; il contenait, dans l'exemplaire examiné, des rachis de petits poissons indéterminables, quelques petits crabes, une holothurie dans le cloaque de laquelle se trouvait un Pinnothère, enfin divers fragments charnus paraissant provenir de pieds de Gastéropodes: appendices pyloriques au nombre de neuf, quatre à gauche, cinq à droite; intestin assez long, dirigé d'abord en arrière et parcourant toute la cavité abdominale, revenant un peu en avant pour se recourber de nouveau vers le tiers postérieur de la cavité, puis remontant pour décrire une dernière courbe de même longueur à peu près que la première. Foie médiocre, peu prolongé en arrière. Cet individu était pourvu de deux ovaires creux, allongés, symétriques; rien ne nous a paru indiquer la coexistence d'organes mâles.

Longueur totale	227mm
Hauteur	53
Épaisseur	30
Longueur de la tête	69
Longueur de la nageoire caudale	46
Longueur du museau	26
Diamètre de l'œil	13
Espace interorbitaire	13

N° 4935 du Catalogue général de la collection du Muséum.

La division du genre Serran à laquelle appartient cette espèce ne comprend, comme on l'a vu plus haut, que trois types. Le *Serranus clathratus*, Grd.[1], se distingue aisément de celui qui nous occupe ici par son profil allongé, plutôt un peu concave, ce qui fait paraître la tête plus fine et donne un aspect rappelant davantage celui des Serrans proprement dits: les dents sont encore plus faibles: les IIIe et IVe épines dorsales, à peu près égales, ont seulement environ la moitié de la hauteur du corps: il paraîtrait aussi y avoir un rayon de moins à la portion molle, mais cela, on l'a vu, n'a qu'une médiocre valeur: le système de coloration dans lequel les ponctuations font défaut peut aussi servir à caractériser cette espèce au premier coup d'œil. La formule des écailles 13 72 29 est encore à noter.

[1] Girard, *Expl. and Survey Pacific railroad, Fishes*, p. 34, pl. VII, fig. 5-8; 1858. Le Muséum possède deux types provenant tous deux de Californie, envoyés, l'un par M. Salmin (n° 7656, Cat. gén.), l'autre par M. Steindachner (n° 9361, Cat. gén.).

Il est plus difficile d'établir une diagnose différentielle entre ce *Serranus maculato-fasciatus*, Steind., et le *Serranus nebulifer*, Grd.[1]; si même on s'en rapportait à la comparaison faite avec un exemplaire envoyé comme type de ce dernier poisson par M. Salmin[2], nous croirions volontiers à l'identité de ces deux espèces. Cependant la coloration, d'après les détails fournis par M. Girard et la figure donnée dans ce même travail, indiquent quelques différences; il est vrai que le dessin est si défectueux en des points essentiels, comme le nombre des épines, qu'on ne peut l'accepter qu'avec doutes. Des études ultérieures sur les types authentiques sont donc nécessaires pour juger définitivement cette question.

La longueur inusitée de la troisième épine dorsale donne à ces deux dernières espèces du groupe des *Paralabrax* une physionomie spéciale; parmi les Serrans, le *Serranus spiniger*, Gthr., présente seul quelque chose d'analogue, à cela près que l'élongation porte sur le second rayon; d'ailleurs, ce poisson, dont nous avons trouvé un exemplaire dans les collections du Muséum, offre tous les caractères des véritables Mérous.

Deux des trois espèces de cette section avaient été soumises à l'examen de M. Ch. Girard et furent d'abord regardées par lui[3] comme se rapportant au genre *Labrax*, mais plus tard[4] il reconnut que ces poissons avaient des rapports beaucoup plus intimes avec les Serrans. Toutefois, cet ichthyologiste crut devoir les séparer de ces derniers et en forma le genre *Paralabrax*, distingué des *Serranus* «par la forme du contour de la nageoire dorsale épineuse et le développement relatif des canines, qui sont assez petites pour avoir induit à penser que ces espèces appartenaient au genre *Labrax*». Ces caractères sont loin d'être suffisants pour justifier une distinction de cette importance, et M. Steindachner paraît avoir mieux apprécié les rapports réels de l'espèce qu'il a eue sous les yeux en la faisant entrer dans le genre où ces animaux sont laissés aujourd'hui, méritant à peine d'être considérés comme y formant une section[5]. Ils offrent des rapports plus intimes avec les *Serranus s. str.* qu'avec les *Epinephelus*, non-seulement par leurs caractères extérieurs, mais encore par certains détails anatomiques tels que le petit nombre des appendices du pylore.

L'exemplaire appartenant à la Commission du Mexique et représenté sur la planche IV avait d'abord été indiqué sous le nom de *Serranus acantophorus*, Boc.; en même temps

[1] Girard. *Expl. and Survey Pacific railroad. Fishes*, p. 33, pl. VII, fig. 1-4; 1858.

[2] N° 7655 du Catalogue général de la collection du Muséum.

[3] Girard. *Obs. coll. Fishes made on the Pacific coast of United States* (*Proceed. Acad. Nat. Sc. Philadelphia*, 1854, p. 142 et 143).

[4] Girard. *Contrib. Ichthyol. West. coast of the U. S.* *Proceed. Acad. Nat. Sc. Philadelphia*, 1856, p. 131). — *United States and Mexican Boundary Survey. Ichthyology of the Boundary*, p. 33. — Dans la diagnose générique, l'auteur donne à tort le nombre VI pour formule des rayons branchiostéges; cette erreur s'explique d'autant moins que dans la description des espèces on trouve le nombre réel VII.

[5] Steindachner. *Bemerkungen über Serranus nebulifer* e, *Serranus clathratus* sp. Gird. (*Sitzungsb. Akad. Wiss. Wien*, t. LXXII; 1875, *Ichth. Beitr.* III; p. 1, tir. à part).

l'espèce était décrite et figurée par M. Steindachner sous le nom que nous lui conservons ici[1]. Le Muséum en a reçu de M. Salmin un second, long de $0^m,360$[2].

Tous les individus jusqu'ici connus proviennent du Pacifique et des côtes de la Californie, région dans laquelle paraît se trouver cantonnée la division du genre Serran à laquelle ils appartiennent.

2. SERRANUS STRIATUS.

Séba, 1761 : *Rer. nat. Thes. etc.* t. III, p. 76, pl. XXVII, fig. 9.
Cherna, Parra, 1787; *Descript. diff. piezas de hist. nat. etc.* p. 50, pl. XXIV, fig. 1.
Anthias striatus, Bloch, 1797; *Ichthyol.* IXe part. p. 109, pl. CCCXXIV.
A. striatus, Bloch-Schneider, 1801; *Syst. Ichthyol.* p. 305.
A. cherna, Bloch-Schneider, 1801; *Syst. Ichthyol.* p. 310.
Sparus chrysomelanus, Lacépède, 1802 (an X); *Hist. nat. des Poiss.* t. IV, p. 53 et 160.
Serranus striatus, Cuvier et Valenciennes, 1828; *Hist. nat. des Poiss.* t. II, p. 288.
S. striatus, Guichenot, 1853; Ramon de la Sagra, *Hist. de l'île de Cuba*, *Poissons*, p. 12.
S. striatus, Poey, 1856-1858; *Mem. Hist. nat. de la isla de Cuba*, t. II, p. 364.
S. striatus, Günther, 1859; *Cat. Brit. Mus. Fishes*, t. I, p. 110.
Epinephelus striatus, Poey, 1868; *Rep. Fis. nat. de la isla de Cuba*, t. II, p. 285.

D. XI, 17; A. III, 8.
Écailles : 90/95/80.

Ce Serran, par la forme de son corps, sa dentition et son écaillure, peut être regardé comme constituant un type dans le groupe des *Epinephelus*.

Hauteur très-peu supérieure au quart de la longueur totale et égale à deux fois et demie l'épaisseur. Tête occupant les trois dixièmes de la longueur du corps, profil en courbe régulière avec la ligne dorsale, qui est médiocrement élevée; museau faisant près du tiers de la longueur de la tête; mâchoire inférieure saillante; maxillaire atteignant la perpendiculaire abaissée du bord postérieur de l'orbite. Une paire de canines assez fortes à chaque mâchoire antérieurement, les supérieures plus écartées et les plus développées, les autres dents mobiles. Narines rapprochées entre elles et reculées, l'antérieure, très-petite, étant au delà du second tiers du museau, la postérieure, largement ouverte, à mi-distance entre la première et le bord antérieur de l'orbite. Yeux plutôt rapprochés, l'espace interorbitaire étant compris environ six fois et demi dans la longueur de la tête, le diamètre de l'orbite fait très-peu moins du quart de cette dernière dimension. Préopercule rectangulaire, le bord postérieur seul denticulé très-finement, sauf au voisinage de l'angle où les huit à dix dernières denticules deviennent

[1] Cette rectification, due à M. Bocourt, a été déjà indiquée, d'après une communication verbale, par M. Günther *Zoological Report*, 1870, p. 902.

[2] N° 9362 du Catalogue général de la collection du Muséum.

un peu plus sensibles; épines operculaires aplaties, la moyenne la plus saillante, lobe membraneux en pointe aiguë. Écailles du museau excessivement fines, à peine distinctes, comme de très-légères granulations.

Ligne latérale parallèle à la courbure dorsale, prolongée sur la nageoire caudale; écailles petites, serrées, s'étendant assez loin sur les nageoires impaires.

Épines de la dorsale fortes, les troisième et quatrième égales, les plus longues mesurant les quatre neuvièmes de la plus grande hauteur du corps, la première n'est pas moitié aussi développée; portion molle à bord libre très-légèrement convexe. Épines de l'anale moins hautes, mais plus robustes, surtout la seconde, que les épines dorsales; portion molle à bord libre à peu près demi-circulaire. Caudale convexe. Pectorales arrondies, atteignant presque l'origine de l'anale. Ventrales un peu plus courtes, dépassant légèrement l'anus.

Le système de coloration[1], tout à fait caractéristique, a fort bien été indiqué par Cuvier et Valenciennes: la disposition des bandes en fer à cheval partant de la région oculo-malaire et passant au-devant de la nageoire dorsale, les bandes transversales placées sur le reste du corps, la tache noire du pédoncule caudal et les points de même couleur placés autour de l'œil ne permettent pas de confondre cette espèce avec aucune autre. D'après des notes prises sur l'individu que nous décrivons ici, la teinte générale à l'état frais est mordorée, les bandes terre de Sienne, ainsi que les nageoires, sauf les pectorales dont la couleur tire sur le jaune, la tache caudale et les points périorbitaires sont d'un noir profond; iris doré; la peau empiète un peu sur le globe oculaire en haut et en bas[2].

Les écailles sont petites. Celles du corps, en quadrilatère allongé d'avant en arrière, mesurant $2^{mm},9$ sur $1^{mm},5$: le foyer peu développé, dans celles que nous avons examinées, est vers la réunion des deux tiers antérieurs au tiers postérieur; quatre à six sillons en partent et gagnent le bord adhérent entre les festons marginaux; les spinules de l'aire postérieure sont généralement intactes; le nombre des rangées centripètes est de dix sur une écaille prise à l'individu rapporté par la Commission scientifique, mais sur un exemplaire de l'ancienne collection venant d'Haïti[3], on en compte trente-trois. Les écailles de la ligne latérale sont profondément enfoncées dans le tégument de forme

[1] Voir plus haut p. 62.

[2] Les teintes, suivant la remarque de Cuvier et Valenciennes, paraissent sujettes à certaines variations, et les recherches modernes tendent à généraliser le fait de plus en plus dans la classe des Poissons. En ce qui concerne le *Serranus striatus*, Bl., nous avons pu consulter les dessins de l'atlas manuscrit Cuvier et Valenciennes, conservé à la bibliothèque du Muséum. L'un colorié (Coll. C. V.: carton II. B. 26) doit avoir été envoyé par M. Ricord; les teintes sont à peu près celles que nous indiquons, mais en général tirant plus sur le vert; le ventre est un peu plus clair, marqué de taches blanches. Le second (*id. ibid.* B. 28) est un croquis à la mine de plomb et porte en note manuscrite: «Fond du dos et des flancs vert, du ventre violet, les taches brunes plus noires sur le dos, plus rouges sur les côtés;» ces indications peuvent porter à penser que ce dessin a été fait d'après la figure peinte par MM. de Sessé et Mocigno, indiquée dans l'*Histoire des Poissons*.

[3] N° 7159 du Catalogue général de la collection du Muséum.

triangulaire, à base arrondie, et n'offrent pas de spinules: un grand feston occupe presque tout le bord postérieur; de chaque côté s'en voient trois ou quatre petits; la longueur est d'environ 3 millimètres, la plus grande largeur, de $1^{mm}.35$. Il est facile de constater sur cette espèce que les écailles canaliculées de la ligne latérale ne sont pas disposées en série continue, souvent deux d'entre elles sont séparées par deux ou trois écailles non perforées, semblables à celles du reste du corps.

Longueur totale	198^{mm}
Hauteur	53
Épaisseur	22
Longueur de la tête	60
Longueur de la nageoire caudale	36
Longueur du museau	19
Diamètre de l'œil	14
Espace interorbitaire	9

N° 5209 du Catalogue général de la collection du Muséum.

Ce Serran est l'un des plus nettement caractérisés dans ce genre difficile et les ichthyologistes sont, depuis les travaux de Cuvier et Valenciennes, parfaitement fixés pour la détermination de cette espèce. Cependant, la synonymie telle qu'elle est généralement donnée n'est peut-être pas à l'abri de toute critique.

Les auteurs de l'Histoire naturelle des Poissons ont fait un historique très-complet de ce Percoïde que Séba avait représenté avec une grande exactitude; cette figure, dont Linné ne fait pas mention malheureusement, est même encore la meilleure que l'on possède; elle donne une idée fort exacte de l'aspect général et de la distribution des couleurs; la planche de Parra lui est fort inférieure à tous égards. Avant cette époque, le P. Plumier en avait fait un dessin de grandeur naturelle, dessin reproduit d'une part dans la copie des travaux de ce naturaliste tombée entre les mains de Bloch, et d'autre part sur un vélin d'Aubriet faisant partie de la collection du Muséum[1]: sur la première reproduction l'ichthyologiste de Berlin a établi l'*Anthias striatus*, la seconde a été pour Lacépède le type de son *Sparus chrysomelanus*[2]. Il est possible que des notes aient été prises par le P. Plumier afin de compléter son croquis pour la couleur et certains détails tels que les dentelures du préopercule, car l'original, que nous avons pu examiner dans la bibliothèque du Muséum[3], est un simple trait, fort soigné d'ailleurs.

[1] *Poissons*, t. I, vélin n° 15. Ce dessin n'est pas signé, c'est sur l'autorité de Cuvier et Valenciennes, dans l'album desquels s'en trouve un calque, que nous le rapportons à Aubriet.

[2] Cette épithète est empruntée à Plumier lui-même: son dessin porte de sa propre main la suscription: *chrysomelanus piscis*; il est regrettable, à ce point de vue, que les lois de la nomenclature ne permettent pas de conserver le nom donné par Lacépède. C'est à tort que dans le Catalogue du Musée Britannique se trouve indiquée l'épithète: *chrysomelanurus*.

[3] Collection Plumier. *Poissons et coquilles*, dessin n° 75.

sur lequel on voit le préopercule arrondi et où l'épine operculaire n'est pas indiquée. Si Aubriet a eu connaissance de ces notes, il ne s'en est servi que pour la coloration, assez semblable sur le vélin à celle donnée à la planche CCCXXIV de Bloch, mais il a recopié simplement le trait, l'altérant à la vérité en des points essentiels, tels que le nombre des épines; cependant, il est injuste de l'accuser d'avoir «oublié les dentelures du préopercule et les épines de l'opercule», puisque ces détails manquent sur le dessin original et sont au reste fort inexactement représentés sur la planche de Bloch. Le dessin du P. Plumier montre à la dorsale x épines et 14 rayons, à l'anale III, 10; le nombre des rayons ne peut toutefois être pris qu'à un ou deux près; ces formules se rapprochent de celles données par Bloch. Lacépède, au contraire, donne les chiffres D. IX, 13; A. II, 11, qui sont plutôt ceux du vélin d'Aubriet, où nous avons trouvé D. X, 12 ou 13; A. II, 10; une figure du Spare chrysomélane, reproduite dans une petite édition des œuvres de Buffon[1] mais qu'on ne trouve pas dans l'édition primitive de 1802, paraît empruntée à ce vélin autant qu'on peut en juger en tenant compte de la réduction. Aucun des nombres donnés par ces auteurs pour les épines et les rayons des nageoires ne correspond donc exactement à ceux du *Serranus striatus*, Bl., tel qu'il est déterminé depuis Cuvier et Valenciennes; la disposition des bandes est aussi différente, elles sont en effet plus nombreuses et celles de la partie antérieure, si nettement longitudinales en avant et bien indiquées sur les figures de Séba et de Parra, sont transversales comme celles de la partie postérieure. La tache noire du pédoncule caudal, assez caractéristique il est vrai, est en somme le seul point sur lequel on puisse s'appuyer pour établir une assimilation entre les poissons décrits par ces divers naturalistes, et, bien que l'usage doive faire rapporter à Bloch l'épithète spécifique, sa description et sa figure pourraient être regardées comme insuffisantes, si Cuvier et Valenciennes, en donnant les premiers une diagnose véritablement scientifique, n'avaient cité cet auteur[2]; depuis lors, aucun doute n'a pu se produire sur l'identification de ce Serran.

Mais les auteurs de l'*Histoire des Poissons* ont à tort admis comme synonyme de cet *Anthias striatus* de Bloch le *Lutjanus striatus* de Lacépède[3]. Il ressort, en effet, suffisamment des détails donnés par ce dernier[4] qu'il ne connaît de ce Lutjan que la diagnose de la *Perca striata* de Linné[5], reproduite simplement par Daubenton et Haüy[6], puis par

[1] *Œuvres de Buffon*, Lecointe, édit. 1832, pl. LXXXV, fig. 3.

[2] Dans la première édition du règne animal où le genre *Serranus* est établi, Cuvier cite (t. II, p. 278, note) deux autres *Serranus striatus* : l'un, *Holocentrus striatus*, Bl. *Centropristis hepatus*, Lin.; l'autre, *Epinephelus striatus*, Bl., espèce douteuse. Le véritable *Serranus striatus*, Bl., figuré par Séba, était alors pour lui un *Bodianus* (p. 276, note 2).

[3] Cuv. et Val. 1828. *Hist. nat. des Poiss.* t. II, p. 289. — Le renvoi à la page 234 de l'ouvrage de Lacépède donné par ces auteurs paraît être une faute d'impression; cependant, il est reproduit par Guichenot et M. Günther, qui admettent tous deux cette synonymie.

[4] Lacépède. *Hist. nat. des Poiss.* t. IV; p. 176, n° 5 198, note 5, et 204.

[5] Linné. *Systema naturæ*, édit. XII, p. 487. — Édit. Gmelin (citée spécialement par Lacépède), p. 1319.

[6] Daubenton et Haüy, *Encyclopédie méthodique, Poissons*, p. 380.

Bonnaterre[1]; ce sont les seuls auteurs qu'il cite, sans mentionner les planches de Bloch, auxquelles cependant il renvoie fréquemment dans ce quatrième volume. L'*Anthias striatus* de Bloch n'est d'ailleurs pas pour ce dernier la *Perca striata* de Linné, puisque dans son système il fait de celle-ci un *Grammistes*[2].

En résumé, les figures de Séba et de Parra avec la description de Cuvier et Valenciennes sont les seuls documents authentiques pour l'établissement de l'espèce. On peut, d'après l'autorité de ces derniers auteurs, en rapprocher le dessin du P. Plumier et, par conséquent, les deux espèces fondées sur ce document par Bloch et Lacépède; le reste de la synonymie adoptée généralement doit être écarté.

Le *Serranus striatus*, Bl., est propre aux côtes orientales de l'Amérique et ne s'étend pas au delà des tropiques; les individus que renferme la collection du Muséum proviennent tous de la mer des Antilles: Cuba (Ramon de la Sagra), Saint-Domingue (Ricord), la Martinique (Plée). L'exemplaire décrit plus haut et rapporté par la Commission scientifique du Mexique avait été pris à la Jamaïque: il est plutôt de petite taille; un individu envoyé par M. Ricord mesure près du double, 0m,35[3], et ces animaux peuvent devenir beaucoup plus grands puisque Cuvier et Valenciennes, ainsi que M. Günther, en citent qui atteignent près de un mètre.

3. SERRANUS COURTADEI.

(Pl. II, fig. 3 et 3 *a*.)

? *S. analogus*, Gill, 1863: *Proceed. Acad. nat. Sc. Philadelphia*, p. 163.
Serranus Courtadei, Bocourt, 1868: *Ann. Sc. nat.* 5e série, t. X, p. 222.
? *S. analogus*, Günther, 1868-1869: *Trans. zool. Soc. London*, t. VI, pars VII, p. 410.
? *S. analogus*, Steindachner, 1875: *Sitzungsb. Akad. Wiss. Wien*, t. LXXII (*Ichth. Beitr.* IV: p. 5, tir. à part).

D. X, 17; A. III, 8.
Écailles, 95/80/49.

Cette belle espèce a le corps médiocrement trapu, la longueur totale étant de très-peu inférieure au quadruple de la plus grande hauteur, laquelle est double de l'épaisseur. La longueur de la tête est contenue environ trois fois et demie dans celle du corps; chanfrein régulièrement et peu convexe; museau obtus, compris un peu plus de trois fois dans la longueur de la tête. Le maxillaire dépasse le centre de l'orbite, mâchoire inférieure proéminente: une paire de dents canines en haut comme en bas, les supérieures plus écartées; dents palatines plurisériées. Narines élevées, rapprochées de l'œil, la postérieure presque au niveau de la perpendiculaire tangente au bord antérieur de

[1] Bonnaterre, *Tableau encyclopédique et méthodique des trois règnes de la nature, Ichthyologie*, p. 134.
[2] Bloch-Schneider, *Syst. Ichthyol.* p. 182.
[3] N° 7159 du Catalogue général de la collection du Muséum.

l'orbite, toutes deux grandes, l'antérieure entourée d'un repli membraneux développé. Œil rapproché du chanfrein occupant le cinquième de la longueur de la tête; espace interorbitaire n'étant que le sixième de celle-ci. Préopercule arrondi, fortement denticulé à son bord postérieur où l'on compte trente-six à trente-huit dents, dont les quatre ou cinq voisines de l'angle sont plus fortes, mais peu saillantes; pas d'échancrure notable (ceci ne s'applique qu'à l'exemplaire décrit ici, l'autre, un peu plus grand en présente une assez nette surtout à droite); bord inférieur lisse aussi bien que l'interopercule et le sous-opercule; dent operculaire médiane plus saillante et un peu plus rapprochée de l'inférieure que de la supérieure; lobe membraneux aigu. Toutes ces pièces, la tête, le museau, le maxillaire, couverts d'écailles.

Ligne latérale un peu relevée vers son quart antérieur, à peu près parallèle au contour du dos dans le reste de son étendue, située vers le quart supérieur de la hauteur au niveau de l'anus. Celui-ci très-rapproché du milieu de la longueur totale, cependant plutôt un peu au delà de ce point. Écailles petites, régulièrement disposées, s'étendant fort loin sur toutes les nageoires, sauf la face interne des ventrales. (Dans la figure 3 de la planche II, le dessinateur n'a pas fait remonter assez haut cette écaillure entre les épines de la dorsale.)

Longueur de la dorsale un peu inférieure à la moitié de la longueur totale (0,46)[1] et partagée presque également en portion dure et portion molle, bien qu'il y ait une différence en faveur de celle-là: première épine environ moitié moins longue que la troisième, qui est la plus développée avec la quatrième, chacune d'elles étant à peu près égale au tiers de la plus grande hauteur; toutes les épines postérieures sont d'ailleurs presque de niveau, la troisième mesurant 23 et la dernière 21 millimètres; portion molle arrondie en arrière; son plus haut rayon atteint environ les deux cinquièmes de la plus grande hauteur. Anale arrondie, longueur de la base et hauteur égales et très-peu supérieures au septième de la longueur totale. Caudale à bord postérieur convexe (les angles sont même moins saillants que ne l'indique la figure). Pectorales arrondies, n'atteignant pas l'anus. Ventrales moins prolongées encore que les précédentes.

La coloration générale du corps est d'un jaune brunâtre: des taches arrondies s'y trouvent répandues; celles des parties supérieures sont colorées en brun violacé, celles des parties inférieures en roussâtre: il n'en existe pas sur la poitrine ni sur la mâchoire inférieure; quatre bandes verticales brunes descendent de chaque côté du corps, la première prend naissance au-dessous des troisième, quatrième et cinquième épines de la dorsale, la seconde au-dessous des trois dernières, la troisième sous le premier tiers de la portion molle, enfin la quatrième sous les derniers rayons de celle-ci. Les nageoires ont leurs bords libres colorés en brun foncé et sont couvertes de taches arrondies semblables à celles du corps.

[1] Les chiffres ainsi placés entre parenthèses indiquent en fractions décimales le rapport des dimensions.

Écailles des flancs en quadrilatère allongé[1], l'une d'elles mesure $5^{mm},15$ d'avant en arrière et 3 millimètres de largeur; sur cette espèce en particulier on observe facilement la différence de forme du foyer signalée dans nos considérations générales sur le genre; tantôt il est allongé comme le montre l'écaille figurée ici, d'autres fois il est arrondi et dans ce cas porté très en arrière contre l'aire à spinules; on trouve habituellement six festons au bord antérieur; les épines du bord libre varient en nombre de neuf à vingt-sept, il peut y en avoir jusqu'à dix sur une rangée médiane centripète: elles sont remplacées par des vermiculations irrégulières sur les écailles ventrales, qui souvent se présentent comme de simples écailles cycloïdes, ovales, avec un foyer excentrique et nulle trace de festons ou de sillons centripètes. Écailles de la ligne latérale en triangle très-allongé, l'une d'elles mesure $4^{mm},05$ de long sur $1^{mm},75$ de plus grande largeur vers le bord adhérent, qui porte quatre festons, dont un plus développé répondant à l'orifice du canal: l'ouverture interne est à peu près au milieu de la longueur de l'écaille; à partir de ce point, le calibre du canal, qui était large, se rétrécit et reste le même jusqu'à l'orifice postérieur.

Longueur totale	243^{mm}
Hauteur	65
Épaisseur	33
Longueur de la tête	71
Longueur de la nageoire caudale	41
Longueur du museau	22
Diamètre de l'œil	14
Espace interorbitaire	12

N° 5210 du Catalogue général de la collection du Muséum.

Cette espèce pourrait à elle seule démontrer combien est insuffisant ou, pour mieux dire, artificiel l'arrangement des *Epinepheli* basé sur la coloration; ici les bandes et les taches peuvent être presque de même valeur et, pour peu que les premières s'atténuent, on rangerait plus volontiers ce Serran dans les espèces du groupe *g* qu'avec celles du groupe *e*, où nous le plaçons. Cependant, à en juger par les individus examinés, c'est des *Serranus Crapao*, C. V., et *Serranus salmonoïdes*, Lacép., que l'animal dont il est ici question se rapproche le plus.

M. Steindachner, dans un récent travail, regarde cette espèce comme identique au *Serranus analogus* de M. Gill. En s'en rapportant à la description donnée par ce dernier auteur et reproduite presque intégralement par M. Günther, il y a en effet de grands rapports dans les proportions générales, la coloration et surtout les formules des nageoires: les épines, au nombre de dix à la dorsale, donnent un caractère de ressem-

[1] Pl. II, fig. 3 *a*.

blance d'autant plus curieux qu'il est exceptionnel dans le groupe : on pourrait même penser que c'est un fait anormal, s'il ne se trouvait à la fois sur les deux exemplaires du Muséum et sur les individus étudiés par MM. Gill, Günther, Steindachner. Mais à côté de ces analogies se trouve dans la formule des écailles une différence assez marquée, la ligne latérale se composant chez le *Serranus analogus* de 96 (Gill) à 100 (Günther) écailles, tandis que nous n'en trouvons que 80, et M. Gill indiquant 14 rangées longitudinales au-dessus de la ligne latérale au lieu de 25. Faut-il voir là le résultat de méthodes différentes dans la manière de prendre ces formules? c'est ce qu'il est difficile de décider, la comparaison des types authentiques peut encore seule ici juger la question.

Cette espèce a été dédiée à M. Courtade, vice-consul de France à la Union : deux fort beaux exemplaires, provenant de cette localité, ont été recueillis par la Commission scientifique du Mexique et donnés au Muséum. Quelques différences dans la grandeur de l'œil, dans les dimensions et l'intensité de coloration des taches se remarquent entre ces deux individus, très-semblables comme taille (le second mesure 284 millimètres); ces faits ont trop peu d'importance pour qu'on puisse voir là autre chose que des particularités individuelles.

4. Serranus maculatus.

Pira pixanga, Margrafl, 1648 : *Hist. nat. Brasiliæ*, p. 152 (espèce reproduite par Johnston, 1657, *De piscibus*, p. 126, pl. XXXII, fig. 12, et par Willughby, 1686, *Historia piscium*, p. 321, pl. X, 7, fig. 1).
Cabrilla, Parra, 1787; *Descripcion de Hist. nat. etc.* p. 93, pl. XXXVI, fig. 1.
Holocentrus punctatus, Bloch, 1797; *Ichthyol.* VIIe part. p. 69, pl. CCXLI.
Perca maculata, Bloch, 1797 : *Ichthyol.* IXe part. p. 81, pl. CCCXIII.
Holocentrus punctatus, Bloch-Schneider, 1801; *Syst. Ichthyol.* p. 315.
Lutjanus lunulatus (species dubia *b*), Bloch-Schneider, 1801; *Syst. Ichthyol.* p. 329.
Cichla guttata, var. *maculata*, Bloch-Schneider, 1801 : *Syst. Ichthyol.* p. 339.
Sparus Atlanticus, Lacépède, 1802 (an x): *Hist. nat. des Poiss.* t. IV, p. 52 et 158, pl. V, fig. 1.
Serranus catus, Cuvier et Valenciennes, 1828 : *Hist. nat. des Poiss.* t. II, p. 373.
? *S. arara*, Cuvier et Valenciennes, 1828 : *Hist. nat. des Poiss.* t. II, p. 377.
S. lunulatus, Cuvier et Valenciennes, 1828; *Hist. nat. des Poiss.* t. II, p. 379.
S. pixanga, Cuvier et Valenciennes, 1828; *Hist. nat. des Poiss.* t. II, p. 383.
? *S. arara*, Desmarest, 1830; *Dict. class.* Index, p. 125, pl. XCI.
S. catus, Guichenot, 1853, Ramon de la Sagra, *Hist. de l'île de Cuba*, *Poissons*, p. 15.
S. lunulatus, Guichenot, 1853, Ramon de la Sagra, *Hist. de l'île de Cuba*, *Poissons*, p. 15.
? *S. bonaci*, Poey, 1858 : *Mem. Hist. nat. de la isla de Cuba*, t. II, p. 129.
S. lunulatus, Poey, 1858; *Mem. Hist. nat. de la isla de Cuba*, t. II, p. 387 et 418.
S. maculatus, Günther, 1859; *Cat. Brit. Mus. Fishes*, t. I, p. 130.
S. lunulatus, Steindachner, 1866 : *Zool. Bot. Gesells. Wien*, t. XVI, p. 775, pl. XIV, fig. 1.
Epinephelus lunulatus, Poey, 1868 : *Rep. Fis. nat. de la isla de Cuba*, t. II, p. 286.

D. XI, 16; A. III, 8.
Écailles : 21/83/51.

Longueur quadruple de la plus grande hauteur qui est elle-même double de l'épaisseur. Tête occupant environ le tiers de la longueur, museau court, maxillaire prolongé jusqu'au niveau à peu près du bord orbitaire postérieur. Dents canines supérieures les plus fortes, on en trouve deux paires sur l'échantillon observé, les autres dents un peu plus développées qu'elles ne le sont habituellement chez les Serrans: les médianes postérieures, en haut comme en bas, mobiles. Narines rapprochées, la première à la réunion des deux tiers antérieurs du museau au tiers postérieur, la seconde, la plus développée, à mi-distance entre la précédente et le bord de l'orbite. Œil grand, tangent au chanfrein, son diamètre fait les deux neuvièmes de la longueur de la tête, l'espace interorbitaire n'a pas moitié de cette dimension. Préopercule rectangulaire, bord postérieur légèrement échancré un peu au-dessus de l'angle, denticulé, les cinq ou six denticules inférieures un peu plus fortes, bord inférieur lisse. Operculaire à pointe médiane la plus saillante, aplatie, un peu moins éloignée de la supérieure que de l'inférieure. Sous-opercule et interopercule lisses. Toute la région malaire, le museau, sauf les maxillaires, couverts d'écailles.

Ligne latérale peu visible, offrant une courbure, qui la rapproche un peu du dos vers la fin de son tiers antérieur. Anus très-peu au delà du milieu de la longueur totale.

Épines de la dorsale robustes, allongées, la troisième, la plus développée, mesurant presque moitié de la hauteur totale, la première n'ayant que le cinquième de cette même dimension, la onzième égale aux deux tiers de la plus haute épine: membrane couverte d'écailles dans sa partie inférieure; des lobes membraneux flottent à l'extrémité des épines, au moins des plus hautes; portion molle arrondie, ayant comme plus grande hauteur la dimension de la troisième épine. Anale également convexe, la seconde épine, la plus robuste, mesure le tiers de la plus grande hauteur; elle est égale à la troisième et plus du double de la première. Caudale très-légèrement convexe, presque carrément coupée. Pectorales arrondies, atteignant à peu près l'anus; ventrales s'arrêtant avant ce point.

D'après des notes prises sur le frais, la couleur générale de ce poisson est jaunâtre avec les parties inférieures blanches; le corps est couvert de taches régulièrement disposées en quinconce, petites, arrondies, rouges, celles de la région ventrale d'une teinte plus vive; pectorales rouges, les autres nageoires brunes, bordées de sombre. Après le séjour dans l'alcool, la disposition des teintes est à peu près conservée; cependant, les nageoires impaires montrent au bord des portions molles un fin liséré blanc et les taches paraissent ocellées, ce qui n'est pas mentionné dans la description.

Écailles des flancs en quadrilatère allongé, l'une d'elles mesurant $3^{mm}.6$ de long sur $2^{mm}.5$ de large; foyer reculé à l'origine du tiers postérieur, quatre festons marginaux, sillons rayonnants prolongés jusqu'au foyer, aire spinigère triangulaire, vingt-six spinules au bord libre; une dizaine sur une rangée centripète à la partie médiane, la spinule externe seule bien développée. Sur la ligne ventrale les écailles sont petites, cycloïdes, l'aire spinigère représentée simplement par des crêtes concentriques interrompues, donnant naissance à une sorte de vermiculation irrégulière. Écailles de la ligne latérale en triangle à base adhérente fortement convexe, longueur 3mm.6, largeur 1mm.7, canal simple à trois ouvertures, en avant de l'antérieure un énorme feston médian, deux plus petits au-dessus, quatre en dessous; il n'existe pas trace de spinules.

Longueur totale	237mm
Hauteur	59
Épaisseur	28
Longueur de la tête	76
Longueur de la nageoire caudale	40
Longueur du museau	21
Diamètre de l'œil	16
Espace interorbitaire	9

N° 5208 du Catalogue général de la collection du Muséum.

La disposition, la forme et la petitesse des taches, la coloration du bord des nageoires sont des caractères suffisants pour distinguer cette espèce des autres Serrans du même groupe, c'est-à-dire se rapprochant plus ou moins du système de coloration du *Serranus hexagonatus*, Forst. Il est peut-être plus difficile de ne pas le confondre avec quelques espèces du groupe précédent, par exemple le *Serranus arara*, Parra, assimilation admise par M. Poey et que, sur l'autorité de cet auteur, nous avons cru devoir au moins signaler; cependant, en s'en remettant aux exemplaires types du Muséum, qui ont servi aux descriptions de Cuvier et Valenciennes, on trouve peut-être un caractère différentiel suffisant dans la formule des écailles qui, pour un individu de cette dernière espèce envoyé de Cuba par Desmarest[1], donne 16/101/46 au lieu de 21/83/51, chiffres donnés dans la description ci-dessus.

La synonymie du *Serranus maculatus*, Bl., est d'ailleurs assez difficile à établir et il règne sur ce point une certaine confusion résultant peut-être de ce que ce poisson, suivant l'âge ou la localité, présente des différences de couleurs assez notables pour avoir trompé les observateurs. Sans avoir égard à la figure et à la description de Margraff, trop imparfaites pour qu'on puisse être absolument certain de l'espèce qu'il a observée, il est incontestable que Parra a clairement fait connaître ce Serran qu'il nomme *Cabrilla*.

A la rigueur, le nom d'*Holocentrus punctatus* mériterait la préférence puisqu'il a l'antériorité sur celui de *Perca maculata*, sinon comme année, au moins comme volume, et

[1] N° 885 du Catalogue général de la collection du Muséum.

que Bloch, à propos de cette espèce, renvoie dans la synonymie au *Pira Piranga* de Margraff, mais Cuvier et Valenciennes, ainsi que M. Günther dans deux grands ouvrages classiques, ayant cité ou adopté la seconde dénomination, il est plus simple de la conserver, puisqu'elle est du même auteur, pour ne pas embrouiller la nomenclature par un nouveau changement.

Bloch, dans sa grande ichthyologie, a décrit en effet ce poisson sous deux noms différents, sous celui de *Perca maculata*, d'après un dessin du P. Plumier, dessin dont Lacépède de son côté faisait le *Sparus atlanticus*, et sous celui d'*Holocentrus punctatus* d'après un dessin du prince Maurice, le même sans doute publié par Margraff. Dans l'édition posthume donnée par Schneider, ces deux espèces sont conservées; toutefois le *Perca maculata* devient le *Cichla guttata*, var. *maculata*, et la figure du *Cabrilla* de Parra est citée sous le nom de *Lutjanus lunulatus*, *species dubia b*. On peut dire que c'est la première désignation scientifique donnée à l'espèce nettement distinguée par l'ichthyologiste espagnol, et c'est sans doute ce qui a engagé M. Poey à reprendre cette épithète dans ses derniers travaux, opinion qui est partagée par M. Steindachner, auquel nous devons une description et une figure parfaites de cette espèce. Mais en admettant, ce qui paraît hors de doute, l'identité des *Perca maculata*, Bl., et *Holocentrus punctatus*, Bl., avec le *Cabrilla* de Parra, les premiers étant établis sur un dessin qui peut faire autorité, il est certain qu'un de ces noms doit être pris de préférence. Ajoutons que, dans l'ichthyologie de Bloch-Schneider, l'épithète n'est donnée que sous toute réserve, dans les espèces douteuses, et de plus qu'à la même page est décrit un autre *Lutjanus lunulatus*, d'après Mungo Park[1], poisson qui certainement est bien un Lutjan tel que nous l'entendons aujourd'hui. Quant au nom de *Serranus catus*, donné par Cuvier et Valenciennes, il n'est pas admissible, ces auteurs renvoyant dans la synonymie à la planche et à la description de Bloch.

L'Atlas manuscrit de Cuvier et Valenciennes renferme un certain nombre de dessins et de croquis coloriés se rapportant à cette espèce, la disposition générale des teintes paraît assez constante. Parmi les figures, empruntées à différents ouvrages et placées dans cet atlas, se trouve celle de la Persèque ponctuée de Bonnaterre[2], qui présente en effet quelque ressemblance avec l'espèce décrite ici; cependant, les détails donnés dans le texte sur le nombre des épines dorsales, qui seraient de IX, et la ligne qui passe au-dessous des yeux porteraient plutôt à penser qu'il s'agit du *Serranus tæniops*, C. V.; toutefois cette Perche ponctuée étant indiquée comme habitant à la fois l'Amérique et le Sénégal, il est assez difficile de savoir exactement de quelle espèce il est question.

[1] Mungo Park, *Description of eight new Fishes from Sumatra*: *Trans. Linn. Soc. London*, t. III, p. 33, pl. VI. Ce poisson est cité sous le nom de *Mesoprion lunulatus* par Cuvier et Valenciennes, *loc. cit.* t. II, pl. 477.

[2] Bonnaterre, *Tableau encyclopédique et méthodique des trois règnes de la nature*, *Ichthyologie*, p. 130, pl. LV, fig. 214.

Tous les individus du *Serranus maculatus*, Bl., appartenant aux collections du Muséum viennent des Antilles; l'individu de la Commission scientifique du Mexique, lequel nous a servi de type, a été rapporté de la Jamaïque par M. Bocourt.

5. Serranus capreolus.

(Pl. III, fig. 1, 1 *a*, 1 *b*, 1 *c*; Pl. I *ter*, fig. 5.)

? *Trachinus Adscensionis*, Osbeck, 1757.
? *T. Ascensionis*, Bonnaterre, 1788; *Ichthyologie*, p. 46.
? *T. Osbeck*, Lacépède, 1800 (an VIII); *Hist. nat. des Poiss.* t. II, p. 353 et 364.
Serranus hexagonatus (*Trachinus Ascensionis*, Osbeck), Cuvier et Valenciennes, 1830; *Hist. nat. des Pois.* t. VI, p. 517 (non : t. II, p. 375).
? *S. impetiginosus*, Robert H. Schomburgk, 1847; *Hist. Barbadoes*, p. 665.
S. capreolus, Poey, 1856-58; *Mem. Hist. nat. de la isla de Cuba*, t. II, p. 145 et 364.
? *S. impetiginosus*, Günther, 1859; *Cat. Brit. Mus. Fishes*, t. I, p. 142.
S. varius, Bocourt, 1868; *Ann. Sc. nat.* 5e série, t. X, p. 222.
Epinephelus impetiginosus, Poey, 1868; *Rep. Fis. nat. de la isla de Cuba*, p. 286.

D. XI, 16; A. III, 8.
Écailles : 18/99/45.

La hauteur de ce poisson fait les deux septièmes de la longueur totale et est double de l'épaisseur. La tête occupe très-peu moins du tiers de la longueur; museau obtus égal au tiers de la portion céphalique; maxillaire terminé au niveau du bord postérieur de la pupille. Dents sur le type précédemment décrit des Mérous, canines assez peu développées, au moins sur cet individu qui est de taille médiocre. Narines reculées, l'antérieure garnie d'un repli circulaire membraneux et située à la réunion des deux tiers antérieurs au tiers postérieur du museau, la seconde à mi-distance entre celle-là et l'orbite. Œil faisant le cinquième de la longueur de la tête, espace interorbitaire n'ayant guère que le septième de cette même dimension. Préopercule arrondi, non visiblement échancré au-dessus de l'angle, bord montant finement denticulé sur toute sa longueur, les dentelures, au nombre d'environ trente-huit à quarante, n'augmentant que légèrement de dimension de haut en bas; operculaire à trois épines aplaties, équidistantes, la médiane la plus développée, la supérieure peu visible, sous-operculaire et interoperculaire lisses; lobe membraneux allongé, relevé. Toute la tête, sauf les mâchoires, couverte d'écailles très-fines en avant.

Ligne latérale parallèle au contour du dos. Anus au milieu de la longueur du corps et à une petite distance de l'anale. Écailles plutôt petites, régulièrement disposées sauf les écailles canaliculées de la ligne latérale qui, en avant surtout, sont parfois espacées et ne se rencontrent que tous les deux ou trois rangs.

[1] Pl. III, fig. 1 c.

Nageoire dorsale occupant une longueur un peu plus grande que les quatre neuvièmes de la longueur totale, la portion dure fait les cinq neuvièmes de la nageoire : sa troisième épine, la plus développée, équivaut aux trois septièmes de la plus grande hauteur : la première est loin d'être moitié aussi grande, mais la onzième n'est pas beaucoup plus petite : elle a, en effet, comme hauteur absolue 19 millimètres et la troisième 21 millimètres : les épines antérieures portent de petits lambeaux membraneux : portion molle peu élevée, quoique mesurant dans ce sens un peu plus de moitié de la plus grande hauteur, arrondie en arrière. Anale ayant à peine à sa base le huitième de la longueur totale, sa portion molle mesure en hauteur cette même dimension : première épine moins de moitié de la seconde, celle-ci atteignant les quatre onzièmes de la plus grande hauteur, égale à la troisième, mais plus robuste. Caudale à bord postérieur franchement convexe. Pectorales arrondies, atteignant aussi bien que les ventrales le niveau de l'anus.

Couleur générale d'un jaune brunâtre tirant au rouge vers le dos : deux sortes de taches, les unes blanches assez grandes, irrégulières, peu nombreuses, les autres plus petites sur le dos que sur la partie ventrale, mais susceptibles de s'élargir au point de donner, surtout en dessous, un dessin hexagonal par la diminution des espaces clairs : ces taches sont d'un brun violacé à la partie supérieure, roussâtres sur le ventre : il en existe également sur la tête, la mâchoire inférieure, les rayons branchiostéges : on observe trois taches vertébrales noires placées, les deux premières vers les extrémités de la dorsale épineuse, la troisième sur le pédoncule caudal.

Écailles des flancs[1] en quadrilatère allongé, une d'elles mesure 3 millimètres de long sur 1^{mm},9 de large : on compte quatre à cinq festons marginaux au bord antérieur, et dix-huit à vingt spinules au bord opposé ; les écailles de ce Serran ayant été prises comme type pour indiquer les variations de forme du foyer, de l'aire spinigère et des sillons centripètes, il suffit ici de renvoyer à ce qui en a été dit plus haut[2]. Une écaille ventrale est allongée, cycloïde, les spinules n'étant marquées que par de simples granulations, deux lobes marginaux : elle mesure 2^{mm},5 de long sur 1^{mm},1 de large. Écaille de la ligne latérale[3] triangulaire à base légèrement convexe, canal simple à triple ouverture, un grand feston marginal, en face de l'orifice antérieur, un plus petit feston en dessus, deux en dessous ; elle mesure 3^{mm},2 de long sur 1^{mm},4 de plus grande largeur. Dans l'épaisseur du tégument qui enveloppe ces écailles canaliculées et en dehors de celles-ci, c'est-à-dire placées plus superficiellement, on trouve de petites écailles cycloïdes en ovale plus ou moins allongé, mesurant, les moins développées, 0^{mm},55 de long sur 0^{mm},33 de large, une autre 0^{mm},62 sur 0^{mm},27 : ce sont de simples disques couverts de côtes concentriques sans trace d'aire spinigère ni de festons marginaux.

[1] Pl. III, fig. 1 a et 1 b. — [2] Voy. page 52. — [3] Pl. Ier, fig. 5.

Longueur totale	174mm
Hauteur	49
Épaisseur	25
Longueur de la tête	55
Longueur de la nageoire caudale	32
Longueur du museau	18
Diamètre de l'œil	11
Espace interorbitaire	7

N° 5186 du Catalogue général de la collection du Muséum.

Le *Serranus capreolus*, Poey, offre avec le *Serranus hexagonatus*, Forst., les rapports les plus frappants, et si les deux espèces ne se trouvaient pas sur deux points aussi distincts que l'océan Atlantique, d'une part, l'océan Indien et le grand océan Pacifique, d'autre part, on aurait été sans doute porté à les réunir; la confusion, si confusion il y a, a même été faite par des ichthyologistes très-compétents. Sur des exemplaires des deux espèces en fort bon état et suffisamment nombreux, surtout pour le *Serranus hexagonatus*, Forst., les seuls caractères distinctifs que nous ayons pu saisir portent sur la taille, les formules des écailles et la coloration. Dans l'espèce du grand Pacifique, le corps est un peu plus allongé, le rapport de la plus grande hauteur à la longueur totale étant des deux neuvièmes. Le nombre des écailles de la ligne latérale paraît un peu moindre, il ne semble s'élever jamais au delà de 86; enfin on compte de 13 à 16 écailles dans la partie supérieure de la ligne transversale au lieu de 18; ces différences sont, on le voit, assez faibles. Le *Serranus capreolus*, Poey, type, d'après la description originale, a les ponctuations du ventre de la grosseur d'un petit pois, celles du dos et de la tête, moitié plus petites et les taches dorsales très-nettes, ce que montre l'individu ici figuré sur lequel les ponctuations de la partie supérieure du corps étaient remarquablement peu développées; mais, comme on l'a vu plus haut, ces ponctuations s'élargissent, deviennent plus foncées, ce qui rend les taches dorsales moins visibles, et l'on est ramené à la disposition des teintes du *Serranus hexagonatus*, Forst.; un caractère, sur lequel nous croyons devoir attirer l'attention, paraît cependant spécial: ce sont les taches blanches, qui ne sont pas visibles sur les individus que nous avons pu examiner venant du grand océan Pacifique. Faut-il voir dans ce faible caractère une distinction spécifique? le mélange des espèces intertropicales sur les deux versants américains pourrait porter à penser que ce sont là de simples variétés.

La synonymie de cette espèce ne peut encore être définitivement établie et le nom que nous avons adopté, d'après l'auteur qui a donné la description la plus complète[1] de ce poisson, n'est proposé ici que comme provisoire. Il est, en effet, certain que

[1] La description originale de Müller et Troschel, dans l'*Hist. of Barbadoes* de R. Schomburgk, ne nous est pas connue.

l'exemplaire pris par Quoy et Gaimard à l'île de l'Ascension[1] se rapporte à cette espèce : malgré la différence de taille, il a l'aspect et les proportions du type décrit plus haut : les taches très-élargies lui donnent, il est vrai, l'apparence du *Serranus hexagonatus*, Forst., nom sous lequel Cuvier et Valenciennes l'ont fait connaître, mais les taches dorsales sombres et les maculations blanches des flancs sont assez distinctes pour ne laisser aucun doute. Or, si l'on adopte l'opinion des auteurs de l'Histoire des poissons, ce serait là le *Trachinus Ascensionis* d'Osbeck, et cette dernière épithète devrait avoir la priorité : seulement la description de l'auteur suédois[2] étant incomplète, les matériaux dont nous avons pu disposer, c'est-à-dire l'unique échantillon de Quoy et Gaimard, pouvant être regardés comme insuffisants, nous croyons devoir réserver la question.

Le *Serranus capreolus*, Poey, est représenté dans les collections de la Commission scientifique par trois individus provenant tous du golfe du Mexique, l'un rapporté par M. Salard, les deux autres acquis de M. Boucard; le Muséum possède en outre des exemplaires du Brésil donnés, l'un par M. Arnoux, l'autre par le musée de Genève : il faut y joindre l'individu pris à l'île de l'Ascension.

Cette espèce, équivalent géographique dans l'océan Atlantique équinoxial du *Serranus hexagonatus*, Forst., de l'océan Indo-Pacifique, n'a pas été jusqu'ici rencontrée sur les côtes propres de l'Afrique, quoique son aire d'extension soit très-vaste comme on peut le voir par les citations précédentes.

6. Serranus itaïara.

(Pl. II, fig. 4 et 4 a; Pl. I *ter*, fig. 3.)

Itaiara, Margraff, 1648; *Hist. nat. Brasiliæ*, p. 146.
Serranus itaïara, Lichtenstein, 1821; *Abhandl. Kön. Akad. Wiss. Berlin*, 1822, p. 278.
S. itaiara, Cuvier et Valenciennes, 1828; *Hist. nat. des Poiss.* t. II, p. 376.
S. galeus, Müller et Troschel, 1848; Richard Schomburgk, *Reisen in Brit. Guyana*, t. III, p. 621.
S. galeus, Günther, 1859; *Cat. Brit. Mus. Fishes*, t. I, p. 130.
S. galeus, Peters, 1865; *Monatsb. Akad. Wiss.* Berlin, p. 110.
S. quinquefasciatus, Bocourt, 1868; *Ann. Sc. nat.* 5e série, t. X, p. 223.

D. XI, 15; A. III, 8.
Écailles : [illegible]/14.

Formes générales plus lourdes qu'elles ne le sont d'habitude chez les autres Serrans : longueur totale quadruple de la plus grande hauteur : épaisseur atteignant les trois cin-

[1] N° 4906 du Catalogue général de la collection du Muséum.

[2] Cette description, donnée dans le Voyage aux Indes orientales et en Chine, ne nous est connue que par la traduction allemande (Rostock, 1765) et la traduction anglaise (London, 1771); le *Trachinus Adscensionis* est cité dans la première, p. 388, et dans la seconde, t. II, p. 96.

quièmes de cette dernière. Tête grosse et courte, occupant à peu près les deux septièmes de la longueur totale; chanfrein à peine convexe, d'avant en arrière plan transversalement, en continuation avec la ligne du dos; museau faisant moins du tiers (0,30) de la longueur de la tête, cette élongation étant même due en grande partie à la saillie notable de la mâchoire inférieure. Maxillaire dépassant l'orbite de près d'un diamètre de celui-ci; dents peu développées, sauf les canines inférieures, qui encore sont d'un volume médiocre relativement à la taille assez considérable du poisson; dents mobiles, à l'exception des canines et des dents vomériennes et palatines, ces dernières en plaque allongée, plurisériées. Narines relevées presque au niveau du bord orbitaire supérieur, la première plus petite, avec un repli membraneux occupant la moitié postérieure de sa circonférence située au delà des trois quarts antérieurs du museau; la seconde, circulaire, libre, largement ouverte. Œil petit, son diamètre ayant à peine le neuvième de la longueur de la tête, tandis que l'espace interorbitaire en atteint le cinquième. Préopercule en angle obtus, bord montant, à peine sinueux, portant dans sa moitié supérieure une série de fines denticulations peu accentuées et dix-huit à vingt dents un peu plus fortes, surtout vers l'angle, dans sa moitié inférieure; épines operculaires presque de niveau, équidistantes, la moyenne la plus saillante et la plus visible, l'inférieure peu distincte; sous-opercule et interopercule faiblement rugueux, plutôt que réellement denticulés à leur bord libre; lobe membraneux obtus, carrément et obliquement coupé. Des écailles sur toute la tête et le bord supérieur du maxillaire, très-petites sur ce dernier et le museau.

Ligne latérale étendue presque en ligne droite du bord supérieur de la fente operculaire à l'origine du pédoncule caudal; à partir de ce point, elle se dirige directement en arrière au milieu de la hauteur et se prolonge sur la nageoire. Anus un peu au delà du milieu de la longueur et à une certaine distance de l'anale. Écailles bien visibles, se montrant, même à l'œil nu, coupées carrément sur leur bord postérieur; l'écaillure se prolonge assez loin sur les nageoires impaires et à la base de la face extérieure des nageoires paires.

Nageoire dorsale paraissant très-étendue, surtout à cause de son peu d'élévation; la longueur de sa base équivaut aux quatre neuvièmes de la longueur totale, la portion dure y entre pour environ les cinq neuvièmes; la première épine atteint à peine le huitième et la quatrième environ le quart de la plus grande hauteur; les autres épines à partir de la dernière, que nous venons de citer, sont sensiblement de même dimension, toutes robustes et un grand nombre comme tordues vers leur pointe; c'est sans doute un effet de l'âge; la portion molle est plus élevée, la longueur du plus haut rayon, qui est le onzième, ayant environ les trois septièmes de la plus grande hauteur; son angle postérieur est brusquement arrondi. Anale n'ayant guère en longueur que le septième de la longueur totale, arrondie et à rayons mous un peu plus longs que ceux de la dorsale correspondante; première épine mesurant le septième de la plus grande hauteur, la seconde égale à la quatrième de la dorsale citée plus haut, la troisième, moins robuste, mais de même dimension. Caudale, formant un sixième de la longueur totale, à bord postérieur fortement convexe. Pectorales arrondies, n'atteignant pas l'anus; ventrales encore plus courtes.

Le corps est brun olivâtre sur ses parties supérieures, jaune en dessous, avec cinq bandes foncées verticales sur chacun de ses côtés, les quatre premières prenant naissance sous la dorsale, et la cinquième occupant le pédoncule caudal; les nageoires inférieures sont de couleur jaune dans leur partie antérieure, brunes en arrière avec les contours rouges; de petites taches noires se montrent sur la tête, la partie antérieure du corps, le dos, les nageoires impaires et les pectorales; un cercle grisâtre entoure l'iris, un autre la pupille.

Écailles des flancs en quadrilatère allongé. l'une d'elles mesure 8mm,3 de long sur 5mm,3 de large; le foyer offre les mêmes variations que dans l'espèce précédemment décrite, tantôt petit, circulaire et reculé vers la partie postérieure comme dans la figure donnée ici[1], d'autres fois étendu, suivant l'axe de l'écaille sur plus de moitié de la longueur; sept à douze festons marginaux: aire spinigère terminée par un bord rectiligne, toujours peu étendue, portant de dix à onze spinules saillantes peu développées, trois à huit rangs au centre, suivant l'étendue du foyer, l'aire spinigère se prolongeant d'autant moins en arrière que celui-là est plus allongé. Une écaille ventrale est ovalaire, mesurant 4mm,5 de long sur 2mm,1 de large, elle porte sept festons marginaux et les lignes concentriques sont à peine interrompues en arrière, par des vermiculations indiquant la trace d'une aire spinigère. Écaille de la ligne latérale[2] longue de 7mm,2, large à la base de 4 millimètres, tube ramifié dans le champ postérieur; un grand feston marginal en face de son orifice postérieur, trois festons plus petits de chaque côté: la disposition spéciale de cet organe ayant été décrite en détail dans les généralités[3], il est inutile d'entrer ici dans de plus grands développements.

Longueur totale	410mm
Hauteur	102
Épaisseur	62
Longueur de la tête	131
Longueur de la nageoire caudale	72
Longueur du museau	36
Diamètre de l'œil	15
Espace interorbitaire	24

N° [illegible] du Catalogue général de la collection du Muséum.

Le *Serranus itaïara*, Lichtenst., étant, jusqu'ici, le seul animal du genre qui présente

[1] Pl. II, fig. 4 *a*. — [2] Pl. I *ter*, fig. 4. — [3] Voy. page 55.

cette structure particulière des écailles de la ligne latérale, on peut trouver là un caractère différentiel facile à saisir pour le reconnaître; il est au reste assez distinct des autres Serrans, par ses formes lourdes, l'écartement des yeux, la longueur relative du maxillaire et la brièveté des épines dorsales.

Le poisson décrit ici est-il réellement l'*Itaïra* de Margraff? Il est fort difficile de le savoir exactement, la figure donnée par cet auteur est très-grossière, les nageoires sont mal représentées, surtout la caudale et la pectorale, cette dernière est comme laciniée. La description n'est pas plus explicite, on peut même dire que les mots: *squamatus piscis sed squamis ita complicatis ut lævis esse videatur,* peuvent difficilement s'appliquer à ce Serran dont les écailles sont bien développées et parfaitement visibles. Le dessin paraît indiquer des taches sur toute la surface du corps, ce qui est confirmé par le texte[1]. La taille, de sept ou huit pouces, des exemplaires se rapporte, il faut le dire, à des sujets plus petits que tous ceux que nous avons eus sous les yeux.

La description de Lichtenstein n'apporte que peu d'éclaircissements: il assimile mal à propos cette espèce aux *Perca guttata* et *Perca maculata*, de Bloch; les seuls renseignements plus circonstanciés qu'il fournisse se rapportent au nombre des rayons, et, tout en ayant égard à la manière différente de compter ceux-ci[2], le chiffre donné pour l'anale paraîtrait devoir faire placer l'espèce dont il parle bien loin de celle qui nous occupe ici. La taille n'est pas indiquée.

Cuvier et Valenciennes ont décrit d'une manière si succincte le poisson assimilé par eux au Serran de Margraff et de Lichtenstein, qu'il est, on peut dire, de toute impossibilité de reconnaître dans leur ouvrage de quelle espèce au juste ils ont voulu parler.

Dans le voyage de Schomburgk, Müller et Troschel, sous le nom de *Serranus galeus*, décrivent un poisson voisin, suivant eux, du *Serranus catus*, C. V., et du *Serranus itaïra*, Lichtenst., mais se distinguant de ce dernier par l'épaisseur du corps et l'écartement des yeux, qui est un peu plus grand que le diamètre de l'œil, tandis que chez le *Serranus itaïara* il est moins de moitié de ce même diamètre. Les nombres concordent bien avec ceux de l'espèce: D. XI, 16; A. III, 9. Long. 6 à 8 pouces ($0^m,16$ à $0^m,20$ environ).

Enfin, M. Peters indique, sous forme de remarque, l'identité à établir entre l'espèce de Lichtenstein et celle de Müller et Troschel, la différence dans l'espace interorbitaire étant pour lui un fait d'âge: chez les très-petits individus, cette distance peut se trouver très-réduite comparativement, suivant des observations faites sur d'autres poissons dans des cas analogues.

On comprend qu'avec des renseignements aussi insuffisants, il était difficile de rapporter l'animal décrit et figuré ici à cette espèce, c'est ce qui avait engagé l'un de nous

[1] «Piscis universi color egregie ruber, in ventre autem ex rubro et albo maculato; in lateribus autem constanter maculas habet puniceas, nigras, varias, majores et minores.»

[2] La formule écrite suivant la méthode actuelle serait : D. XI, 16; A. III, 11; C. 16; V. I, 6; P. 16.

à créer pour elle le nouveau nom de *Serranus quinquefasciatus*, que nous aurions sans doute conservé, si une révision complète des Serrans ne nous avait conduits à examiner l'individu type envoyé par Delalande à Cuvier et Valenciennes[1]. Ce poisson, malgré les altérations de couleur causées par un séjour prolongé dans l'alcool, offre avec notre exemplaire une similitude qui ne permet pas de mettre en doute leur identité spécifique. Les bandes verticales ne se voient, il est vrai, que sous certaines incidences de lumière, mais, une fois prévenu, il est facile d'en retrouver la trace; quant aux proportions, à la disposition des nageoires, enfin à la structure des écailles de la ligne latérale, il y a similitude complète, ce dernier caractère est même celui qui, tout d'abord, a éveillé notre attention.

En résumé, c'est d'après ce type authentique, dont la présence dans les collections du Muséum peut faire autorité, malgré l'insuffisance de la description, que nous avons nommé cette espèce dont la diagnose dorénavant ne présentera plus, nous l'espérons, d'aussi grandes difficultés.

L'individu rapporté par M. Bocourt provient de Tawesco (Guatemala), sur l'océan Pacifique; le Muséum, outre l'exemplaire envoyé du Brésil par Delalande, en possède un troisième, sans localité connue, donné par Banks à Broussonnet, qui lui-même l'avait cédé à la Faculté de Montpellier; à ce poisson était attachée une étiquette en parchemin, portant l'indication : «Perca nebulosa. Brésil. Serran[2].»

Le *Serranus itaïara*, Lichtenst., est encore un curieux exemple d'une espèce commune aux deux versants de l'Amérique.

Genre PLECTROPOMA, Cuvier.

Cuvier, *Règne animal*, t. II, p. 142, 1829.

Percoïdes à ventrales thoraciques; sept rayons branchiostéges; une seule dorsale occupant une grande partie de la longueur du dos et composée de VII à XII épines avec 11 à 19 rayons mous; des dents canines et des dents en velours aux mâchoires; plaques dentaires vomérienne et palatines distinctes; préopercule muni sur le bord horizontal d'épines fortes, en nombre variable, dirigées obliquement en avant comme les dents d'une molette d'éperon; operculaire avec trois épines plus ou moins saillantes. Écailles de taille médiocre ou petite, ordinairement cténoïdes et polystiques.

[1] N° 7651 du Catalogue général de la collection du Muséum.

[2] N° 7516 du Catalogue général de la collection du Muséum.

Ce genre, établi par Cuvier dès la première édition du Règne animal[1], n'a jamais été considéré par lui que comme une sorte de démembrement des *Serranus* en vue de « donner plus de facilité à la nomenclature[2] ». Il ne s'en distingue, en effet, comme on peut le voir dans la diagnose ci-dessus, que par l'armature du bord inférieur du préopercule, caractère d'une faible valeur et même très-variable suivant les espèces. Cependant, telle est la difficulté de classer les êtres dans le groupe si homogène des Poissons osseux, que cette coupe artificielle a été, on peut dire, universellement adoptée, bien qu'elle rapproche des êtres hétérogènes, ce que M. Poey, l'un des premiers, a fait remarquer avec beaucoup de justesse[3].

La forme générale du corps permet au premier coup d'œil de reconnaître deux types bien distincts. Les uns, tels que le *Plectropoma chlorurum*, C. V., ont le corps comprimé et élevé, d'autres sont surbaissés et plus ou moins cylindroïdes, la largeur étant moitié de la hauteur au lieu d'être dans le rapport du tiers ou du quart comme chez les premiers : le *Plectropoma chloropterum*, C. V., peut servir d'exemple pour le second groupe.

La dentition est celle des Serrans. On trouve des canines en nombre variable, plus ou moins développées, mais toujours distinctes; elles sont solidement fixées aux os des mâchoires. En arrière d'elles se voient des dents en cardes ou en velours et, ici encore, tantôt elles sont mobiles et susceptibles de se coucher d'avant en arrière, tantôt elles sont fixes; nous avons pu constater nettement la première disposition chez les *Plectropoma hispanum*, C. V., *P. maculatum*, Bl., *P. leopardinum*, Lacép., *P. chloropterum*, C. V., *P. semicinctum*, C. V.; la seconde chez les *Plectropoma serratum*, C. V. et *P. aculeatum*, C. V.

Le préopercule, dans la manière dont ses bords sont denticulés, offre des différences d'autant plus importantes, que c'est de cette particularité, on vient de le voir, qu'est tirée la caractéristique du genre. Le bord montant peut être absolument lisse, ce que présente le *Plectropoma leopardinum*, Lacép., mais c'est le cas rare, et plus ordinairement il est visiblement denticulé comme chez les *Serranus*. Le bord inférieur porte des dents dirigées d'arrière en avant; toutefois, sous le

[1] Cuvier, *Règne animal*, t. II, p. 277, 1817.

[2] Cuvier et Valenciennes, *Histoire des Poissons*, t. II, p. 387, 1828.

[3] Felipe Poey, *Mem. sobre la Hist. nat. de la isla de Cuba*, t. I, p. 75, 1851.

rapport du nombre et de la force, on observe des dispositions très-diverses. Ainsi, le *Plectropoma hispanum*, C. V., le *P. chloropterum*, C. V.[1], n'offrent qu'une dent forte placée à l'angle, semblant continuer en bas le bord postérieur; d'autres fois il y en a davantage, deux chez le *Plectropoma nigrorubrum*, C. V., trois chez le *Plectropoma semicinctum*, C. V.: elles sont robustes lorsqu'elles sont ainsi peu nombreuses; mais chez le *Plectropoma chlorurum*, C. V.[2], et les espèces du même type, les dents préoperculaires inférieures, dont on compte cinq à sept, sont beaucoup plus faibles et commencent à se confondre avec les denticulations du bord montant, en sorte qu'on est insensiblement ramené au type des Serrans à préopercule arrondi à l'angle postérieur, chez lesquels les dentelures se prolongent sous le bord horizontal. On voit qu'il existe un point limite où il est difficile de décider si une espèce appartient plutôt à un genre qu'à l'autre et, suivant la manière d'interpréter les caractères, on a pu pour certains poissons, comme le *Plectropoma susuki*, C. V., hésiter sur la place qu'il convenait de leur faire occuper; plusieurs types sont encore plus embarrassants que celui-ci.

Les nageoires rappellent beaucoup par leurs formes celles des Serrans; la dorsale, toujours unique, occupe une grande partie de la longueur du dos, la caudale est tantôt arrondie[3], tantôt échancrée[4]: jusqu'ici on ne connaît pas d'espèce sur laquelle les angles soient dans ce dernier cas notablement prolongés, comme chez les *Serranus Louti*, Forsk, par exemple. Les pectorales sont, d'une manière correspondante, soit franchement arrondies, soit sub-falciformes, sans être jamais aiguës.

Le nombre des épines de la dorsale dans ce genre offre des variations beaucoup plus grandes que chez les Serrans. Ici, en effet, il existe un très-grand écart dans les formules suivant les espèces: on trouve VII de ces organes chez le *Plectropoma maculatum*, Bl., X chez le *Plectropoma chlorurum*, C. V., XI chez le *Plectropoma chloropterum*, C. V., XIII chez le *Plectropoma serratum*, C. V. Les rayons mous offrent encore plus de variétés et, d'après les sujets examinés, la différence peut se rencontrer sur une même espèce, tandis que le nombre des épines est, on peut dire, constant : ainsi, sur six exemplaires du *Plectropoma chloropterum*, C. V.,

[1] Pl. V, fig. 3.
[2] Pl. V, fig. 2.
[3] Pl. V, fig. 3.
[4] Pl. V, fig. 2.

la formule sur quatre d'entre eux étant XI, 18, nous avons trouvé une fois XI, 17, et une autre fois XI, 19. D'une manière générale, suivant les espèces, le nombre des rayons est de 11 à 18[1].

Dans la diagnose générale, on a vu que les épines de l'anale sont constamment au nombre de III. Cependant, à s'en rapporter aux descriptions données par les auteurs, on pourrait croire que chez certaines espèces il peut n'y avoir que deux épines, c'est ce qui a été avancé, par exemple, pour les *Plectropoma maculatum*, Bl., et *P. leopardinum*, Lacép.[2]. L'examen des types originaux, conservés dans les collections du Muséum, montre qu'il y a eu erreur, ce qui s'explique, comme l'a déjà fait remarquer M. Playfair[3], par la difficulté de découvrir la première épine, très-courte et cachée sous une peau écailleuse et épaisse, difficulté encore bien plus grande, si on n'a à sa disposition que des exemplaires desséchés. Quant aux rayons mous de l'anale, variables en nombre dans les différentes espèces, ils paraissent plus constants dans une espèce donnée. Nous en avons trouvé 9 chez les six exemplaires du *Plectropoma chloropterum*, C. V., cités plus haut, 8 pour trois exemplaires du *Plectropoma brasilianum*, C. V., 7 chez six exemplaires du *Plectropoma chlorurum*, C. V. Cependant la constance n'est pas absolue, puisque dans deux exemplaires du *Plectropoma maculatum*, Bl., nous avons trouvé sur l'un[4], III, 7, sur l'autre[5], III, 8, pour l'anale, et dans le *Plectropoma serratum*, C. V., une fois[6], III, 8, une autre fois[7], III, 9.

Malgré ces divergences, le principe que nous avons cherché à déduire chez les Serrans, de la constance relative du nombre des épines et des rayons dans une même espèce et dans l'ensemble du genre, se retrouve le même, à savoir que les épines anales n'offrent aucune variation, puis viennent les épines dorsales, les rayons de l'anale et enfin ceux de la portion dorsale molle.

L'étude des écailles offre des considérations de même ordre que chez les Ser-

[1] Voici quelques nombres trouvés sur différentes espèces prises comme types des variations des rayons de la dorsale : *Plectropoma maculatum*, Bl., 11 ; *P. hispanum*, C. V., 12 ; *P. aculeatum*, C. V., 14 ; *P. brasilianum*, C. V., 15 ; *P. serratum*, C. V., 16 : *P. nigrorubrum*, C. V., 17.

[2] Voyez Cuvier et Valenciennes, *Histoire des Poissons*, t. II, p. 392 et 393, 1828.

[3] Playfair, *Fishes of Zanzibar*, p. 13, 1866.

[4] N° 2478 du Catalogue général de la collection du Muséum.

[5] N° 7677 du Catalogue général de la collection du Muséum.

[6] N° 7779 du Catalogue général de la collection du Muséum.

[7] N° 7789 du Catalogue général de la collection du Muséum.

rans, mais avec des variations encore plus fortes. Pour la grandeur proportionnellement à la taille de l'animal, ce dont on peut juger par les formules des écailles, il existe un écart considérable, le *Plectropoma semicinctum*, C. V., ayant pour formule 8/49/23, tandis que le *Plectropoma leopardinum*, Lacép., donne 20/122/60; entre ces deux extrêmes se trouvent une multitude d'intermédiaires[1], qui les rapprochent, en quelque sorte, et établissent entre eux une série graduée. Ces particularités, et le plus ou moins de développement des spinules, donnent aux poissons des aspects très-dissemblables, les uns étant visiblement squammeux, tandis que chez d'autres les écailles semblent disparaître dans la peau muqueuse qui les supporte.

Les écailles du corps offrent des différences non moins importantes dans leur structure. Sur certaines espèces, par exemple le *Plectropoma chlorurum*, C. V.[2], elles sont très-franchement cténoïdes[3], si bien, que les écailles de la ligne ventrale même conservent le type ordinaire[4]; d'autres fois, comme cela se rencontre chez un grand nombre de poissons, ces dernières sont privées de spinules sans que cela entraîne de modifications notables sur les autres écailles[5].

Quelques espèces, telles que le *Plectropoma chloropterum*, C. V.[6], présentent dans la structure de leurs écailles quelque chose de tout différent : toutefois, en y regardant de plus près, on peut reconnaître que le type n'est pas aussi distinct qu'on serait porté à le croire au premier abord. Sur le plus grand nombre de ces organes, les spinules font absolument défaut[7], les champs antérieurs et latéraux offrent la disposition habituelle; parfois, il est vrai, les sillons marginaux, au lieu d'occuper simplement le bord adhérent, s'étendent sur les bords latéraux; c'est

[1] Voici les formules obtenues sur un certain nombre d'exemplaires de *Plectropome* appartenant à la collection du Muséum :

N° 7777. *P. semicinctum*, C. V. 8/49/23.
7776. *P. nigrorubrum*, C. V. 7/58/26.
7822. *P. chlorurum*, C. V. 10/61/21.
5103. *P. puella*, C. V. 11/61/29.
7793. *P. unicolor*, Bl. 10/62/29.
7679. *P. hispanum*, C. V. 12/63/39.
7797. *P. guttavarium*, Poey, 11/58/33.
5212. *P. chloropterum*, C. V. 13/75/38.
7878. *P. dentex*, C. V. 11/83/37.
7675. *P. aculeatum*, C. V. 20/88/31.
7165. *P. susuki*, C. V. 23/88/51.
6107. *P. brasilianum*, C. V. 20/89/45.
N° 7789. *P. serratum*, C. V. 22/99/60.
7674. *P. leopardinum*, Lacép. 20/122/60.
2278. *P. maculatum*, Bl. 15/122/59.

[2] Les espèces suivantes offrent une structure semblable des écailles; *Plectropoma guttavarium*, Poey; *P. puella*, C. V.; *P. unicolor*, Bl.; *P. hispanum*, C. V.; *P. aculeatum*, C. V.; *P. semicinctum*, C. V.; *P. brasilianum*, C. V.

[3] Pl. V, fig. 2 *a*.

[4] Pl. V, fig. 2 *b*.

[5] Nous avons observé cette particularité sur les *Plectropoma susuki*, C. V.; *P. serratum*, C. V.; *P. dentex*, C. V.

[6] Les *Plectropoma maculatum*, Bl., et *P. leopardinum*, Lacép., sont dans le même cas.

[7] Pl. V, fig. 3 *a*.

là, on l'a vu chez les *Centropomus*[1], un fait secondaire, n'ayant au plus qu'une valeur spécifique. Le champ postérieur est triangulaire, terminé par un bord libre droit; son étendue est variable suivant que le foyer est lui-même plus ou moins allongé; souvent il est simplement couvert de vermiculations, continuant d'une façon irrégulière les stries des champs latéraux, et l'écaille pourrait être considérée, sinon comme cycloïde, au moins comme acténoïde; d'autres fois, on trouve de véritables spinules dues évidemment au développement plus normal des vermiculations en ce point, ce qui montre bien la réalité de l'opinion de Baudelot[2], quant à l'homologie à établir entre les stries et ces épines. Les spinules n'occupent pas ordinairement tout le champ postérieur, mais forment un petit groupe dans l'angle rapproché du foyer, et le bord en est constamment dépourvu, restant membraneux, exclusivement formé par la couche fibreuse profonde. Il est bien évident d'après cela que ces écailles n'en appartiennent pas moins au type des écailles cténoïdes. L'absence de spinules peut, au reste, s'expliquer facilement, si l'on admet, comme l'un de nous a cherché à le démontrer[3] sur le *Gobius niger*, Lin., que ces organites, dépendant des couches superficielles de la peau, c'est-à-dire de l'épiderme, sont dans un état de rénovation continuelle et peuvent disparaître à certains moments pour reparaître plus tard par suite d'une véritable mue, comparable à celle observée sur les scutelles des Plagiostomes, par M. Steenstrup[4].

Les écailles de la ligne latérale n'offrent pas moins de variétés et ici, comme chez les Serrans, présentent des différences dont on peut utilement se servir dans la distinction des espèces. Chez quelques-uns de ces poissons, le canal de la ligne latérale est simple dans sa partie postérieure, qui traverse l'aire spinigère, mais tantôt, comme chez les Serrans proprement dits, l'écaille est saillante avec des spinules bien développées, d'autres fois, comme chez les Mérous, elle est enfoncée dans le tégument et ne présente pas trace d'aire spinigère; le *Plectropoma chlororurum*, C. V.[5], a des écailles construites sur le premier type, celles du *Plectropoma*

[1] Voyez p. 8.

[2] Baudelot. *Arch. Zool. exper. et gen.* t. II, p. 443. 1873.

[3] L. Vaillant. Sur le développement des spinules dans les écailles du *Gobius niger*, Lin. (*Comptes rendus de l'Acad. des Sc.* t. LXXXI, p. 137. 1875.)

[4] Steenstrup. Sur la différence entre les poissons osseux et les poissons cartilagineux au point de vue de la formation des écailles. (*Ann. sc. nat.* 4e série. t. XV, p. 368. 1861.)

[5] Pl. V, fig. 2 c.

chloropterum, C. V.[1], peuvent servir d'exemple pour le second. Sur d'autres Plectropomes, le canal de la ligne latérale se ramifie en arrière comme chez le *Serranus itaïara*, Lichtenst., étudié précédemment[2], ou plutôt comme chez les *Latjanus*, dont il sera question plus loin, car les spinules existent habituellement; cette disposition se rencontre chez le *Plectropoma brasilianum*, C. V., par exemple. Enfin, dans le *Plectropoma semicinctum*, C. V., on ne distingue pas de canal dans l'aire spinigère et, comme chez les *Centropomus*, le tube de l'écaille paraît se terminer à la perforation de la lamelle.

Ces différences viennent à l'appui des idées émises sur l'hétérogénéité de ce genre et justifient les tentatives de M. Gill et de M. Bleeker, qui ont cherché l'un et l'autre à le subdiviser en coupes mieux limitées. Mais ces efforts n'ont pas jusqu'ici donné de résultats satisfaisants et les divisions indiquées reposent sur des caractères au plus propres à distinguer des espèces, aussi ne croyons-nous pas devoir encore adopter ces genres, attendant que nous soyons mieux éclairés sur les affinités naturelles des groupes dans la classe des Poissons.

Nous ne pouvons admettre la signification du genre *Plectropoma* telle que l'a formulée M. Bleeker. Dans la première édition du *Règne animal*, Cuvier, en établissant ce genre, y comprenait trois espèces : l'*Holocentrus calcarifer*, Bl., le *Bodianus maculatus*, Bl., et le *Bodianus cyclostoma*, Lacép.[3]. Dans le second volume de l'Histoire des Poissons et un an plus tard dans la deuxième édition du *Règne animal*, l'*Holocentrus calcarifer*, Bl., devint un type du genre *Lates*, et le nombre des espèces du genre Plectropome fut porté à treize, parmi lesquelles figurent les deux *Bodianus* précédemment cités. Cette manière de modifier une division zoologique est des plus légitimes, et nous ne croyons pas que M. Bleeker soit fondé à regarder l'*Holocentrus calcarifer*, Bl., comme le type réel des *Plectropoma*[4].

Le nom générique de *Plectropoma*, établi par Cuvier, nous paraît aussi devoir être conservé préférablement à celui d'*Alphestes*, emprunté à Bloch et auquel M. Peters[5] accorde le droit de priorité. Le caractère particulier du genre Cuviérien

[1] Pl. V, fig. 3 c.

[2] Page 92, pl. Ier, fig. 5.

[3] Cuvier, *Règne animal*, t. II, p. 278, note, 1817.

[4] Bleeker, *Révision des espèces indo-archipélagiques du groupe des Epinephelini*, p. 13, 1873.

[5] Peters, *Monatsbericht Ak. Wiss. Berlin*, p. 105, 1865.

est loin sans doute d'avoir une grande valeur et on vient de voir qu'il a fait réunir en un même groupe des êtres assez dissemblables, mais le genre de Bloch n'est pas meilleur. La particularité par laquelle il se distingue des autres *Heptapterygii thoracici*, à savoir : *squamæ operculi posterioris duplo majores quam anterioris*[1], est certainement plus insignifiante que la disposition des dents au bord inférieur du préopercule et ne conduit pas à un rapprochement heureux. Deux espèces, en effet, composent le genre *Alphestes;* l'une, au sujet de laquelle M. Peters propose la rectification, l'*Alphestes afer*, Bl., serait bien un Plectropome, l'autre, l'*Alphestes gembra*, Bl. Schn., est placé par tous les ichthyologistes dans le genre *Lutjanus*. Si une espèce décrite d'une manière imparfaite doit, lorsque le type peut être ultérieurement reconnu, amener des rectifications par le droit de priorité, il ne saurait en être de même pour un genre mal caractérisé et composé d'espèces hétérogènes[2].

Parmi les Percoïdes à nageoire dorsale unique, les genres *Trachypoma*, Gthr., et *Myriodon*, Briss., sont les seuls qui aient le bord inférieur du préopercule armé de dents dirigées en avant comme dans les *Plectropoma;* ils s'en distinguent facilement tous deux par l'absence de dents canines.

Dans leur Histoire des Poissons, Cuvier et Valenciennes énumèrent quinze espèces de Plectropomes; M. Günther en admet vingt-sept, mais ce nombre doit être regardé comme un peu forcé, car le savant ichthyologiste du Musée Britannique énumère comme espèces réelles différents poissons décrits par M. Poey, lesquels ne peuvent guère être regardés que comme de simples variétés d'un seul et même type. Depuis cette publication, différents Plectropomes ont été décrits, cependant le nombre ne peut guère être estimé à plus de vingt-trois ou vingt-cinq.

Cuvier et Valenciennes groupaient les espèces de ce genre d'après la disposition des dents sur les bords du préopercule. Parfois le bord montant est entier[3], d'autres fois il est à peine dentelé[4], ou bien la denticulation est nettement accusée

[1] Bloch-Schneider, *Systema ichthyologiæ*, p. 236, 1801.

[2] Les raisons données par M. Poey, pour ne pas admettre ce genre *Alphestes*, viennent à l'appui de notre manière de voir. (Voyez : *Rep. fis. nat. de la isla de Cuba*, t. I, p. 265, 1865; et : Genres des poissons de la faune de Cuba appartenant à la famille *Percidæ*. *Ann. Lyceum nat. Hist. of New-York*, t. X, p. 55.)

[3] *Plectropoma melanoleucum*, Comm., *P. leopardinum*, Lacép., *P. maculatum*, Bl. Suivant M. Playfair, dont l'opinion nous paraît fondée (*Fishes of Zanzibar*, p. 19), la première espèce n'est qu'une variété de celle-ci.

[4] *Plectropoma dentex*, C. V.

et, dans ce cas, le bord horizontal porte des dents soit peu nombreuses et fortes[1], soit nombreuses mais faibles[2]. Ces différences, en tant qu'employées simplement pour le groupement des espèces, peuvent être utilisées dans les déterminations. Les genres *Hypoplectrus*, Gill, *Acanthistius*, Gill[3], *Paracanthistius*, Blkr.[4], ne doivent être également regardés jusqu'ici que comme des subdivisions des Plectropomes et ne nous indiquent rien de nouveau sur les rapports à établir entre ces poissons et les groupes voisins.

Pour aider à la détermination des espèces, nous avons, d'après les caractères des écailles, la composition des nageoires, la disposition des dentelures préoperculaires, dressé le tableau suivant, qui ne s'applique qu'aux Plectropomes représentés dans la collection du Muséum.

Genre PLECTROPOMA, Cuv.[5]

Ire SECTION :

Écailles de la ligne latérale à canal simple postérieurement.

§ Ier.

Écailles de la ligne latérale cténoïdes.

a. Dorsale avec x épines; dentelures préoperculaires inférieures faibles.

1**. *P. chlorurum*, C. V.
2*. *P. guttacavium*, Poey.
3*. *P. puella*, C. V.
4*. *P. unicolor*, Bl.

b. Dorsale avec VIII épines; dent préoperculaire forte.

5*. *P. hispanum*, C. V.

§ II.

Écailles de la ligne latérale sans spinules.

c. Dorsale avec VIII épines; dentelures préoperculaires inférieures fortes.

6. *P. maculatum*, Bl.
7. *P. leopardinum*, Lacép.

---

[1] *Plectropoma hispanum*, C. V., *P. brasilianum*, C. V., *P. aculeatum*, C. V., *P. chloropterum*, C. V., *P. serratum*, C. V., *P. nigrorubrum*, C. V., *P. semicinctum*, C. V., *P. susuki*, C. V.

[2] *P. puella*, C. V., *P. chlorurum*, C. V., *P. unicolor*, Bl. Schn.

[3] Gill. *Remarks on the relations of the genera and other groups of Cuban species* (*Proceed. Acad. Nat. Sc. Philadelphia*, 1862, p. 255).

[4] Bleeker. *Révision des espèces indo-archipélagiques du groupe des Epinephelini*, p. 13, 1873.

[5] Les espèces marquées d'un astérisque * sont américaines; le signe doublé ** indique celles dont on trouvera plus loin la description.

b. Dorsale avec XI épines.

8**. *P. chloropterum*, C. V. 9*. *P. susuki*, C. V.

c. Dorsale avec XIII épines.

10. *P. serratum*, C. V.

IIe SECTION.

Écailles de la ligne latérale à canal ramifié ou nul postérieurement.

§ Ier.

Écailles de la ligne latérale sans spinules.

Dorsale avec XIII épines; dentelures préoperculaires inférieures fortes.

11. *P. aculeatum*, C. V.

§ II.

Écailles de la ligne latérale cténoïdes.

a. Dorsale avec X épines.

α. Dentelures préoperculaires inférieures fortes.

12. *P. nigrorubrum*, C. V. 14. *P. annulatum*, Gthr.
13. *P. semicinctum*, C. V.

β. Dentelures préoperculaires inférieures faibles.

15. *P. dentex*, C. V.

b. Dorsale avec XIII épines; dentelures préoperculaires inférieures fortes.

16*. *P. brasilianum*, C. V.

Toutes ces espèces sont exclusivement marines.

Comme répartition géographique, les Plectropomes, ainsi que les Serrans, sont surtout des poissons habitant les régions intertropicales; quelques-uns, tels que les *Plectropoma serratum*, C. V., *P. aculeatum*, C. V., *P. nigrorubrum*, C. V., *P. semicinctum*, C. V., *P. annulatum*, Gthr., *P. dentex*, C. V., descendent dans le grand Océan Austral; le *Plectropoma susuki*, C. V., remonte au Japon, c'est-à-dire dans le grand Océan Boréal, mais ces espèces se rencontrent en même temps dans les régions plus chaudes.

Les cinq premiers des poissons énumérés dans le tableau précédent se trouvent sur la côte atlantique du nouveau continent; le *Plectropoma brasilianum*, C. V., un peu plus méridional, est de la même région. Dans le grand Océan Pacifique, on cite les *Plectropoma nigrorubrum*, C. V., *P. semicinctum*, C. V., *P. annu-*

latum, Gthr., *P. dentex*, C. V., *P. aculeatum*, C. V., *P. serratum*, C. V. Les *Plectropoma maculatum*, Bl., et *P. leopardinum*, Lacép., habitent l'océan Indien. Enfin on signale, à la fois sur les deux versants de l'Amérique, les *Plectropoma chloropterum*, C. V., et *P. susuki*, C. V. Ces groupes géographiques correspondent assez exactement à plusieurs des divisions établies dans le tableau d'après les caractères anatomiques; il est possible que quelques-unes de ces espèces ne soient que de simples variétés locales.

Les collections rassemblées par la Commission scientifique ne renferment que deux poissons appartenant à ce genre, les *Plectropoma chlorurum*, C. V., et *Plectropoma chloropterum*, C. V.

1. Plectropoma chlorurum.

(Pl. V, fig. 2, 2 *a*, 2 *b*, 2 *c*.)

Plectropoma chlorurum, Cuvier et Valenciennes, 1828; *Hist. nat. des Poiss.* t. II, p. 406.
? *P. nigricans*, Poey, 1851; *Mem. Hist. nat. de la isla de Cuba*, t. I, p. 71.
? *P. accensum*, Poey, 1851; *Mem. Hist. nat. de la isla de Cuba*, t. I, p. 72.
P. affine, Poey, 1856-1858; *Mem. Hist. nat. de la isla de Cuba*, t. II, p. 427.
P. chlorurum, Günther, 1859; *Cat. Brit. Mus. Fishes*, t. I, p. 167.
P. chlorurum, Poey, 1866; *Rep. fis. nat. de la isla de Cuba*, t. I, p. 266.
P. affine, Poey, 1867; *Rep. fis. nat. de la isla de Cuba*, t. II, p. 157.
Hypoplectrus chlorurus, Poey, 1868; *Rep. fis. nat. de la isla de Cuba*, t. II, p. 290.
? *H. nigricans*, Poey, 1868; *Rep. fis. nat. de la isla de Cuba*, t. II, p. 290.
? *H. accensus*, Poey, 1868; *Rep. fis. nat. de la isla de Cuba*, t. II, p. 290.

D. X, 16; A. III, 7.
Écailles : 10/61/31.

Corps élevé, comprimé, la hauteur étant égale au tiers de la longueur, et l'épaisseur au onzième seulement de cette dernière. La tête occupe les trois onzièmes de la longueur totale. Museau médiocre, compris à peine trois fois dans la longueur de la tête. Bouche peu protractile, le maxillaire s'arrête avant le centre de l'œil au niveau du bord pupillaire antérieur. Dents petites, sauf deux paires en haut vers la partie médiane, qui sont développées en canines, à la mâchoire inférieure les canines sont à peine perceptibles; dents vomériennes en chevron simple, palatines en plaque ovalaire, allongée. Narines reculées, l'antérieure à la réunion des deux tiers antérieurs au tiers postérieur du museau, avec un lobe membraneux attaché au bord supérieur, interne; la postérieure largement béante, rapprochée de l'orbite. Œil relevé contre le chanfrein, occupant les trois onzièmes de la longueur de la tête, l'espace qui sépare les orbites n'étant guère que le sixième de cette même dimension. Préopercule denticulé à son bord montant, les dents rapprochées de l'angle un peu plus fortes, les dents caractéristiques du bord horizontal au nombre de sept à huit, petites, très-faiblement inclinées en avant. Operculaire armé de trois épines plates, équidistantes, la médiane plus saillante que la supérieure et l'inférieure, lesquelles sont de même force et peu visibles. Sous-opercule lisse; interopercule avec quelques légères denticulations à la partie postérieure de son bord inférieur. Lobe membraneux relevé, obtus. Joue, operculaire et sous-opercule écailleux, le reste de la tête sans écailles visibles.

Ligne latérale vers le quart supérieur au point de la plus grande hauteur du corps, parallèle au contour du dos. Anus au milieu de la longueur et à une petite distance de l'anale. Écailles plutôt petites, régulièrement disposées. Surscapulaire avec huit à dix denticules obtus.

Portion molle de la dorsale très-peu plus élevée que la portion dure. Les épines de celle-ci, presque égales, sauf les deux premières, qui sont plus courtes, la troisième, la plus développée, ayant les deux cinquièmes de la longueur de la tête, la première est trois fois moins haute; la base de la dorsale est presque égale à la moitié de la longueur totale. Seconde épine anale mesurant le tiers de la longueur de tête, aussi élevée que la troisième, mais plus robuste, la première plus courte de trois cinquièmes. Caudale occupant environ le cinquième de la longueur totale, à bord postérieur légèrement concave. Pectorales arrondies dépassant l'origine de l'anale; ventrales atteignant seulement ce point.

Parties supérieures de la tête, corps, sauf le ventre, nageoires dorsale et anale d'un violet lie de vin profond; le bord des ventrales de la même teinte plus claire; partie médiane de cette dernière, pectorales, caudale, d'un beau jaune d'or; joues et abdomen teintés de cette dernière couleur.

Écailles des flancs[1] quadrilatères, arrondies aux bords antérieurs et postérieurs, mesurant 2^{mm},3 de long sur 2^{mm},1 de large; foyer petit, reculé, neuf à dix lobes marginaux; spinules nettes, six à huit sur une rangée centripète médiane, quarante-deux à quarante-cinq au bord libre. Les écailles de la ligne ventrale[2] sont sur le même type et franchement cténoïdes; l'une d'elles mesure 1^{mm},6 sur 1^{mm},1; le foyer est central; au bord antérieur se voient sept lobes marginaux; le bord libre porte dix-huit spinules. Écailles de la ligne latérale[3] pentagonales, le bord antérieur formant un angle en face de l'orifice du canal; la longueur était de 2 millimètres, la largeur de 1^{mm},7 sur l'une d'elles; le canal dilaté en avant se rétrécit en un tube plus étroit dans l'aire spinigère, un gros feston saillant se voit en face de l'orifice postérieur, deux ou trois festons plus petits existent de chaque côté; le bord libre porte des spinules très-nettes, au nombre d'une trentaine.

[1] Pl. V, fig. 2 *a*. — [2] Pl. V, fig. 2 *b*. — [3] Pl. V, fig. 2 *c*.

Longueur totale	102mm
Hauteur	34
Épaisseur	9
Longueur de la tête	29
Longueur de la nageoire caudale	22
Longueur du museau	10
Diamètre de l'œil	8
Espace interorbitaire	5

N° 7822 du Catalogue général de la collection du Muséum.

Le *Plectropoma chlorurum* a été décrit avec beaucoup de soin dans l'Histoire des Poissons de Cuvier et Valenciennes, aussi n'existe-t-il dans les auteurs aucun doute sur la valeur de cette espèce depuis cette époque. Cependant, dans le second volume de son ouvrage sur l'histoire naturelle de Cuba, M. Poey, sous le nom de *Plectropoma affine*, l'a signalé comme espèce nouvelle, mais l'identité a été reconnue par cet auteur lui-même dès 1866.

Nous avons cru devoir, à l'exemple de M. Günther, indiquer dans la synonymie deux autres espèces du savant ichthyologiste de Cuba, les *Plectropoma nigricans*, Poey, et *P. accensum*, Poey; ces poissons, et plusieurs autres rappelés ou signalés dans son travail de 1868, devraient peut-être y être réunis : tels sont les *Hypoplectrus indigo*, Poey, *H. bovinus*, Poey, *H. gummi-gutta*, Poey, *H. pinnavaria*, Poey, *H. aberrans*, Poey [1]. Sauf pour ce dernier, des variations de couleur, peu importantes, sont les seules différences signalées. Les *Plectropoma guttavarium*, Poey, *P. puella*, C. V., *P. unicolor*, Bl., sont dans le même cas, et des études ultérieures engageront, croyons-nous, les zoologistes à ne regarder ces animaux que comme de simples variétés d'une même espèce. Il est à remarquer que, d'après l'auteur précité, presque toutes sont confondues par les pêcheurs sous le nom de *Vaca*.

En ce qui concerne le *Plectropoma unicolor*, Bl., nom qui dans ce cas aurait la priorité, bien que l'exemplaire type de Séba se trouve dans les collections du Muséum, l'absence de localité certaine, pour aucun des individus connus, empêche de pouvoir décider la question.

Tous les *Plectropoma chlorurum*, C. V., types de la collection du Muséum, viennent de la Martinique; celui de la Commission scientifique a été donné par M. Bélanger; un autre, envoyé autrefois par M. Plée [2], est sans doute celui qu'ont décrit Cuvier et Valenciennes.

[1] Poey, *Synopsis piscium Cubensium*, p. 290 et 291. (*Rep. fis. nat. de la isla de Cuba*, t. II, 1868.)

[2] N° 7785 du Catalogue général de la collection du Muséum.

2. Plectropoma chloropterum.

(Pl. V, fig. 3, 3 *a*, 3 *b*, 3 *c*.)

? *Epinephelus afer*, Bloch, 1797; *Ichthyol.* IXe part. p. 73, pl. CCCXXVII.
? *Alphestes afer*, Bloch-Schneider, 1801; *Syst. ichthyol.* p. 236.
Plectropoma chloropterum, Cuvier et Valenciennes, 1828; *Hist. nat. des Poiss.* t. II, p. 398.
P. monacanthus, Robert, H. Schomburgk, 1847; *Hist. Barbadoes*, p. 605.
P. chloropterum, Poey, 1851; *Mem. Hist. nat. de la isla de Cuba*, t. I, p. 73, pl. IX, fig. 3.
P. chloropterum, Günther, 1859; *Cat. Brit. Mus. Fishes*, t. I, p. 164.
P. monacanthus, Günther, 1859; *Cat. Brit. Mus. Fishes*, t. I, p. 164.
? *Alphestes afer*, Peters, 1865; *Monatsbericht Ak. Wiss. Berlin*, p. 105.
P. multiguttatum, Günther, 1866; *Proceed. Zool. Soc. of London*, p. 600.
P. chloropterum, Poey, 1866; *Rep. fis. nat. de la isla de Cuba*, t. I, p. 265.
Prospinus chloropterus, Poey, 1868; *Rep. fis. nat. de la isla de Cuba*, t. II, p. 289.
Plectropoma afrum, Günther, 1868-1869; *Trans. Zool. Soc. of London*, t. VI, part. VI, p. 411.
Prospinus chloropterus, Poey, 1871; *Ann. Lyc. Nat. Hist. New-York*, t. X, p. 45.

D. XI, 16; A. III, 9.
Écailles : 13/75/38.

Forme générale relativement lourde, la hauteur étant égale aux trois onzièmes de la longueur totale, la largeur moitié moindre. La longueur de la tête est à très-peu près égale à la plus grande hauteur, le museau très-court en occupe les deux neuvièmes; mâchoire inférieure légèrement saillante; maxillaire supérieur prolongé au point d'arriver presque au niveau du bord orbitaire postérieur. Une paire de dents canines peu développées à la mâchoire supérieure, les autres dents en carde, mobiles; dents vomériennes en chevron, les palatines disposées sur plusieurs rangs, formant une plaque cinq à six fois plus longue que large. Narines rapprochées; l'antérieure vers le dernier quart du museau, entourée d'un repli membraneux, la postérieure relevée, au niveau de la perpendiculaire passant au-devant de l'orbite. Œil grand, tangent au chanfrein, occupant les trois onzièmes de la longueur de la tête; espace interorbitaire près de trois fois moindre. Préopercule légèrement convexe en arrière, armé sur son bord montant de soixante à soixante-dix dentelures, dont les quatre ou six inférieures bifides, croissant assez régulièrement de haut en bas; l'angle se prolonge lui-même en une forte épine courbe, dirigée en avant, le bord inférieur étant absolument lisse; operculaire avec trois épines aplaties, à peu près équidistantes, la mitoyenne la plus développée; lobe membraneux prolongé en pointe aiguë jusqu'au-dessous environ de la quatrième épine dorsale. Tête entièrement couverte d'écailles, sauf les maxillaires et intermaxillaires.

Ligne latérale assez régulièrement parallèle au contour du dos, peu distincte, surtout en avant, les écailles qui la composent étant profondément enfoncées dans le tégument et irrégulièrement développées. Anus vers le milieu de la longueur du corps à une distance sensible de l'anale. Écailles plutôt petites, régulièrement imbriquées.

Nageoire dorsale occupant environ la moitié de la longueur totale et divisée assez également en portion dure et portion molle, bien que la première soit un peu plus longue: les épines sont robustes, la première ne mesure que le septième de la longueur de la tête: les quatrième et cinquième, les plus développées, atteignent les deux cinquièmes de cette même dimension; celles qui suivent diminuent d'ailleurs peu de hauteur, la dixième ayant encore comme dimension absolue 21 millimètres, tandis que la quatrième en mesure 24; la portion molle, à bord libre très-légèrement convexe, a comme hauteur extrême un peu plus que la moitié de la longueur de la tête. Anale longue à la base, d'environ le sixième de la longueur totale; première épine moitié moins haute que la seconde; celle-ci notablement plus forte que les deux autres, mesurant en hauteur à peu près les trois huitièmes de la longueur de la tête; portion molle à bord légèrement convexe et angle postérieur arrondi. Caudale fortement convexe occupant les deux onzièmes de la longueur totale. Pectorales larges, arrondies, se terminant vers le niveau de l'anus; ventrales plus courtes.

La coloration a été donnée par les auteurs de l'Histoire des Poissons, peut-être d'après des notes envoyées avec les individus par Ricord. M. Poey, en 1851, l'a également indiquée. La figure que nous donnons ici[1] montre que ce Plectropome est d'un vert olivâtre assez uniforme avec des marbrures brunes; cette même couleur forme quelques bandes sur les nageoires impaires et des ponctuations sur les pectorales; ces dernières, ainsi que les ventrales, sont plus claires: des ponctuations, d'un beau rouge un peu orangé, existaient sur tout le corps.

Les écailles, comme noyées dans un abondant mucus épidermique, sont moins apparentes que dans beaucoup d'autres espèces. Une écaille des flancs[2] est en quadrilatère allongé, presque ovalaire, elle mesure $5^{mm}.5$ de long sur $3^{mm}.2$ de large: le foyer est longitudinal: dix-neuf festons marginaux occupent le demi-contour antérieur en s'étendant sur les bords latéraux; l'aire spinigère est nulle, à peine indiquée par de faibles vermiculations. Cette forme, ainsi que chez les Serrans[3], peut être considérée comme une modification sénile: on trouve, en effet, d'autres écailles dans lesquelles le foyer petit, circulaire, est central, les festons n'occupent que le bord antérieur, une aire postérieure triangulaire s'étend du foyer au bord libre coupé carrément: il n'y a toutefois point de véritables spinules: dans le voisinage immédiat de la ligne latérale, la forme de ces organes devient souvent irrégulière. Sur la ligne ventrale les écailles[4], réduites à de petites lamelles en ovale allongé de $1^{mm}.7$ sur $0^{mm}.8$, sont couvertes de crêtes concentriques à peine interrompues par deux ou trois sillons centripètes et une aire

[1] Pl. V, fig. 3. — [2] Pl. V, fig. 3 a. — [3] Voyez p. 52. — [4] Pl. V, fig. 3 b.

postérieure vermiculée, rudimentaire. Les écailles de la ligne latérale[1], profondément enfoncées dans l'épiderme, n'existent pas sur chaque rangée transversale, ce qui fait, comme on l'a vu plus haut, que cette ligne elle-même est peu marquée; leur forme est celle d'un triangle allongé, la longueur étant de $4^{mm},4$ sur $1^{mm},8$; le canal, à trois ouvertures, s'étend sur presque toute la longueur de la lamelle; les lobes marginaux sont au nombre de sept, dont un médian, beaucoup plus considérable vis-à-vis l'orifice antérieur du tube.

Longueur totale	215^{mm}
Hauteur	58
Épaisseur	28
Longueur de la tête	60
Longueur de la nageoire caudale	41
Longueur du museau	13
Diamètre de l'œil	16
Espace interorbitaire	6

N° 5412 du Catalogue général de la collection du Muséum.

Le *Plectropoma chloropterum*, C. V., par la disposition des dents de son préopercule, la structure de ses écailles et le nombre des épines de sa nageoire dorsale se distingue facilement de toutes les espèces du même genre : aussi s'explique-t-on que M. Poey l'ait considéré comme devant former une division particulière à laquelle il a donné le nom de *Prospinus*[2].

L'espèce a été parfaitement décrite par Cuvier et Valenciennes, et depuis cette époque il n'existe aucun doute sur son identification.

D'après M. Peters, ce Plectropome est le même que l'*Epinephelus afer* de Bloch, opinion fondée sur l'examen de l'exemplaire original conservé au Musée de Berlin. La figure de l'Ichthyologie et la localité, donnée avec une si grande précision par Bloch, rendent jusqu'ici le rapprochement incertain; bien que plusieurs espèces de poissons, nous n'en pouvons douter, soient communes aux rives atlantiques de l'Afrique et du nouveau continent, on n'a pas encore cependant, à notre connaissance, signalé le *Plectropoma chloropterum*, C. V., dans la partie orientale de cet océan. Toutefois, l'autorité si incontestable de M. Peters conduira très-vraisemblablement plus tard à adopter le rapprochement proposé.

L'exemplaire appartenant à la Commission scientifique du Mexique a été pris à la Jamaïque; d'autres individus de la collection proviennent de Haïti (Ricord), de la Martinique (Plée) et du Brésil (Gay). L'espèce, d'après M. Günther, a une aire d'extension beaucoup plus considérable et descendrait jusqu'aux îles Malouines en même temps

[1] Pl. V, fig. 3 c. — [2] Poey, *Mem. sobre la Hist. nat. de la isla de Cuba*, t. II, p. 388, 1856-1858.

qu'on la rencontre sur la côte de Panama, dans le Pacifique: ces derniers individus avaient d'abord été considérés comme formant un type distinct sous le nom de *Plectropoma multiguttatum*, Gthr.

Genre LUTJANUS, Bloch.

Cuvier, *Règne animal*, 1re édit. t. II, p. 274. 1817.

Percoïdes à ventrales thoraciques; sept rayons branchiostéges; une seule dorsale, avec x ou xi épines[1] et de 12 à 14 rayons; anale avec III épines et 8 à 9 rayons; des dents canines et en velours aux mâchoires; plaques dentaires vomérienne, palatines et souvent linguales distinctes; préopercule dentelé, peu ou point échancré au niveau de l'articulation de l'interopercule; operculaire avec ou sans prolongement aplati ne constituant pas une véritable épine; lèvres ordinairement papilleuses. Écailles médiocrement nombreuses, cténoïdes, polystiques, celles de la ligne latérale à canal ramifié dans l'aire spinigère.

Le genre *Lutjanus* est des plus naturels, et toutes les espèces qui s'y trouvent réunies offrent entre elles des affinités très-évidentes. On ne peut élever d'objections que sur la compréhension du groupe, auquel devraient être joints plusieurs genres voisins, qui s'en distinguent à peine.

Les dents sont celles des Serrans, c'est-à-dire qu'on trouve quelques canines à la partie antérieure de la mâchoire, et en arrière, des dents en carde, ou plus souvent en velours. Dans aucun cas, nous n'avons observé la mobilité de ces organes. La force, le nombre des dents canines peuvent varier suivant les espèces.

Les plaques dentaires buccales ont plus d'importance pour la classification; on n'a noté cependant jusqu'ici aucune différence, quant aux plaques palatines. Il n'en est pas de même de la plaque vomérienne. Déjà M. Günther, à propos du *Lutjanus aurorubens*, C. V.[2], avait insisté sur la forme de cette partie chez ce poisson. On peut, en effet, distinguer deux dispositions principales : ou bien cette plaque est en triangle plus ou moins surbaissé[3], la base peut même être

[1] Excepté *Lutjanus aurorubens*, C. V. — [2] Günther, *Catal. Brit. Mus. Fishes*, t. I, p. 207. 1859. — [3] Pl. V *bis*, fig. 1 *a*.

parfois en angle rentrant, ce qui ramène à la forme en chevron; ou bien elle offre un prolongement postérieur en triangle plus ou moins allongé, donnant tantôt la forme d'un clou, tantôt une forme losangique[1]. Le prolongement postérieur nous a paru subir certains changements de forme suivant l'âge, étant à proportion plus étroit et moins développé chez les jeunes sujets, mais il ne paraît jamais faire complétement défaut là où il existe normalement.

La plaque dentaire linguale, dont M. Knerr[2], le premier croyons-nous, s'est servi pour la classification, ne donne pas, quand elle existe, des caractères aussi précis. Sa forme et sa composition présentent cependant quelques variations. La première se rapproche généralement de celle d'un ovale allongé[3], ou, si l'on veut, d'une semelle. Tantôt elle est constituée par une seule plaque, d'autres fois elle est divisée par une articulation transversale en deux portions, une antérieure et une postérieure; la première peut être dédoublée longitudinalement, comme chez le *Lutjanus dentatus*, A. Dum.; enfin chez le *Lutjanus Vapilli*, Russ., toute la plaque forme une sorte de mosaïque composée d'un grand nombre de petites plaquettes irrégulières. Dans bon nombre d'espèces, les dents linguales font complétement défaut et un point très-important dans la pratique, c'est que cette plaque se développe seulement avec l'âge, comme M. Bleeker[4] en a fait la remarque; il faut donc, pour les déterminations, avoir soin de choisir les individus adultes, mais, dans ce cas, le caractère peut être considéré comme ayant une réelle importance[5].

Les lèvres présentent aussi une particularité à noter. En comparant ces parties avec leurs homologues dans la série des Percoïdes, on voit qu'ici elles sont généralement plus épaisses et toujours chargées de papilles, de villosités, allongées, fines, serrées les unes contre les autres et rappelant assez l'aspect du velours. Le développement n'en est pas toujours le même et pourrait peut-être fournir quelques distinctions spécifiques, si des recherches étaient faites dans ce sens. En tout cas, il est légitime de conclure de cette observation que le toucher labial doit être

[1] Pl. V *bis*, fig. 2 *a*; pl. V *ter*, fig. 1 *a* et 2 *a*.
[2] Knerr. *Reise der Novara. Fische*, p. 30, 1865.
[3] Pl. V *bis*, fig. 2 *a*; pl. V *ter*, fig. 1 *a* et 2 *a*.
[4] Bleeker. *Révision des espèces indo-archipélagiques des genres Lutjanus et Aprion*, p. 4, 1873. — [5] Léon Vaillant, *Sur quelques espèces critiques du genre Lutjanus*. (*Bull. Soc. Philomathique*, nouvelle série, t. XI, p. 53, 1874.)

très-développé chez ces poissons, et l'étude du but physiologique de ces organes sur le vivant présenterait un réel intérêt.

Les pièces operculaires n'offrent que des caractères, on pourrait dire négatifs, par l'absence d'épine à l'angle operculaire, et d'échancrure au préoperculaire chez les véritables Lutjans. M. Bleeker a montré que, dans certaines espèces, l'angle préoperculaire pouvait se développer chez les jeunes sujets en une dent saillante, dent qui disparaît complétement chez l'adulte, et, par conséquent, le genre *Éroplites*, fondé par M. Gill, ne doit pas être conservé. Cette observation, des plus intéressantes, est de nature à faire réfléchir sur l'importance attribuée à certains caractères génériques, regardés jusqu'ici comme ayant une grande valeur, et montre combien l'étude des Poissons doit attendre dans l'avenir de la connaissance des métamorphoses chez ces êtres si difficiles à suivre au milieu de l'élément qu'ils habitent.

Les nageoires sont analogues, dans leur disposition générale, à celles des Serrans. La dorsale unique, peu ou point échancrée à l'union des portions dure et molle, offre, dans la grande majorité des cas, X ou XI épines, et 12 à 14 rayons. Cependant, chez le *Lutjanus aurorubens*, C. V., la formule est : XII, 10 ou 11: il semble qu'un rayon se soit transformé en épine. L'anale a constamment III épines, le nombre des rayons mous ne varie que de 8 à 9; chez le *Lutjanus elongatus*, H. et J., nous avons trouvé, il est vrai, 7 rayons, mais l'exemplaire unique de cette espèce est dans un tel état de conservation, qu'il peut exister des doutes sur ce point. La constance des épines et des rayons, dans une espèce donnée, est d'ailleurs la même et suit l'ordre que nous avons établi à propos des Serrans et des Plectropomes[1]. La caudale est quelquefois fortement concave, à angles prolongés[2], d'autres fois, à peine émarginée[3]; très-rarement, elle est légèrement convexe, car on ne connaît jusqu'ici comme exemple de cette disposition que le *Lutjanus caudalis*, C. V.

Les écailles, appréciées dans leur taille proportionnelle d'après les formules des lignes latérales et transversales, n'offrent pas des variations aussi considérables que chez les Serrans et surtout que chez les Plectropomes. La formule des écailles

[1] Voy. p. 51 et 97. — [2] Pl. V *ter*, fig. 2. — [3] Pl. V *ter*, fig. 1.

de la ligne latérale oscille généralement entre 45 et 56. Le maximum, d'après nos études, se présente chez le *Lutjanus chrysotænia*, Blkr., pour lequel le nombre serait de 63; chez le *Lutjanus griseoïdes*, Guich., nous avons trouvé le chiffre 39, c'est le nombre minimum. Quant à la ligne transversale, le nombre des écailles varie de 7 à 14 au-dessus de la ligne latérale et de 12 à 29 au-dessous.

M. Bleeker, dans un travail que nous avons eu fréquemment déjà l'occasion de citer, a montré[1] tout le parti qu'on pouvait tirer de la disposition des écailles pour la distinction des espèces, en ayant égard, non-seulement à la formule habituellement employée, mais encore au compte de ces organes en séries longitudinales, tant au-dessus qu'au-dessous de la ligne latérale; malheureusement, nous ne savons où a été exposée la méthode pratique employée pour obtenir ces nombres, et, sur des types que le Muséum doit à la générosité de ce savant, nous ne sommes pas parvenus à retrouver exactement ses formules. Il indique aussi des caractères à prendre, soit de la direction des séries d'écailles, tantôt ascendantes, tantôt parallèles au contour du dos, soit de l'écaillure de la tête et du nombre des rangées qui couvrent la joue. Ces recherches, fort intéressantes, ne s'appliquent qu'aux espèces insulindiennes, mais mériteraient d'être étendues à tout le groupe pour bien juger la valeur de ces caractères.

Les écailles, chez les Lutjans, d'après nos recherches portant sur toutes les espèces de la collection du Muséum, au nombre de quarante environ, et sur plus de cinquante individus, sont construites sur un type très-uniforme; nous n'y trouvons pas de variations de l'ordre de celles que nous avons signalées dans quelques-uns des genres précédemment étudiés.

Les écailles des flancs, en quadrilatères réguliers plus ou moins arrondis sur les angles, offrent quant à la position et à l'étendue du foyer des modifications analogues à celles que nous avons déjà signalées; ces modifications, on l'a vu, dépendent de l'âge de l'organe. Les festons marginaux varient en nombre de huit[2] à quatre-vingt-cinq[3], d'après les chiffres que nous avons pu rassembler; cette différence tient à la taille sans doute, mais aussi à l'espèce. C'est ainsi qu'on verra

[1] Bleeker. *Révision des espèces indo-archipélagiques des genres Lutjanus et Aprion*, p. 4, 1873.

[2] *Lutjanus aurorubens*, C. V., n° 6981 du Catalogue général de la collection du Muséum. — [3] *Lutjanus Yapilli*, Russ., n° 8200 du Catalogue général de la collection du Muséum.

plus loin qu'un *Lutjanus aratus*, Gthr., de 92 millimètres, offre à une de ses écailles des flancs dix-sept festons, tandis qu'un *Lutjanus chrysurus*, de 210 millimètres, n'en porte que quatorze. Ces festons occupent non-seulement le bord postérieur, mais encore s'étendent plus ou moins sur les bords latéraux; cependant, on trouve tous les intermédiaires, depuis le cas où un ou deux festons dépassent les angles antérieurs du quadrilatère, jusqu'à celui où ces festons occupent tout le demi-contour. L'aire spinigère est toujours plus ou moins en segment de cercle. Le nombre des spinules du bord libre varie considérablement avec la taille des poissons, et peut-être l'espèce; ces différences sont analogues à celles du nombre des festons et, dans les deux exemples extrêmes cités à ce propos il y a un instant, nous avons trouvé sur l'un quarante, sur l'autre cent quatre-vingt-neuf spinules. Les écailles sont d'ailleurs toujours nettement cténoïdes.

Les écailles de la ligne latérale sont curieuses et d'un type très-uniforme. Le contour en est toujours assez nettement arrondi. Le canal, dans sa portion focale, ne présente rien de particulier, l'orifice antérieur est largement ouvert, et la perforation centrale, constituant l'orifice postérieur, est très-nette; mais, en outre, on voit dans l'aire spinigère un nombre variable de ramifications[1] sur lesquelles les épines font défaut, et qu'on doit considérer sans doute comme des divisions centrifuges du canal principal; seulement, au moins sur le sec, ces ramifications ne forment que des gouttières à concavité tournée en bas et non des tubes complets, comme le canal terminal de la Perche ou des Serrans ordinaires; il est à présumer que, sur le frais, il n'en est pas de même, et que le tube est complété dans sa portion profonde par les parties molles. Ces ramifications, fort apparentes et dont le nombre paraît varier de trois à huit, donnent à ces écailles un aspect tout spécial qui ne permet pas de les méconnaître. Toutefois, ce même type se rencontre dans d'autres genres, tels que les *Etelis*, fort voisins, sinon identiques, aux Lutjans, comme M. Bleeker en a déjà fait la remarque, et également dans d'autres familles; M. Sauvage a rencontré[2] une disposition analogue chez certains Sciénoïdes vrais. Dans une espèce, le *Lutjanus Yapilli*, Russ., sur un individu de grande taille[3], dont une écaille ne mesure pas moins de 10^{mm},4, celle-ci pré-

[1] Voy. pl. V *bis*, fig. 1 c, 2 c; pl. V *ter*, fig. 1 c, 2 c.

[2] *Bull. Soc. Philomathique*. Séance du 14 juillet 1877.

[3] N° 8200 du Catalogue général de la collection du Muséum. Cet individu mesure 400 millimètres.

sente une aire spinigère occupée par une multitude de canaux anastomosés et formant un réseau au lieu de quelques traînées se rendant directement au bord postérieur. C'est la seule espèce qui nous ait jusqu'ici présenté cette particularité. Les festons marginaux ne nous ont montré qu'une différence, dont il nous est impossible jusqu'ici d'apprécier la valeur; dans certaines espèces, un seul feston plus développé que les voisins répondrait à l'orifice antérieur du canal[1], chez d'autres, cette particularité ne s'observe pas[2]. Quant aux spinules, elles se rencontrent toujours, mais n'existent qu'entre les ramifications du canal.

M. Poey[3] a récemment publié un fait d'une très-haute importance en ce qui concerne les organes de la génération chez ces animaux; il aurait constaté sur plusieurs d'entre eux un hermaphroditisme rappelant celui de quelques Serrans.

Par l'ensemble de ces caractères, on voit que les *Lutjanus* se différencient très-nettement des *Serranus*, et la plupart des naturalistes modernes, dans les subdivisions qu'ils ont proposées pour les Percoïdes, les ont, avec raison, placés dans des groupes distincts[4]. Il n'est pas aussi facile de les séparer des *Diacope* et des *Etelis*. Quant aux premiers, bon nombre d'ichthyologistes n'admettent pas la division comme fondée et considèrent les deux genres comme n'en formant qu'un. Il est certain que ces êtres sont très-voisins les uns des autres et, de plus, que l'échancrure profonde du préopercule, qui caractérise les Diacopes, est un fait d'âge; elle manque en effet chez les jeunes individus. On ne doit donc regarder ces groupes que comme des sortes de sous-genres; toutefois, ce caractère étant commode, on pourrait, à ce titre, le conserver provisoirement. Il n'est guère plus facile de distinguer les *Lutjanus* des *Etelis*, mis à tort par Cuvier et Valenciennes avec les Percoïdes à deux dorsales, car, en réalité, ces nageoires sont aussi continues chez ces derniers que chez un grand nombre de Lutjans. M. Bleeker[5] donne pour caractère aux *Etelis* d'avoir la nageoire dorsale non squameuse, tandis que les écailles se prolongent sur elle chez les *Lutjanus*.

Nous avons cru, à l'exemple de M. Poey et de M. Bleeker, devoir abandonner le nom de *Mesoprion*. Dans la première édition du *Règne animal*, Cuvier[6] admit

[1] Pl. V *bis*, fig. 1 c et 2 c.

[2] Pl. V *ter*, fig. 1 c.

[3] Poey. *Ann. Lyc. nat. Hist. New-York*, t. IX, p. 309. 1870.

[4] Bleeker. *Systema Percarum revisum*, p. 5 et 24. 1875.

[5] Bleeker. *ibid.* p. 30. 1875.

[6] Cuvier. *Règne animal*, p. 274. 1817.

le genre *Lutjanus*, emprunté à Bloch, tout en retirant les espèces hétérogènes introduites par cet ichthyologiste; ce groupe renfermait le *Lutjanus Lutjanus*, Bl., *L. brasiliensis*, Bl. Schn., enfin, l'*Alphestes gembra*, Bl. Schn. Dans la seconde édition, le nom de *Mesoprion* fut substitué comme synonyme, semble-t-il, à celui de *Lutjanus*, c'est au moins ce que porte à supposer la note qui s'y trouve jointe[1]; le *Lutjanus Lutjanus*, Bl., aussi bien que l'*Alphestes gembra*, Bl., Schn., se retrouvent dans le nouveau genre. Quelles raisons justifiaient ce changement? Nous manquons d'explications à ce sujet. Un passage de l'Histoire des Poissons[2], qui date à peu près de la même époque, peut seulement faire supposer que ce nom paraissait trop barbare. C'est là un argument inadmissible, dès l'instant qu'on est d'accord sur les types, et il ne peut y avoir aucun doute sur la priorité du nom de Lutjan.

La difficulté que l'on éprouve à limiter le genre *Lutjanus* ne permet pas de se faire encore une idée exacte du nombre d'espèces qu'il peut renfermer; de plus, l'homogénéité très-grande du groupe fait que toutes ces espèces, très-voisines les unes des autres, sont fort difficiles à distinguer. Cuvier et Valenciennes en ont énuméré près d'une cinquantaine. M. Günther, dans son Catalogue de 1859, en retranche un bon nombre, comme formant double emploi ou n'étant pas suffisamment connues pour prendre place dans une énumération systématique; toutefois, avec les types décrits par lui ou divers auteurs et en faisant entrer dans le genre plusieurs espèces placées mal à propos dans des genres voisins, il arrive au total de quarante-cinq espèces. Depuis on en a indiqué quelques autres; on peut donc estimer que le nombre des Lutjans connus aujourd'hui est de quarante à cinquante.

Dans l'arrangement des collections du Muséum, nous avons cru devoir regarder comme distinctes les espèces dont on trouvera l'énumération dans le tableau ci-joint. Nous nous sommes servis de la configuration de la plaque vomérienne pour les partager en deux sections dans le but de rendre simplement plus facile la distinction de ces Poissons, dont les caractères spécifiques sont, nous le répétons, très-délicats à apprécier.

[1] Cuvier, *Règne animal*, p. 143, 1829. — [2] Cuvier et Valenciennes, *Hist. des Poiss.* t. II, p. 439, 1828.

Genre LUTJANUS, Bloch.[1]

Ire SECTION.

Plaque dentaire vomérienne en chevron, ou triangulaire.

a. Langue lisse.

1. *L. annularis*, C. V.
2. *L. malabaricus*, Bl. Schn.[2]
3. *L. Johnii*, Bl.[3]
4. *L. fuscescens*, C. V.
5. *L. monostigma*, C. V.[4]
6**. *L. analis*, C. V.[5]
7. *L. decussatus*, K. et v. H.
8. *L. lemniscatus*, C. V.[6]
9. *L. bitæniatus*, C. V.
10. *L. argenteus*, H. et J.
11. *L. limbatus*, C. V.
12**. *L. aratus*, Gthr.

b. Langue à plaques dentaires nombreuses.

13. *L. Yapilli*, Russ.

c. Langue toujours munie d'une plaque dentaire simple ou double, rarement triple.

14. *L. semicinctus*, Q. et G.
15. *L. bohar*, Forsk.
16. *L. immaculatus*, C. V.
17*. *L. dentatus*, A. Dum.[7]
18**. *L. pacificus*, Boc.
19. *L. Russelli*, Blkr.
20*. *L. cyanopterus*, C. V.

IIe SECTION.

Plaque dentaire vomérienne avec un prolongement postérieur, ce qui lui donne une forme en losange plus ou moins prolongé; plaque linguale dentaire constante.

21. *L. unimaculatus*, Q. et G.
22**. *L. Aubrietii*, Desm.
23. *L. fulviflamma*, Forsk.[8]
24. *L. caudalis*, C. V.
25*. *L. Mahogoni*, C. V.
26*. *L. Ricardi*, C. V.
27. *L. elongatus*, H. et J.
28. *L. erythropterus*, Bl.
29*. *L. aurorubens*, C. V.
30. *L. madras*, C. V.
31*. *L. aya*, Bl.
32*. *L. buccanella*, C. V.

[1] Comme dans les tableaux précédents, les espèces marquées d'un astérique * sont américaines, le signe doublé ** indique celles dont on trouvera plus loin la description.

[2] C'est le *Diacope calveti*, Q. et G., comme le suppose avec raison M. Bleeker. (*Rev. Lutjanus et Aprion*, p. 32, 1873.)

[3] Le *Serranus paroninus*, C. V., est la forme jeune de cette espèce.

[4] Cette espèce nous paraît identique au *Lutjanus lioglossus* de M. Bleeker, d'après la description donnée par cet auteur. (*Rev. Lutjanus et Aprion*, p. 74, 1873.)

[5] En y réunissant les *Lutjanus sobra*, C. V., et *L. Isoodon*, C. V.

[6] M. Bleeker a déjà émis l'opinion (*Rev. Lutjanus et Aprion*, p. 67, 1873) que cette espèce devait être identique à son *Lutjanus melanotænia*; un corps plus élevé, le museau plus aigu, la forme de la plaque vomérienne, la distinguent du *Lutjanus vitta*, C. V.

[7] Un individu, n° 7798 du Catalogue général de la collection du Muséum, et désigné sous le nom de *Mesoprion cynodon*, C. V., appartient certainement à cette espèce; il a été envoyé du Brésil par Delalande. Le *Lutjanus dentatus*, A. Dum., existe donc à la fois sur la côte américaine et la côte africaine.

[8] La comparaison des exemplaires types montre que le *Mesoprion aurolineatus*, C. V., n'est pas distinct de cette espèce.

33. *L. chrysotænia*, Blkr.
34. *L. argentimaculatus*, Forsk.[1]
35**. *L. jocu*, Bl. Schn.[2]
36. *L. vitta*, Q. et G.
37*. *L. vivanus*, C. V.
38. *L. griseoïdes*, Guich.
39. *L. fulgens*, C. V.
40**. *L. chrysurus*, Bl.

Les Lutjans sont essentiellement des poissons habitant les mers intertropicales et, des trois grands océans Indien, Pacifique et Atlantique qui composent celles-ci, le premier est celui où ils sont de beaucoup les plus nombreux, d'après les exemplaires que nous avons pu examiner. Les espèces, qui ne sont représentées que de l'océan Indien dans les collections du Muséum, sont les *Lutjanus malabaricus*, Bl. Schn., *L. Johnii*, Bl., *L. fuscescens*, C. V., *L. monostigma*, C. V., *L. decussatus*, K. et v. H., *L. lemniscatus*, C. V., *L. bitæniatus*, C. V., *L. argenteus*, H. et J., *L. Yapilli*, Russ., *L. bohar*, Forsk., *L. immaculatus*, C. V., *L. Russelli*, Blkr., *L. erythropterus*, Bl., *L. madras*, C. V., *L. chrysotænia*, Blkr., *L. griseoïdes*, Guich. Il convient d'y joindre les *Lutjanus annularis*, C. V., *L. unimaculatus*, Q. et G., *L. fulviflamma*, Forsk., *L. argentimaculatus*, Forsk., *L. vitta*, Q. et G., dont nous possédons des représentants pris dans la Polynésie et l'Australie, mais qui paraissent plus abondants dans l'océan Indien. Quant aux espèces du grand océan Pacifique équinoxial, il y aurait peut-être une distinction à faire entre les espèces qui, comme les *Lutjanus limbatus*, C. V., *L. semicinctus*, Q. et G., *L. caudalis*, C. V., sont polynésiennes et se rattachent à la faune précédente, tandis que d'autres, comme les *Lutjanus aratus*, Gthr., et *L. pacificus*, Boc., habitant les côtes américaines occidentales, se lient à la faune atlantique. Une espèce de cette dernière région, le *Lutjanus jocu*, Bl. Schn., se trouve en effet sur les deux versants; le *Lutjanus Aubrietii*, Desm., serait dans le même cas, d'après M. Günther. Pour les autres espèces, *Lutjanus analis*, C. V., *L. dentatus*, A. Dum., *L. cyanopterus*, C. V., *L. Mahogoni*, C. V., *L. Ricardi*, C. V., *L. aurorubens*, C. V., *L. aya*, Bl., *L. buccanella*, C. V., *L. vivanus*, C. V., *L. fulgens*, C. V., *L. chrysurus*, Bl., nous ne les connaissons jusqu'ici que de l'océan Atlantique. De ces dernières espèces, le *Lutjanus fulgens*, C. V., seul serait particulier à la région orientale de cet océan.

[1] En y joignant les *Mesoprion olivaceus*, C. V., *M. gembra*, Bl. Schn., et *M. tæniops*, C. V. — [2] Voir plus loin la synonymie de cette espèce.

On peut remarquer que, d'après le groupement indiqué dans le tableau, les espèces indo-pacifiques sont les plus nombreuses dans la première section qu'elles composent pour les trois quarts, tandis qu'il y a presque égalité de partage avec les espèces atlantiques dans la seconde.

Si, avec la plupart des auteurs modernes, on réunit les *Diacope* aux *Lutjanus*, la prépondérance des espèces indo-pacifiques comparées aux espèces atlantiques augmente considérablement, aucun type du premier de ces groupes ne se rencontrant dans la seconde région.

Les espèces rapportées par la Commission scientifique du Mexique sont au nombre de six, trois appartenant à la première section, ce sont les *Lutjanus analis*, C. V., *L. aratus*, Gthr., *L. pacificus*, Boc.; les autres, à la seconde, *L. Aubrietii*, Desm., *L. jocu*, Bl. Schn., *L. chrysurus*, Bl.

1. LUTJANUS ANALIS.

(Pl. V *bis*, fig. 1 *a*, 1 *b* et 1 *c*.)

Mesoprion analis, Cuvier et Valenciennes, 1828; *Hist. nat. des Poiss.* t. II, p. 452.
M. sobra, Cuvier et Valenciennes, 1828; *Hist. nat. des Poiss.* t. II, p. 453.
M. Isoodon, Cuvier et Valenciennes, 1833; *Hist. nat. des Poiss.* t. IX, p. 443.
M. analis, Castelnau, 1855; *Anim. rares ou nouveaux de l'Amérique du Sud, Poissons*, p. 4.
M. analis, Poey, 1856-1858; *Mem. Hist. nat. de la isla de Cuba*, t. II, p. 146.
M. analis, Guichenot, 1853; Ramon de la Sagra, *Hist. de l'île de Cuba, Poissons*, p. 22.
M. sobra, Guichenot, 1853; Ramon de la Sagra, *Hist. de l'île de Cuba, Poissons*, p. 22.
M. Isodon, Günther, 1859; *Cat. Brit. Mus. Fishes*, t. I, p. 206.
M. sobra, Günther, 1859; *Cat. Brit. Mus. Fishes*, t. I, p. 209.
M. analis, Poey, 1866; *Rep. fis. nat. de la isla de Cuba*, t. II, p. 266.
M. analis, Poey, 1868; *Rep. fis. nat. de la isla de Cuba*, t. II, p. 294.
Lutjanus analis, Poey, 1871; *Ann. Lyc. nat. Hist. New-York*, t. X, p. 59.

D. X, 14; A. III, 8.
Écailles : 10/54/23.

La longueur de ce Lutjan équivaut environ à trois fois et deux tiers la plus grande hauteur, qui elle-même représente deux fois et demie l'épaisseur: la forme générale est celle des Lutjans types, la ligne ventrale étant presque droite antérieurement, le chanfrein et la ligne dorsale, au contraire, en courbe très-accentuée. Tête égale comme longueur à la hauteur du corps; le museau en occupe les deux cinquièmes. Bouche médiocre; le maxillaire ne dépasse pas sensiblement le bord antérieur de l'orbite; lèvres fortement papilleuses. Dents canines très-courtes, les deux antérieures à chaque intermaxillaire un peu plus développées, écartées; dents vomériennes en chevron[1] étroit; dents palatines en plaques ovalaires; langue lisse. Narines divisant assez exactement en trois parties l'espace préorbitaire: l'orifice antérieur très-petit, arrondi, le postérieur ovale. Œil touchant le chanfrein; son diamètre fait un peu plus du quart de la longueur de la tête et surpasse de près du tiers l'espace interorbitaire, qui n'équivaut pas au cinquième de la longueur de la tête. Premier sous-orbitaire développé, sa hauteur étant très-peu inférieure à la largeur de sa base; la peau, qui le recouvre, plissée sur le bord libre[2]. Préopercule finement denticulé avec un feston élargi peu sensible à son bord postérieur au-dessus de l'angle; interopercule ne présentant qu'une tubérosité surbaissée peu visible; extrémité de l'operculaire mousse. Des écailles sur l'espace post-oculaire supérieur, sept à huit rangées sur la joue, autant sur l'operculaire, neuf à dix écailles en une série simple sur l'interopercule. Ligne latérale suivant régulièrement la courbure du dos, un peu prolongée sur la base de la nageoire caudale. Anus vers la moitié de la longueur totale, à une certaine distance de l'anale. Écailles assez grandes, soixante-quatre rangées au-dessus de la ligne latérale, obliquement montantes vers le dos; rangées ventrales disposées horizontalement. Sur-scapulaire avec une demi-douzaine de dents égales. Nageoire dorsale étendue du niveau de la pointe operculaire à la racine du pédoncule caudal; la plus haute épine, qui est la troisième, comprise un peu plus de trois fois dans la longueur de la tête, plus longs rayons de la portion molle égalant presque la moitié de cette même dimension; le rapport de longueur de la portion dure à la portion molle est environ : : 7 : 5. L'anale dont l'origine est à peu près sous le premier rayon mou de la dorsale se termine un peu avant celle-ci, elle est de même hauteur; entre ses rayons aussi bien qu'entre ceux de la portion molle de la dorsale se voient des rangées d'écailles très-délicates. Caudale concave; pectorales subfalciformes atteignant l'origine de l'anale; ventrales terminées près de l'anus.

La distribution des teintes sur ce Lutjan, d'après l'individu décrit ici, est des plus agréables. La couleur générale du corps à la partie dorsale est un vert à reflets bleu clair; cette dernière teinte, sous certaines incidences, forme des lignes longitudinales. Le dessus de la tête est coloré de la même manière, mais un peu plus sombre. Une dizaine de bandes violacées, plus visibles sur l'individu conservé que sur le frais, descendent de la ligne dorsale et s'étendent, en s'affaiblissant, vers la région ventrale, où elles disparaissent; sur la sixième ou septième de ces bandes, immédiatement au-dessus de la ligne latérale, se voit une tache arrondie d'un noir profond. Le ventre est d'un beau rouge; cette teinte se retrouve à la partie inférieure de la région operculaire, sur les nageoires pectorales, ventrales, surtout anale, et, un peu plus vive, bordant la

[1] Pl. V *bis*, fig. 1 *a*. — [2] Ces plis, peu accusés cependant, ont trompé le dessinateur, qui a figuré des sortes de denticulations.

dorsale et la caudale. La partie moyenne des joues, la dorsale et la base de l'anale sont d'un jaune verdâtre, qui même au-dessous de l'œil, en se mariant aux tons bleus de la partie supérieure de la tête, arrive au vert franc. Iris rouge brun, un peu mordoré.

Écailles des flancs[1] en quadrilatère arrondi, mesurant 4^{mm},3 dans les deux sens; le foyer de celle qui est figurée ici est érodé; on compte seize lobes marginaux, dont huit sur le bord antérieur; aire spinigère étroite, portant une soixantaine de spinules au bord libre sur huit rangs à la partie centrale. Sur la ligne ventrale, les écailles deviennent irrégulièrement ovalaires, à bord libre mince, membraneux, sans spinules distinctes: elles mesurent 2^{mm},4 de long sur 1 millimètre de large. Écailles de la ligne latérale[2] presque circulaires, mesurant 3^{mm},4 sur 3^{mm},2; canal se divisant en trois ou quatre branches dans l'aire spinigère; le demi-contour postérieur porte quatorze festons, celui qui se trouve en face de l'orifice antérieur du canal, triple environ de ceux qui l'avoisinent; bord libre avec des spinules nettes, sauf sur les ramifications du canal, on en compte onze ou douze sur une rangée centripète à la partie centrale.

Longueur totale	198^{mm}
Hauteur	55
Épaisseur	21
Longueur de la tête	56
Longueur de la nageoire caudale	45
Longueur du museau	21
Diamètre de l'œil	13
Espace interorbitaire	10

N° 5216 du Catalogue général de la collection du Muséum.

Le *Lutjanus analis* a été décrit, d'une manière, il est vrai, très-succincte, par Cuvier et Valenciennes, qui n'ont guère insisté que sur la coloration. Cependant, on s'explique mal comment M. Günther[3] a pu être amené à réunir cette espèce avec le *Mesoprion cynodon*, C. V., ce dernier ne présentant pas la tache noire latérale, si caractéristique, d'un grand nombre d'espèces de ce genre. Les auteurs de l'Histoire naturelle des Poissons disent en effet, en décrivant les Mésoprions du nouveau continent, que «les mers d'Amérique fournissent au moins six espèces à tache latérale[4]» et le *Mesoprion analis*, C. V., arrive le quatrième dans l'énumération: à la septième espèce, qui est le *Mesoprion buccanella*, C. V., les auteurs font la remarque expresse[5] qu'il n'y a point de tache sur le côté. Il ne saurait donc y avoir aucun doute à cet égard et

[1] Pl. V *bis*, fig. 1 *b*.
[2] Pl. V *bis*, fig. 1 *c*.
[3] Günther, *Cat. Brit. Mus. Fishes*, t. I, p. 194, 1859.
[4] Cuvier et Valenciennes, *Hist. nat. des Poissons*, t. II, p. 447, 1828.
[5] *Ibid.* p. 456.

d'ailleurs les exemplaires types de la collection du Muséum montrent ce caractère avec la dernière évidence.

M. Poey est l'un de ceux qui ont fait le mieux connaître ce Lutjan et il a donné de fort intéressants détails sur ses mœurs et les différents changements que ce Poisson éprouve avec l'âge. Cet auteur a démontré que le *Mesoprion sobra*, C. V., était l'état adulte du *Lutjanus analis*, C. V.

Nous avons cru devoir réunir aussi à cette espèce le *Mesoprion Isoodon*, C. V.; il ne nous est connu que par le grand exemplaire type, long de 540 millimètres, décrit dans l'Histoire des Poissons. Malheureusement il est empaillé, en sorte que la détermination peut laisser quelques doutes: cependant la formule des nageoires D. X, 13; A. III, 8 (et non D. XI, 15; A. III, 7, comme le dit Valenciennes), la disposition des dents et l'aspect général sont trop ceux des individus adultes du *Lutjanus analis*, C. V., pour que nous nous croyions autorisé à regarder ce Poisson comme formant une espèce distincte.

L'individu décrit ici a été rapporté de la Jamaïque, c'est dans la mer des Antilles que le *Lutjanus analis*, C. V., paraît particulièrement commun; cependant il descend sur les côtes du Brésil: le Muséum en possède deux exemplaires rapportés de cette région, l'un par Delalande[1], l'autre par Gay[2].

2. Lutjanus aratus.

Mesoprion aratus, Günther, 1864; *Proceed. Zool. Soc. London*, p. 145.
M. aratus, Günther, 1868-1869; *Trans. Zool. Soc. London*, t. VI, part VII, p. 413.

D. XI, 13; A. III, 8.
Écailles : 5/49/12.

Nous croyons devoir placer sous ce nom un petit individu acquis de M. Boucard. Le rapport de la longueur totale à la hauteur est : : 11 : 3 et, abstraction faite de la caudale, suivant la méthode adoptée dans ces derniers temps par M. Günther, : : 3 : 1, rapport très-peu plus faible que celui qui est donné par cet auteur. Les autres caractères et les formules sont assez semblables. Les dents vomériennes sont en chevron simple, la langue est lisse. Les rangées d'écailles au-dessus de la ligne latérale paraissent parallèles au contour du dos et les inférieures sont horizontales: il y en a six rangées sur le préopercule.

On distingue fort bien les points blancs sur chaque écaille, formant, surtout au-dessous de la ligne latérale, une série de bandes étroites longitudinales. De plus, cinq ou six larges bandes plus foncées descendent de la ligne dorsale et disparaissent en s'affai-

[1] N° 943 du Catalogue général de la collection du Muséum. — [2] N° 8309 du Catalogue général de la collection du Muséum.

blissant graduellement à la région ventrale. Ces détails sont pris sur l'individu plongé depuis assez longtemps dans l'alcool.

Les écailles sont assez grandes, proportionnellement à la taille du Poisson, construites d'ailleurs sur le type donné pour les Lutjans et, quant à la forme générale, absolument semblables à celles de l'espèce précédente. Une écaille des flancs mesure $3^{mm},8$ dans les deux sens; on compte dix-sept festons marginaux, dont une douzaine environ au bord antérieur: le bord libre porte cinquante-sept spinules, sur sept ou huit en rangée centripète au milieu. Une écaille ventrale est ovalaire, longue de $1^{mm},2$, large de $0^{mm},7$; elle offre un foyer central érodé, deux festons marginaux antérieurs et une aire spinigère membraneuse, transparente, portant en tout une vingtaine de spinules, qui paraissent à demi solidifiées et dont la moitié occupent le bord libre, sans que les pointes le dépassent; toute cette partie semble en voie de développement. L'écaille de la ligne latérale, subcirculaire, tronquée au bord libre, mesure $2^{mm},4$ de long sur $2,2^{mm}$ de haut: il y a onze festons marginaux, peu différents les uns des autres comme dimensions; l'aire spinigère présente deux ramifications bien nettes du canal.

Longueur totale	92^{mm}
Hauteur	25
Épaisseur	11
Longueur de la tête	28
Longueur de la nageoire caudale	18
Longueur du museau	7
Diamètre de l'œil	7
Espace interorbitaire	5

N° 8393 du Catalogue général de la collection du Muséum.

Le *Lutjanus aratus*, Gthr., n'a jusqu'ici été rencontré que sur la côte du Pacifique: l'exemplaire que nous avons étudié vient de Caïmito, localité située près de Chorera, dans les environs de Panama.

Le système de coloration de cet animal, le nombre de ses épines dorsales peuvent surtout le caractériser.

3. LUTJANUS PACIFICUS.

(Pl. III, fig. 2 et 2 *a*.)

Mesoprion pacificus, Bocourt, 1868; *Ann. Sc. nat.* 5e série, t. X, p. 225.

D. X, 14; A. III, 8.

Écailles : 8/49/15.

Ce Poisson a le corps assez élevé, la hauteur est très-peu inférieure au quart de la longueur totale, l'épaisseur n'équivaut qu'au onzième de cette même dimension. La tête, à chanfrein rectiligne obliquement descendant, occupe environ les deux septièmes de la longueur, le museau y entre pour près du tiers; bouche assez largement fendue, le maxillaire s'étendant jusqu'au niveau du tiers antérieur de l'orbite; lèvres fortement papilleuses; plusieurs des dents maxillaires externes très-développées en véritables canines à la mâchoire supérieure; la seconde, à partir de la symphyse, est la plus forte et, sur l'exemplaire ici décrit, n'a pas moins de 8 millimètres de long; il en existe encore huit ou dix beaucoup moins saillantes, plus en arrière; à la mâchoire inférieure on trouve cinq ou six canines de grosseur moyenne; les autres dents maxillaires vomériennes, palatines et linguales, en cardes ou en velours; la plaque vomérienne est en triangle surbaissé, sans prolongement postérieur sensible; plaque linguale allongée, formée de deux pièces, l'antérieure n'ayant guère que le quart de la postérieure. Narine antérieure vers le milieu de la longueur du museau, la postérieure à mi-distance entre la première et l'orbite. Cette dernière n'occupant que les deux onzièmes de la longueur de la tête, l'espace qui les sépare fait un peu plus du septième de cette même dimension. Sous-orbitaire moins haut que large à la base. Préopercule très-finement denticulé, sans feston bien appréciable; operculaire à angle postérieur mousse ne méritant pas le nom d'épine. Tête nue, sauf sur les pièces operculaires, sept ou huit rangs au préopercule, cinq ou six à l'operculaire, quatre ou cinq écailles sur un seul rang au sous-opercule.

Tronc à lignes dorsale et ventrale parallèles sur une assez grande longueur, se rétrécissant assez brusquement au pédoncule caudal. Ligne latérale, située au milieu de la longueur, à peu près au quart supérieur. Anus à la partie médiane du corps. Écailles supérieures en rangées obliquement ascendantes, les inférieures horizontales. Pièce sur-scapulaire avec quatre ou cinq denticules peu marquées.

Dorsale occupant à peu près les deux cinquièmes de la longueur totale, la portion dure est plus développée; épines relativement faibles, la première est égale au tiers de la troisième, qui est la plus longue et équivaut environ aux trois onzièmes de la longueur de la tête, la dernière épine ne paraît pas sensiblement plus développée que l'avant-dernière (la différence est un peu exagérée sur le dessin); portion molle avec une base squammeuse, les écailles se prolongent entre les rayons mous sur le tiers de la hauteur, qui est comprise trois fois dans la longueur de la tête. Anale n'ayant à sa base que le neuvième de la longueur totale; épines plus robustes que celles de la dorsale, mais courtes: la troisième, qui est la plus développée sous ce rapport, n'ayant guère que le cinquième de la longueur de la tête; la portion molle est au contraire plus élevée que la partie correspondante de la dorsale. Caudale occupant le sixième de la longueur totale, faiblement concave, à angles arrondis. Pectorales falciformes, atteignant à peu près le niveau de l'anus; ventrales plus courtes.

Les régions supérieures du tronc et de la tête sont d'un beau vert olive, les régions inférieures d'un rouge de saturne, qui s'étend sur la pectorale et la caudale, les autres nageoires sont verdâtres. On observe sur les parties latérales de la tête une teinte bleue : elle est mélangée de blanchâtre, aussi bien que le rouge des flancs; les ventrales sont sur certains points lavées de jaune. Iris d'un beau jaune, quelquefois brun mordoré.

Les écailles, développées proportionnellement à la taille du Poisson, sont, d'une manière absolue, de grandes dimensions sur l'exemplaire que nous avons étudié. Une écaille des flancs[1] en quadrilatère irrégulier, un peu moins longue que haute, mesure 14^{mm},7 sur 15^{mm},2 ; foyer large, circulaire, central, couvert de vermiculations et de ponctuations irrégulières; on ne compte pas moins de quarante-cinq à soixante-huit festons marginaux, occupant le demi-contour antérieur; sur le bord adhérent, plusieurs des sillons centripètes ne s'étendent qu'à une petite distance de celui-ci et se réunissent deux à deux; aire spinigère en segment de cercle mal limité en avant, le bord postérieur porte de cent vingt-cinq à cent quarante-neuf spinules, sur seize à vingt-deux en profondeur suivant une rangée médiane centripète, mais les six ou sept externes sont seules bien nettes. Une écaille de la ligne ventrale mesure 8^{mm},5 sur 5^{mm},1, sa forme est ovalaire; foyer petit, arrondi, quatorze festons marginaux, huit à dix des sillons centripètes atteignent le foyer; aire spinigère triangulaire portant environ cinquante-cinq spinules au bord libre, on en compte peut-être une trentaine en ligne centripète à la partie médiane, mais ici également les six ou sept externes seules sont nettes. Une écaille de la ligne latérale mesure 9^{mm},5 sur 10 millimètres; le canal est étendu, cylindrique, proportionnellement court : on distingue trois ramifications gagnant le bord libre au travers de l'aire spinigère; le demi-contour antérieur porte quarante et un festons égaux; on ne trouve de spinules qu'entre les ramifications et au-dessus d'elles, il n'y en a point au-dessous, on en compte à peu près une quarantaine en tout sur le bord libre.

Longueur totale	440^{mm}
Hauteur	110
Épaisseur	41
Longueur de la tête	127
Longueur de la nageoire caudale	70
Longueur du museau	44
Diamètre de l'œil	23
Espace interorbitaire	19

N° 5214 du Catalogue général de la collection du Muséum.

Le *Lutjanus pacificus*, Boc., offre de grands rapports avec le *Lutjanus dentatus*, A. Dum. : l'aspect général est le même, les rapports de la hauteur du corps et de la longueur de

[1] Pl. III, fig. 2 *a*.

la tête à la longueur totale, la disposition des dents maxillaires et vomériennes ne diffèrent point, les formules des nageoires et des écailles, la structure de celles-ci sont identiques; mais le corps est plus étroit et le museau plus court, car dans le *Lutjanus dentatus*, A. Dum., la largeur est égale au neuvième de la longueur totale et le museau occupe les trois huitièmes de la longueur de la tête. Ajoutons que, dans cette espèce, les deux exemplaires types, de grande taille, que nous avons pu examiner, nous ont présenté une plaque linguale triple, composée d'une grande pièce postérieure et de deux petites pièces antérieures, arrondies, placées sur une même ligne transversale en avant de la précédente, tandis que le *Lutjanus pacificus*, Boc., intermédiaire pour ses dimensions aux deux *Lutjanus dentatus*, A. Dum., cités, n'a que deux plaques. Malheureusement nous ne possédons qu'un exemplaire[1] du *Lutjanus pacificus*, Boc., et il faut tenir compte des particularités individuelles. Des recherches ultérieures nous apprendront si ces deux espèces ne doivent pas être réunies.

Ce Poisson a été recueilli sur la côte occidentale du Guatemala, à Tawesco

4. Lutjanus Aubrietii.

(Pl. V *bis*, fig. 2, 2 *a*, 2 *b* et 2 *c*.)

Lutjanus Aubrietii, Desmarest, 1823; *Première Décade Ichthyol.* p. 17, pl. II, fig. 1.
Mesoprion uninotatus, Cuvier et Valenciennes, 1828; *Hist. nat. des Poiss.* t. II, p. 449, pl. XXXIX.
M. uninotatus, Guichenot, 1853; Ramon de la Sagra, *Hist. de l'île de Cuba*. *Poissons*, p. 21.
M. uninotatus, Castelnau, 1855; *Expéd. Amér. Sud. Poissons*, p. 4.
M. uninotatus, Poey, 1856-1858; *Mem. Hist. nat. de la isla de Cuba*, t. II, p. 365.
M. uninotatus, Günther, 1859; *Cat. Brit. Mus. Fishes*, t. I, p. 202. (Excl. Syn.)
M. uninotatus, Poey, 1866; *Rep. Fis. nat. de la isla de Cuba*, t. II, p. 266.
M. uninotatus, Poey, 1868; *Rep. Fis. nat. de la isla de Cuba*, t. II, p. 294.
Lutjanus Aubrietii, Poey, 1871; *Ann. Lyceum. Nat. hist. of New-York*, t. X, p. 59.

D. X, 12; A. III, 8.
Écailles, 10/52/18.

La forme générale de ce Poisson est très-analogue à celle du *Lutjanus analis*, C. V.: toutefois, le chanfrein étant plus relevé, la courbe générale du dos paraît un peu moins forte, le museau moins obtus; les proportions des différentes parties sont à très-peu près les mêmes. La bouche est un peu plus grande, les lèvres également papilleuses. Canines intermaxillaires antérieures les plus développées : la plaque dentaire vomérienne avec un talon postérieur est sub-rhomboïdale[2]; langue avec une plaque

[1] Dans la note publiée dans les *Annales des Sciences naturelles* sur cette espèce, il en est cité trois exemplaires. L'examen plus approfondi de ces Poissons nous porte aujourd'hui à en rapporter deux au *Lutjanus jocu*, Bloch-Schneider. Ils sont d'ailleurs un peu trop jeunes pour permettre une détermination précise. (Voir plus loin, page 133.)

[2] Pl. V *bis*, fig. 2 *a*.

dentaire simple allongée, plus large en avant. Narine antérieure un peu plus éloignée de la pointe du sous-orbitaire que la postérieure ne l'est de l'orbite. Œil touchant le chanfrein, son diamètre à peu près égal au quart de la longueur de la tête; espace interoculaire compris plus de six fois dans cette même dimension. Hauteur du sous-orbitaire en son milieu d'un quart au moins inférieure à la largeur de sa base. Préopercule finement denticulé sur son bord montant, avec une échancrure large et peu profonde au-dessus de l'angle inférieur, bord horizontal arrondi avec des denticulations plus fortes en arrière[1], cinq ou six rangées d'écailles sur la joue, six ou sept sur l'operculaire, une de huit écailles sur l'interoperculaire. Anus vers le milieu de la longueur du corps à une certaine distance de l'anale. Écailles assez grandes, soixante-cinq rangées environ au-dessus de la ligne latérale, ascendantes. Sur-scapulaire avec quelques denticules obtuses. La quatrième épine de la nageoire dorsale, qui est la plus haute, deux fois et demie environ dans la longueur de la tête et quadruple de la première épine. Des rangées d'écailles délicates montent sur une partie de la membrane entre les rayons mous, à la dorsale comme à l'anale. Pectorale subfalciforme atteignant l'origine de cette dernière; ventrales courtes terminées un peu avant l'anus.

Parties supérieures d'un beau rouge, passant au rose sur les côtés et devenant blanc sur le ventre et les joues, huit ou neuf lignes d'un jaune d'or s'étendent longitudinalement sur les flancs et se prolongent même sur l'opercule; une tache noire très-distincte immédiatement au-dessus de la ligne latérale, au point d'union des portions dure et molle de la dorsale. Cette nageoire rosée, l'anale et les ventrales blanchâtres toutes bordées de jaune. Caudale et pectorales rouges. Iris d'un carmin vif.

Écailles médiocrement grandes, relativement à la taille du Poisson; elles sont d'ailleurs sur le type habituel chez les Lutjans. Une d'elles prise sur les flancs[2] mesure 5^{mm},2 sur 5 millimètres; on compte une vingtaine de festons marginaux sur le demi-contour antérieur; le bord libre porte environ une soixantaine de spinules, une rangée médiane centripète est composée de sept de celles-ci, les quatre externes seules bien distinctes. Une écaille ventrale mesure 4 millimètres sur 2, elle n'offre qu'un sillon centripète étendu du bord adhérent au foyer, lequel est situé à la réunion des deux tiers antérieurs au tiers postérieur; les spinules sont mal développées sur les parties latérales de l'aire spinigère, mais plus distinctes au centre. Une écaille de la ligne latérale[3] mesure 4^{mm},3 dans les deux sens: le canal est large, renflé et se partage dans l'aire postérieure en quatre ou cinq branches divergentes; le demi-contour antérieur porte un grand feston marginal en face de l'orifice du canal et quatre plus petits de chaque côté; les spinules, comme toujours, n'existent qu'entre les ramifications du canal.

[1] Celles-ci ont été trop accentuées par le dessinateur. — [2] Pl. V *bis*, fig. 2 *b*. — [3] Pl. V *bis*, fig. 2 *c*.

Longueur totale	206mm
Hauteur	58
Épaisseur	23
Longueur de la tête	59
Longueur de la nageoire caudale	44
Longueur du museau	23
Diamètre de l'œil	15
Espace interorbitaire	9

N° 5218 du Catalogue général de la collection du Muséum.

Le *Lutjanus Aubrietii*, Desm., se distingue des autres espèces de la seconde section par la tache noire latérale, qui ne se rencontre que dans les six premières; son museau paraît proportionnellement plus long et plus effilé que sur aucune de celles-ci, sauf peut-être le *Lutjanus unimaculatus*, Q. et G., dont il est très-proche, ne s'en distinguant guère que par la hauteur moins grande du sous-orbitaire et la coloration.

La synonymie de cette espèce, dont Cuvier et Valenciennes ont donné un historique très-complet, présente quelques difficultés. Le *Salpa purpurascens variegata*[1] de Catesby, devenu le *Sparus synagris* de Gmelin[2] et de Bloch-Schneider[3], est trop incomplétement connu pour qu'on puisse admettre réellement cette assimilation; M. Günther ne l'inscrit qu'avec doute. Le même auteur n'admet pas comme démontrée l'identité de cette espèce et du *Sparus vermicularis* de Bloch-Schneider[4]; il doit en être de même du *Dipterodon Plumieri* de Lacépède[5], puisque c'est également sur la figure donnée par le P. Plumier que ces deux espèces ont été établies. Mais, si ces dénominations doivent être rejetées comme douteuses, il n'en est pas de même de celle qu'a proposée Desmarest dans sa première Décade Ichthyologique; quelques caractères, tels que la langue lisse, ne sont pas tout à fait concordants avec ceux que nous avons donnés; toutefois, l'individu qu'il décrit n'ayant que 115 millimètres, on peut voir dans cette différence un fait d'âge; au reste, l'identité n'est pas mise en doute par les auteurs de l'Histoire naturelle des Poissons. Le nom de *Lutjanus Aubrietii* est donc bien celui qui a la priorité.

L'exemplaire appartenant à la Commission scientifique du Mexique a été recueilli à la Jamaïque; la collection du Muséum a reçu ce Poisson de la Martinique par les soins de Plée, de Haïti, par ceux de Ricord, enfin un échantillon a été envoyé de Cuba par Desmarest. Est-ce le type qu'il a décrit? L'espèce descend plus au sud, Orbigny l'a rapportée de Montevideo.

[1] Catesby, *Hist. nat. Carol. Florid. and Bahama Island*, p. 17, pl. XVII, 1771.

[2] Linné-Gmelin, *Systema naturæ*, p. 1275, 1788.

[3] Bloch-Schneider, *Syst. Ichthyol.* p. 275.

[4] *Ibid.*

[5] Lacépède, *Hist. nat. des Poissons*, t. IV, p. 163 et 167.

5. Lutjanus jocu.

(Pl. V *ter*, fig. 1, 1 *a*, 1 *b*, 1 *c*.)

? *Caxis*, Parra, 1787; *Descript. de hist. nat. etc.* p. 14, pl. VIII, fig. 2.
Caballerote, Parra, 1787; *Descript. de hist. nat. etc.* p. 52, pl. XXV, fig. 1.
Jocu, Parra, 1787; *Descript. de hist. nat. etc.* p. 53, pl. XXV, fig. 2.
? *Sparus tetracanthus*, Bloch, 1797; *Ichthyol.* VIII[e] part. p. 93, pl. CCLXXIX.
? *S. caxis*, Bloch-Schneider, 1801; *Syst. Ichthyol.* p. 284.
Anthias caballerote, Bloch-Schneider, 1801; *Syst. Ichthyol.* p. 310.
A. jocu, Bloch-Schneider, 1801; *Syst. Ichthyol.* p. 310.
?. *Cichla tetracantha*, Bloch-Schneider, 1801; *Syst. Ichthyol.* p. 338.
? *Bodianus vivanetus*, Lacépède, 1802 (an x); *Hist. nat. des Poiss.* t. IV, p. 280 et 293, p. IV, fig. 3.
Lutjanus acutirostris, Desmarest, 1823; *Première Décade Ichthyol.* p. 13, pl. ?, fig. 1.
Mesoprion cynodon, Cuvier et Valenciennes, 1828; *Hist. nat. des Poiss.* t. II, p. 465.
M. jocu, Cuvier et Valenciennes, 1828; *Hist. nat. des Poiss.* t. II, p. 466.
M. litura, Cuvier et Valenciennes, 1828; *Hist. nat. des Poiss.* t. II, p. 467.
M. linea, Cuvier et Valenciennes, 1828; *Hist. nat. des Poiss.* t. II, p. 468.
M. griseus, Cuvier et Valenciennes, 1828; *Hist. nat. des Poiss.* t. II, p. 469.
M. flavescens, Cuvier et Valenciennes, 1828; *Hist. nat. des Poiss.* t. II, p. 472.
M. goreensis, Cuvier et Valenciennes, 1828; *Hist. nat. des Poiss.* t. VI, p. 540.
M. cynodon, Guichenot, 1853; Ramon de la Sagra, *Hist. de l'île de Cuba, Poissons*, p. 25.
M. jocu, Guichenot, 1853; Ramon de la Sagra, *Hist. de l'île de Cuba, Poissons*, p. 26.
M. linea, Guichenot, 1853; Ramon de la Sagra, *Hist. de l'île de Cuba, Poissons*, p. 26.
M. griseus, Guichenot, 1853; Ramon de la Sagra, *Hist. de l'île de Cuba, Poissons*, p. 26.
M. jocu, Castelneau, 1855; *Expéd. Amer. Sud, Poissons*, p. 5.
M. jocu, Poey, 1858; *Mem. Hist. nat. de la isla de Cuba*, t. II, p. 365 et 388.
M. griseus, Poey, 1858; *Mem. Hist. nat. de la isla de Cuba*, t. II, p. 365.
M. flavescens, Poey, 1858; *Mem. Hist. nat. de la isla de Cuba*, t. II, p. 365.
M. linea, Poey, 1858; *Mem. Hist. nat. de la isla de Cuba*, t. II p. 365.
Cubera et Caballerote, Poey, 1858; *Mem. Hist. nat. de la isla de Cuba*, t. II, p. 365 et 388.
Mesoprion cynodon, Günther, 1859; *Cat. Brit. Mus. Fishes*, t. I, p. 194. (Retrancher de la synonymie *M. analis*, C.V.)
M. griseus, Günther, 1859; *Cat. Brit. Mus. Fishes*, t. I, p. 194.
M. cynodon, Poey, 1866; *Rep. Fis. nat. de la isla de Cuba*, t. I, p. 268.
M. jocu, Poey, 1865; *Rep. Fis. nat. de la isla de Cuba*, t. I, p. 268.
? *M. litura*, Poey, 1865; *Rep. Fis. nat. de la isla de Cuba*, t. I, p. 269.
? *M. linea*, Poey, 1865; *Rep. Fis. nat. de la isla de Cuba*, t. I, p. 269.
M. griseus, Poey, 1865; *Rep. Fis. nat. de la isla de Cuba*, t. I, p. 269.
? *M. caxis*, Poey, 1865; *Rep. Fis. nat. de la isla de Cuba*, t. I, p. 269.
M. griseus (*acutirostris* Desm.), Poey, 1865; *Rep. Fis. nat. de la isla de Cuba*. t. I, p. 269.
M. griseus, Troschel, 1866; *Archiv. für. Naturgesch.* Ire part. p. 197.
M. Caballerote, Poey, 1867, *Rep. Fis. nat. de la isla de Cuba*, t. II, p. 157.
Lutjanus jocu, Poey, 1868; *Rep. Fis. nat. de la isla de Cuba*, t. II, p. 292.
? *L. caxis*, Poey, 1868: *Rep. Fis. nat. de la isla de Cuba*, t. II, p. 293.
L. Caballerote, Poey, 1868; *Rep. Fis. nat. de la isla de Cuba*, t. II, p. 293.
L. cynodon, Poey, 1868; *Rep. Fis. nat. de la isla de Cuba*, t. II, p. 294.
Mesoprion griseus, Günther, 1868-1869; *Trans. Zool. Soc. London*, t. VI. part VII, p. 385.

D. X, 14; A. III, 8.
Écailles : 7/45/15.

Ce Lutjan est un de ceux dont le corps paraît le plus élevé, la plus grande hauteur étant égale aux deux septièmes de la longueur totale; l'épaisseur fait environ le neuvième de cette même dimension. Le chanfrein descend obliquement en ligne presque droite; la tête, de forme allongée, est à très-peu près égale à la hauteur. le museau en occupe près des deux cinquièmes. Le maxillaire dépasse le bord antérieur de l'orbite, lèvres fortement papilleuses. Deux dents canines en haut, de chaque côté, l'externe très-forte: en bas on en trouve sept ou huit sur chaque dentaire; plaque vomérienne en forme de clou, le prolongement postérieur très-développé et étroit; plaque linguale simple, en ovale allongé[1]. Œil relevé, tangent au chanfrein[2], son diamètre égale le quart de la longueur de la tête; l'espace interorbitaire ne fait que le sixième de cette même dimension. Sous-orbitaire moins haut que large au bord libre. Préopercule faiblement sinueux, denticulé sur le bord montant; operculaire avec une pointe mousse peu visible. Le dessus de la tête et le museau sont nus; on trouve sur le préopercule six rangées d'écailles et autant sur l'operculaire, l'interopercule en présente une rangée de cinq ou six.

La ligne latérale, bien visible, suit le contour du dos, vers le quart supérieur de la hauteur. L'anus est assez exactement au milieu de la longueur totale. Écailles grandes: cinquante rangées environ au-dessus de la ligne latérale, parallèles au contour du dos, celles du ventre horizontales. Sur-scapulaire avec sept à neuf denticules médiocrement saillantes.

Dorsale occupant une longueur égale à peu près aux deux cinquièmes de la longueur totale, la portion dure y entre pour les cinq huitièmes. Épines assez robustes; la première n'a que les trois dixièmes de la troisième, qui est la plus développée et mesure les trois huitièmes de la longueur de la tête; la portion molle a cette même dimension en hauteur. Épines de l'anale robustes, surtout la seconde, dont la hauteur est égale au tiers de la longueur de la tête, portion molle assez courte, arrondie. Caudale légèrement concave, à angles obtus. La base des portions molles des nageoires impaires est fortement écailleuse. Pectorales subfalciformes dépassant l'anus. Ventrales plus courtes n'atteignant pas celui-ci.

La coloration générale est d'un brun rouge, foncé sur les parties dorsales et devenant de plus en plus pâle, à peine rosé à la partie ventrale, quelques teintes blanches se voient sur l'opercule et le museau, un beau bleu colore la partie supérieure de ce dernier. La dorsale, également brun rougeâtre, est bordée de jaune; cette dernière teinte occupe presque toute la hauteur de la portion molle, la caudale et l'anale, dont les

[1] Pl. V *ter*, fig. 1 *a*. — [2] La fig. 1, pl. V *ter*, montre l'œil un peu trop bas.

épines sont très-brillantes: le jaune est mélangé de rougeâtre sur les nageoires paires. Iris d'un blanc argenté.

Comme chez le *Lutjanus pacificus*, Boc., les écailles de ce Poisson sont proportionnellement grandes. Une écaille des flancs[1], en quadrilatère à angles émoussés, mesure $10^{mm},5$ sur 10 millimètres; foyer large, arrondi, plus rapproché du bord libre que du bord antérieur, à surface érodée; le demi-contour postérieur avec seize festons marginaux, le bord libre avec environ cent trente spinules, sur onze ou douze de profondeur au centre, les sept externes seules développées. Une écaille du ventre, de forme irrégulièrement ovale, plus large en arrière, mesure $4^{mm},9$ sur $2^{mm},6$; le foyer est étendu, vermiculé, six festons marginaux en arrière: l'aire spinigère, à demi-membraneuse, ne porte que des spinules en voie de développement assez régulièrement disposées en quinconce, les postérieures dépassent à peine le bord libre. Écaille de la ligne latérale mesurant $6^{mm},4$ sur $5^{mm},8$: canal cylindrique, terminé dans l'aire postérieure par quatre branches divergentes; quatorze festons marginaux subégaux sur le demi-contour antérieur; spinules nettement développées entre les ramifications du canal et en dehors d'elles.

Longueur totale	224^{mm}
Hauteur	65
Épaisseur	26
Longueur de la tête	67
Longueur de la nageoire caudale	45
Longueur du museau	26
Diamètre de l'œil	16
Espace interorbitaire	11

N° 5215 du Catalogue général de la collection du Muséum.

Cette espèce, comprise comme nous croyons devoir le faire, se distingue facilement parmi les Lutjans du second groupe par l'absence de tache noire latérale, de tache axillaire, de lignes ou de bandes de cette même couleur, par son corps relativement épais et le prolongement postérieur très-marqué de sa plaque vomérienne. Sur les individus conservés dans l'alcool depuis quelque temps, le bord libre des écailles, plus foncé, donne un aspect maillé assez caractéristique, que nous n'avons pas rencontré au même degré dans les Poissons analogues.

Quant à la synonymie, d'après l'examen des types de Cuvier et Valenciennes, nous avons été conduit à donner au *Lutjanus jocu*, Bl. Schn., une extension beaucoup plus grande que celle qui est admise par la plupart des auteurs. Dans l'Histoire naturelle des Poissons, les espèces énumérées, il faut le remarquer, ne sont pas toutes présentées

[1] Pl. V *ter*, fig. 1 *h*.

comme ayant une même valeur : les *Mesoprion litura*, C. V., et *M. gorensis*, C. V., sont indiqués comme étant plutôt des variétés du *Jocu*, et le *Mesoprion linea*, C. V., comme en étant l'état jeune. Il en est de même du *Mesoprion flavescens*, C. V., relativement au *Mesoprion griseus*, C. V.; c'est même ce dernier nom que le type portait sur l'étiquette authentique dans la collection, l'épithète de *flavescens* était mise simplement entre parenthèses. Trois espèces seules restent donc, les *Mesoprion cynodon*, C. V., *M. jocu*, Bl. Schn., paraissant correspondre au *Jocu* de Parra, et le *Mesoprion griseus*, C. V., qui serait le *Caballerote* du même auteur. Ces deux espèces sont-elles distinctes? C'est ce qui ne nous paraît démontré ni par les descriptions ni par les exemplaires que nous avons eus sous les yeux. Les différences signalées portent surtout sur la coloration, le *Jocu* ayant une tache blanche sur la joue et des points argentés cerclés de brun sous l'œil; mais, pour ce qui est de ce dernier caractère, déjà Cuvier et Valenciennes ont fait remarquer qu'on trouvait toutes les transitions, depuis une ligne continue jusqu'à des points espacés, ce qui conduit à admettre que ceux-ci peuvent tout aussi bien disparaître. L'un des Poissons étant prohibé sur les marchés comme donnant la maladie bien connue sous le nom de *ciguatera*, tandis que l'autre ne cause jamais aucun accident, n'aurait-on pas été conduit, d'après ce fait frappant, à distinguer comme espèces deux variétés, auxquelles les fonds qu'elles habitent, la nourriture, etc. donnent ces propriétés différentes[1]? On a, il est vrai, signalé quelques caractères distinctifs dans la grandeur de la bouche, la longueur du museau; mais, d'après les types de la collection du Muséum, on ne trouve là rien de suffisant pour justifier la division. Ajoutons, toutefois, que M. Poey, dont la manière de voir dans une semblable question est d'un grand poids, a cru devoir conserver plusieurs de ces espèces.

Parmi les noms proposés, celui de *Lutjanus jocu*, Bl. Schn., doit être choisi de préférence. Le nom de *Sparus tetracanthus*, Bl., est sans doute antérieur; mais on ne peut, avec toute certitude, admettre l'identité d'un Poisson aussi imparfaitement connu et montrant sur la planche des particularités, comme la tache ocellée suroperculaire, qui n'ont jamais été signalées dans notre espèce. Le nom de *Caballerote*, donné par Parra et reproduit par Bloch-Schneider d'une manière absolue, précède, dans l'énumération, celui de *Jocu*; mais, comme il n'a pas été employé jusqu'ici par les auteurs systématiques, il n'y aurait que des inconvénients à le substituer au second, lequel rappelle tout aussi bien le nom de l'auteur qui, le premier, a fait connaître cet animal. Quant au *Caxis* de Parra, nom repris par M. Poey pour une de ses espèces, la figure et la description nous paraissent rendre difficile de savoir à quelle espèce au juste il doit être rapporté.

Jusque dans ces derniers temps, le *Lutjanus jocu*, Bl. Schn., n'était connu que dans

[1] M. Poey a fait paraître un mémoire fort intéressant sur cette singulière maladie. (*Ciguatera, Memoria sobre la enfermedad ocasionada por los Peces venenosos.* — *Rep. Fis. nat. de la isla de Cuba*, t. II, p. 1, 1866.)

l'océan Atlantique; il y avait d'ailleurs une extension très-vaste, puisque le type étant des îles des Antilles et de Cayenne, l'espèce avait été rencontrée également à Bahia, et, par la variété *gorecnsis*, sur les côtes occidentales de l'Afrique, et au cap Vert, d'après Troschel. M. Günther a signalé la variété *griseus*, dans l'océan Pacifique, de la baie de Panama.

La Commission scientifique du Mexique l'a recueilli à la Jamaïque, c'est l'exemplaire décrit et figuré ici. Nous rapportons aussi à cette espèce deux exemplaires du Pacifique, l'un de 116 millimètres, envoyé de Caïmito par M. Boucard, l'autre n'ayant que 95 millimètres, recueilli à Tawesco par M. Bocourt.

6. LUTJANUS CHRYSURUS.

(Pl. V *ter*, fig. 2, 2*a*, 2*b* et 2*c*.)

Acarapitamba, Margraff, 1648; *Hist. nat. Brasiliæ*, p. 155. (Reproduit par Johnston, 1657, *De piscibus*, lib. V, p. 127, pl. XXXIII, fig. 3, et par Willughby, 1686, *Historia piscium*, p. 337, pl. X. 8, fig. 2.)
Colas ou *Corbeau*, Duhamel, 1782; *Trait. gén. des pêches*, IIe part., t. III; sect. IV, c. V, p. 64, pl. XII, fig. 1.
Rabbirubbia, Parra, 1787; *Descripcion de hist. nat. etc.* p. 42; pl. XX, fig. 1.
Sparus chrysurus, Bloch, 1797; *Ichthyol.* VIIIe part. p. 25, pl. CCLXII.
Grammistes chrysurus, Bloch-Schneider, 1801; *Syst. Ichthyol.* p. 187.
Anthias rabirrubia, Bloch-Schneider, 1801; *Syst. Ichthyol.* p. 309.
Sparus chrysurus, Lacépède, 1802 (an x); *Hist. nat. des Poiss.* t. IV, p. 36 et 115.
S. semiluna, Lacépède, 1802 (an x), *Hist. nat. des Poiss.* t. IV, p. 44 et 141; pl. III, fig. 1.
Mesoprion chrysurus, Cuvier et Valenciennes, *Hist. nat. des Poiss.* t. II, p. 459.
M. aurovittatus, Agassiz, 1829; Spix. *Pisc. Brasil.* p. 121, pl. LXVI.
M. chrysurus, Guichenot, 1853; Ramon de la Sagra, *Hist. de l'île de Cuba*, *Poissons*, p. 24.
M. chrysurus, Castelnau, 1855; *Exped. Amer. Sud*, *Poissons*, p. 4.
M. chrysurus, Günther, 1859; *Cat. Brit. Mus. Fishes*, t. I, p. 186.
Mesoprion chrysurus, Poey, 1866; *Rep. Fis. nat. de la isla de Cuba*, t. I, p. 267.
Ocyurus chrysurus, Poey, 1868; *Rep. Fis. nat. de la isla de Cuba*, t. II, p. 295.

D. X, 13; A. III, 9.
Écailles : 10/49/18.

Ce Poisson est l'un des plus allongés du groupe, et, sous ce rapport aussi bien que par son facies général, rappelle les *Etelis* proprement dits; la hauteur n'équivaut guère qu'aux deux neuvièmes, l'épaisseur au onzième de la longueur totale. La tête est égale à peu près à la hauteur; sa crête occipitale est très-saillante, le maxillaire atteint à peine le bord orbitaire; les dents sont relativement faibles, celles du vomer forment une plaque claviforme, avec un prolongement postérieur étendu[1]; la plaque linguale, de forme ovalaire, est divisée en deux parties inégales par un trait transversal; l'œil,

[1] Pl. V *ter*, fig. 2 *a*.

assez grand, occupe le quart de la longueur de la tête; l'espace interorbitaire lui est à très-peu près égal. Le préopercule est arrondi et très-légèrement sinueux au-dessus de l'angle; il porte quatre ou cinq rangées d'écailles, il en existe autant à l'operculaire et sept ou huit peu distinctes, sur un seul rang, à l'interopercule.

L'anus est plutôt un peu en avant du milieu de la longueur du corps. Les écailles, au-dessus de la ligne latérale, sont en rangées ascendantes, les inférieures horizontales. Le sur-scapulaire porte une dizaine de fines denticules.

La dorsale occupe le tiers de la longueur totale; les épines sont faibles, la quatrième est la plus élevée et mesure les trois huitièmes de la longueur de la tête. L'anale ne mesure que le neuvième de la longueur totale, ses épines sont également faibles, la troisième est la plus longue et équivaut au quart de la longueur de la tête. Caudale fortement échancrée et à angles prolongés (l'individu figuré est un de ceux sur lesquels cette élongation était le moins forte), elle fait environ les trois onzièmes de la longueur totale. Les pectorales sont falciformes, atteignant le niveau de l'anus; les ventrales s'arrêtent avant ce point.

La coloration, assez variable suivant les individus, d'après les détails donnés par Cuvier et Valenciennes, était, sur l'exemplaire décrit ici, d'un bleu mélangé de verdâtre à la partie supérieure de la tête et du dos, les joues et le ventre offraient une teinte rosée; la large bande d'un jaune vif, si caractéristique, est étendue de la caudale à l'œil et se prolonge un peu sous celui-ci; cette même coloration, moins vive, forme une demi-douzaine de bandes plus étroites sur le ventre et s'étend sur toutes les nageoires, particulièrement la caudale, qui présente, en outre, une teinte rougeâtre bordant les parties supérieures, inférieures et postérieures; le museau est pâle, le battant operculaire bordé de bleuâtre. Iris varié de bleu et de rouge.

Écailles médiocrement développées. Une d'elles prise sur les flancs[1] mesure 4mm.6 dans les deux sens; foyer tantôt petit, subcentral, tantôt large, érodé; quatorze festons marginaux sur le demi-contour antérieur, quatre-vingt-dix spinules environ au bord libre, seize de profondeur au centre, dont les dix rapprochés du foyer paraissent en voie de développement ou de résorption. Écaille ventrale ovalaire, foyer de même forme, occupant près de la moitié du diamètre antéro-postérieur; quatre festons marginaux, aire spinigère irrégulièrement elliptique, à spinules distinctes. Une écaille de la ligne latérale[2], irrégulièrement arrondie, mesure 3mm.7 sur 3mm.3; le canal est presque cylindrique, n'offrant que deux ou trois branches divergentes postérieures; les festons qui occupent le demi-contour postérieur sont au nombre de treize ou quatorze, celui qui répond à l'orifice antérieur du canal est à peu près double des autres en largeur[3]; spinules bien distinctes entre les branches divergentes du canal.

[1] Pl. V *ter*, fig. 2 *b*. — [2] Pl. V *ter*, fig. 2 *c*. — [3] Le dessinateur a placé à tort un sillon centripète tombant dans l'orifice du canal, ce sillon n'existe pas en réalité.

Longueur totale	210^{mm}
Hauteur	47
Épaisseur	19
Longueur de la tête	50
Longueur de la nageoire caudale	58
Longueur du museau	19
Diamètre de l'œil	12
Espace interorbitaire	11

N° 5217 du Catalogue général de la collection du Muséum.

Le *Lutjanus chrysurus*, Bl., caractérisé par sa bande jaune longitudinale et la caudale fortement concave, à angles prolongés, ne peut être confondu avec aucune autre espèce, surtout si elle est identique au *Mesoprion aurovittatus* d'Agassiz, ce qui nous paraît probable, bien que M. Poey ait émis une opinion contraire.

La forme de la nageoire postérieure a paru à M. Gill fournir un caractère d'une importance suffisante pour l'autoriser à créer un genre nouveau, le genre *Ocyurus*[1]. Cette manière de voir est tout à fait inadmissible, et cette particularité ne peut être considérée que comme un caractère spécifique.

C'est dans la mer des Antilles seulement que l'espèce a été rencontrée jusqu'ici; l'exemplaire qui nous a servi de type vient de la Jamaïque.

GENRE CENTROPRISTIS, Cuvier.

Cuvier, *Règne animal*, t. II, p. 145, 1829.

Percoïdes à ventrales thoraciques; sept rayons branchiostèges; une seule dorsale, occupant une grande partie de la longueur du dos et composée de x épines, avec 12 rayons mous au plus; mâchoires munies de dents en velours, les canines étant nulles ou médiocres; plaques dentaires vomériennes et palatines distinctes; préopercule dentelé, operculaire avec trois épines plus ou moins saillantes. Écailles nombreuses, cténoïdes, polystiques.

Cette caractéristique du genre, empruntée à Cuvier, est complétée avec celle qui a été admise par M. Günther dans son Catalogue des Poissons du Musée Britannique[2]. En la comparant à celle que nous avons donnée du genre *Serranus*, on peut reconnaître combien sont étroits les rapports à établir entre les deux genres

[1] Gill. *Remarks on the relations of the genera and other groups of Cuban Fishes.* (*Proc. acad. Philad.*, p. 237, 1862.) — [2] Günther. *Catal. of the Fishes in the British Museum*, t. I, p. 82.

Les différences reposent en effet exclusivement sur la composition de la nageoire dorsale et la nature des dents qui arment les mâchoires.

En ce qui concerne la première, tandis que chez les Serrans le nombre habituel des rayons est de IX ou XI, il est toujours de X chez les Centropristes; mais ce caractère, chez les premiers, est loin d'être absolu, car, sans tenir compte du *Serranus Courtadei*, Boc., décrit plus haut[1], qui constitue une exception unique jusqu'ici dans le groupe des Mérous, toutes les espèces des deux premiers sous-genres[2] présentent ce même nombre. Les rayons mous de la même nageoire ont plus de constance dans leur nombre, et, chez tous les Serrans, on trouve plus de douze rayons mous, tandis que chez les Centropristes c'est le chiffre maximum[3]. Seulement, après ce que nous avons dit sur la variabilité de ces rayons dans une même espèce[4], on est en droit de douter que cette particularité puisse être invoquée comme caractère générique.

La différence de dentition est le point sur lequel Cuvier a insisté pour justifier la distinction, puisque, dit cet auteur, « les Centropristes ont tous les caractères des Serrans, excepté qu'ils manquent de canines. » Or il est aisé de se convaincre, par l'examen des types mêmes de Cuvier et Valenciennes, combien ce caractère est, dans la pratique, d'une appréciation difficile. Sur des types extrêmes, la distinction se voit nettement sans doute, ainsi le *Centropristis atrarius*, Lin., comparé au *Serranus scriba*, Lin., offre une dentition toute différente; mais, pour d'autres poissons, on peut se trouver fort embarrassé : c'est ainsi que les *Serranus bivittatus*, C. V., *S. radialis*, Q. G., *S. radians*, Q. G., *S. fascicularis*, C. V., *S. Conceptionis*, C. V., *S. hepatus*, L. Gml., *S. flavescens*, C. V., placés par Cuvier et Valenciennes avec les Serrans du type du *S. scriba*, deviennent des *Centropristis* et, croyons-nous, avec raison, pour M. Günther. D'ailleurs, à priori, on peut se demander si chez ces Percoïdes le plus ou moins de longueur des dents a en réalité une bien grande importance physiologique; le régime, en somme, est

[1] Voy. p. 80.

[2] Voy. p. 49 et 67.

[3] En se reportant au Catalogue de M. Günther, l'ouvrage général le plus complet à l'heure actuelle sur l'Ichthyologie, on peut remarquer quelques exceptions, telles que les *Serranus filamentosus*, C. V., *S. zonatus*, C. V., et *S. limbatus*, C. V., ayant pour formule de la dorsale X, 11 : mais les deux premières espèces nous paraissent devoir être rapportées au genre *Etelis*, et la dernière au genre *Lutjanus*. Au contraire, le *Serranus tigrinus*, qui a pour formule X, 12, est plutôt un *Centropristis*.

[4] Voy. p. 51.

toujours le même et le plus ou moins de longueur de ces organes ne peut avoir d'importance qu'au point de vue du volume et de la vigueur de la proie, leur but étant uniquement de retenir celle-ci, puisqu'ils ne peuvent servir ni à la diviser ni à la dilacérer.

Quant à la considération des écailles, elle ne nous fournit aucun caractère différentiel soit dans leur nombre soit dans leur forme. Ces organes[1], d'après les exemplaires nombreux de la collection du Muséum, sont construits sur le type des écailles des Serrans proprement dits[2], c'est-à-dire franchement cténoïdes, polystiques, tant sur le corps qu'à la ligne latérale, et, pour cette dernière, à canal prolongé en tube simple dans l'aire spinigère.

En somme, les Centropristes montrent les affinités les plus grandes avec les Serrans proprement dits et en sont plus voisins que ces derniers ne le sont des Mérous, ce qui conduit à admettre, avec plusieurs auteurs modernes, qu'il conviendrait d'élever au rang de genre les *Epinephelus*, en réunissant d'autre part les *Centropristis*, les *Serranus s. str.* et les *Paralabrax* en un seul groupe.

Une seule espèce, assez curieuse par son apparence extérieure, fait partie des collections de la Commission scientifique du Mexique, c'est le *Centropristis luciopercanus*, Poey.

CENTROPRISTIS LUCIOPERCANUS.

(Pl. V, fig. 1, 1 *a* et 1 *b*.)

Serranus luciopercanus, Poey, 1851 : *Mem. Hist. nat. de la isla de Cuba*, t. I, p. 56 et 59, pl. IX, fig. 1.
Centropristis luciopercanus, Günther, 1859 ; *Cat. Brit. Mus. Fishes*, t. I, p. 84, n° 7.
C. luciopercanus, Steindachner, 1866 ; *Zool. Bot. Gesells. Wien*, t. XVI, p. 777.
Mentiperca luciopercanus, Poey, *Rep. Fis. nat. de la isla de Cuba*, t. II, p. 281.

D. X, 12 ; A. III, 7.
Écailles, 11/68/29.

L'épithète donnée par M. Poey à ce poisson exprime fort bien son facies particulier, la forme de son corps et surtout l'aplatissement du museau, rappelant, jusqu'à un certain point, l'apparence du brochet. La longueur totale est environ quintuple de la plus grande hauteur et neuf fois supérieure à l'épaisseur. La tête fait les trois dixièmes de la longueur totale, la mâchoire inférieure est fortement saillante, le museau entre

[1] Pl. V, fig. 1 *a* et 1 *b*. — [2] Voy. p. 52.

pour un tiers dans la longueur de la tête et l'œil en occupe les deux septièmes: l'espace interorbitaire, beaucoup plus petit, équivaut au septième de cette même dimension. Le préopercule est en angle faiblement ouvert et arrondi au sommet, de fines denticulations occupent tout le bord montant et la majeure partie du bord inférieur, elles sont un peu plus fortes à l'angle: le bord de l'interopercule ne paraît pas denticulé, celui du sous-opercule l'est visiblement: l'angle postérieur de l'operculaire porte trois épines aplaties, la supérieure peu distincte et mousse. La nageoire caudale est fortement concave.

La coloration générale est d'un violet vineux nuagé de brun rougeâtre, celui-ci assez foncé sur la partie dorsale, les bords supérieur et inférieur de la queue, les flancs; en ce dernier point, cette teinte prend même l'aspect de bandes étroites transversales: la portion dure de la nageoire dorsale a la même coloration, la portion molle et les autres nageoires sont d'un beau jaune, qui se retrouve sur la partie inférieure de la joue et de la bouche. Iris bleuâtre et doré.

Écailles plutôt petites: celles des flancs quadrilatères, l'une d'elles[1] mesure 2mm,2 de long sur 1mm,8 de haut: les festons n'occupent que le bord antérieur; l'aire spinigère, nette, présente au bord libre une cinquantaine de spinules saillantes formées par les deux rangs externes, les autres étant incomplètement développées. Une écaille de la ligne latérale[2] est irrégulièrement ovoïde, avec un canal à triple ouverture dont la partie postérieure parcourt toute l'aire spinigère; le feston répondant à l'orifice antérieur est plus développé que les autres, ici également les spinules des deux rangs externes sont seules complètes.

Longueur totale	150mm
Hauteur	32
Épaisseur	16
Longueur de la tête	44
Longueur de la nageoire caudale	24
Longueur du museau	15
Diamètre de l'œil	13
Espace interorbitaire	6

N° 6972 du Catalogue général de la collection du Muséum.

Le *Centropristis lucioperanus* a été décrit et figuré pour la première fois par M. Poey. M. Steindachner a depuis représenté ce poisson fort exactement. Ni l'un ni l'autre de ces auteurs n'ayant indiqué la coloration, nous avons regardé comme utile d'en donner une nouvelle figure.

[1] Pl. V, fig. 1 a. [2] Pl. V, fig. 1 b.

M. Gill[1], prenant en considération la saillie de la mâchoire inférieure et le petit nombre des cœcums pyloriques, a cru devoir former pour cette espèce le genre *Mentiperca*, adopté par M. Poey dans ses derniers travaux[2]. Ces caractères, le premier surtout, n'ont évidemment pas une valeur suffisante pour justifier cette manière de voir.

L'exemplaire appartenant à la collection du Muséum a été donné par M. Bélanger et provient de la Martinique.

Genre MICROPTERUS, Lacép.

Lacépède, *Hist. nat. des Poissons*, t. IV, p. 324, an x (1802).

Percoïdes à ventrales thoraciques; six ou sept rayons branchiostéges, une seule dorsale, occupant la plus grande partie de la longueur du dos, avec la portion épineuse munie normalement de dix épines; anale présentant trois épines croissant en longueur de la première à la troisième et à peu près d'égale force; toutes les dents en velours; préopercule à bord lisse, angle operculaire en pointe arrondie ne formant pas une véritable épine. Écailles médiocrement nombreuses, cténoïdes, polystiques.

Ce genre, ainsi délimité, ne comprend qu'un petit nombre d'espèces propres aux cours d'eau de l'Amérique septentrionale. Nous admettons, avec M. Günther, que le *Grystes macquariensis*, C. V.[3], doit former un genre à part, le genre *Oligorus*[4], qui se distinguerait par le petit nombre de ses appendices pyloriques, à quoi il faut ajouter, comme caractère de moindre importance, la dimension des seconde et troisième épines anales, presque d'égales longueurs, et la force des dents extérieures de l'intermaxillaire, lesquelles, sans être de véritables canines, ne peuvent cependant être regardées comme des dents en velours[5].

[1] Gill. *Relations of the genera and others groups of Cuban fishes* (*Proceed. Acad. nat. sc. Philad.* 1862, p. 236).

[2] Poey «Genres des Poissons de la faune de Cuba appartenant à la famille *Percidæ*» (*Ann. Lyceum Nat. Hist. of New York*, t. X, p. 54).

[3] La seconde espèce citée par M. Günther, l'*Oligorus gigas*, Owen, se rapporte au genre *Polyprion*.

[4] Günther. *Catal. Brit. Museum. Fishes*, t. I, p. 251, 1859.

[5] Nous n'osons nous prononcer sur le *Grystes lanulatus*, Guich. (pour lequel M. Steindachner a créé le genre *Pikea*). L'état de conservation de l'exemplaire unique que possède le Muséum rend difficile de se faire une idée nette de ses affinités.

Les écailles sont cténoïdes, mais en général les spinules sont ou rudimentaires ou incomplétement développées; les variations que nous avons pu saisir sont les suivantes. Tantôt les spinules ne sont nettement calcifiées que sur une zone plus ou moins étroite bordant la portion libre de l'écaille, et le reste de l'aire spinigère n'est qu'indistinctement hispide[1]. Cette zone peut se réduire sur ses parties latérales et n'occuper que l'extrémité de l'écaille[2]. D'autres fois le bord libre est sans spinules et celles-ci ne se rencontrent que vers le foyer, dans un espace triangulaire formant la partie centripète d'un secteur; c'est sur le *Micropterus variabilis*, Lesueur, que nous avons particulièrement observé cette disposition. Enfin, les spinules peuvent être à peine perceptibles et il faut y regarder de bien près[3] pour ne pas croire les écailles acténoïdes. Les écailles de la ligne latérale sont toujours dépourvues de spinules, leur canal est à deux ouvertures comme chez les Centropomes[4].

Ces variations, auxquelles on serait tenté d'attribuer une certaine valeur dans la distinction des espèces, ne nous ont malheureusement pas présenté une assez grande constance pour pouvoir être mises en usage, les observations devraient porter sur un plus grand nombre de sujets que ceux que nous avons eus à notre disposition; cela dépend peut-être même du développement de ces organes.

La dénomination de *Micropterus* doit être adoptée préférablement à celle de *Grystes*, établie par Cuvier dans son *Règne animal*[5], ou à celle de *Dioplites*, Rafinesque, reprise par M. Girard[6]. C'est sans doute une application en quelque sorte exagérée du droit de priorité, car les caractères du genre sont très-imparfaitement donnés par Lacépède et la dénomination même est fondée sur une anomalie évidente; cependant, l'individu type étant parfaitement connu, il peut y avoir avantage à reprendre ce nom, comme l'ont déjà fait plusieurs auteurs contemporains[7].

S'il est ainsi possible de limiter le genre, il n'est pas aussi aisé d'en distinguer les différentes espèces, lesquelles, aujourd'hui comme à l'époque où l'écrivait

[1] Pl. IV, fig. 2 *b*.

[2] Pl. IV, fig. 3 *b* et 5 *b*.

[3] Pl. IV, fig. 4 *b*.

[4] Pl. IV, fig. 2 *a*, 3 *a*, 4 *a* et 5 *a*.

[5] Cuvier, *Règne animal*, t. II, p. 145, 1829. — Cuvier et Valenciennes, *Histoire des Poissons*, t. III, p. 54, 1829.

[6] Girard, *U. S. and Mex. Boundary Surv. Ichthyol.* p. 3.

[7] Bleeker, *Systema percarum*, p. 15, 1875. — D. S. Jordan, *U. S. Fishes*, p. 236, 1878.

L. Agassiz, sont excessivement difficiles à caractériser[1]. Au premier abord, on reconnaît sans peine plusieurs types, en ayant égard aux proportions du corps, au nombre des écailles et à diverses autres particularités; mais si on examine un certain nombre d'individus, les différences s'atténuent par des transitions graduelles.

Pour chercher à rendre le fait plus évident, nous avons rassemblé dans un tableau les principales mensurations prises d'après les exemplaires de la collection du Muséum. Les quatre premières colonnes se rapportent à la détermination et à l'origine des poissons étudiés. La cinquième donne la longueur totale de chacun d'eux exprimée en millimètres. Les sept suivantes sont relatives aux dimensions de différentes parties du corps rapportées soit à la longueur totale, soit à la longueur de la tête; les chiffres, pour faciliter la comparaison, expriment le rapport en centièmes. Dans quatre colonnes sont ensuite placés les nombres relatifs aux formules des écailles et de quelques nageoires; enfin dans une cinquième le signe + ou o indique les espèces présentant ou ne présentant pas de dents linguales. Les chiffres manquent pour certaines dimensions à quelques exemplaires, l'état de conservation n'ayant pas permis de les mesurer avec une suffisante exactitude. (Voir le tableau, pages 142, 143.)

D'une manière générale, le *Micropterus variabilis*, Lesueur, a le corps le plus élevé et le *Micropterus salmoides*, Lacép. le plus bas, les *Micropterus nuecencis*, Grd. et *Micropterus Dolomieu*, Lacép., étant intermédiaires sous ce rapport. L'épaisseur donne des différences peu sensibles; on sait d'ailleurs que ces variations, pouvant dépendre de la saison et du sexe, leur importance est moindre dans des espèces aussi voisines. La longueur de la tête rapportée à la longueur totale donne les nombres extrêmes 29 et 25, peu différents l'un de l'autre et qui de plus se rencontrent tous deux sur une des espèces, la mieux caractérisée peut-être, le *Micropterus nuecensis*, Grd. Le museau et la largeur de l'espace interorbitaire varient dans une assez grande mesure, 35 et 26 pour l'un, 29 et 20 pour l'autre; mais il y a mélange entre les différentes espèces que nous croyons pouvoir distinguer, en sorte qu'il est assez difficile d'en faire emploi.

L'écart considérable que présente la formule de la ligne latérale est un des faits les plus importants, comme indiquant la distinction nécessaire de plusieurs

[1] Agassiz, *Silliman's Amer. Journ.* 2e sér. t. XVII, 1854, p. 297.

Genre MICROPTE[...]

ÉTUDE COMPARATIVE DES EXEMPL[...]

NUMÉROS du CATALOGUE général de la collection du Muséum.	NOMS SPÉCIFIQUES.	DONATEURS.	LOCALITÉS.	LONGUEUR TOTALE.	RAPPORT À LA LONGUEUR TOTALE supposée 100 :			
					HAUTEUR.	ÉPAISSEUR.	LONGUEUR de la tête.	LONG[...] de la [...]
5400	M. NUECENSIS, Grd.	Trécul.	San Antonio de Bexar (Texas).	300mm	24	11	28	
A.543	*Idem.*	Marcou.	New-York.	248	26	11	25	
312	*Idem.*	Smith. Instit.	Nueces (Texas).	163	23	12	29	
5398	M. SALMOIDES, Lacép.	Trécul.	Leona (affluent du Nueces).	250	20	9	29	
2843	*Idem.*	Holbrook.	Caroline du Sud.	360	23	11	29	
5401	*Idem.*	Trécul.	Leona (affluent du Nueces).	430	22	12	29	
A.151	*Idem.*	Lesueur.	Wabash.	430	24	14	26	
A.453	M. VARIABILIS, Lesueur.	*Idem.*	*Idem.*	176	?	?	27	
A.542	*Idem.*	Zadock-Thompson.	Lac Champlain.	310	27	11	26	
A.541	*Idem.*	Marcou.	New-York.	420	28	12	26	
2871	*Idem.*	Lamare-Picquot.	Saint-Laurent.	280	26	11	26	
5243	M. DOLOMIEU, Lacép.	?	?	250	25	12	26	
5399	*Idem.*	Milbert.	New-York.	270	20	10	26	

types, puisque cette formule peut varier de 60 à 86. Il existe, il est vrai, un grand nombre d'intermédiaires, dont le tableau peut faire juger au premier coup d'œil. La formule de la ligne transversale suit une marche analogue, puisque au-dessus de la ligne latérale les chiffres varient de 7 à 11, et au-dessous, de 15 à 30. Il est aussi important de remarquer que la progression dans les deux formules est la même, c'est-à-dire que les écailles sont beaucoup plus petites pour les espèces citées les premières dans le tableau que pour les suivantes.

Quant aux formules des nageoires, la seule exception constatée pour les épines de la dorsale sur le premier exemplaire doit être considérée comme une anomalie[1]. Les rayons mous ne nous donnent que des différences peu significatives.

Enfin les dents linguales, par leur présence ou leur absence, fournissent un

[1] Le nombre des rayons durs de la dorsale ayant d'ordinaire chez les Percoïdes une grande constance, on avait cru trouver là un caractère spécifique suffisant, d'où le nom de *Dioplites Treculii*, imposé d'abord à cet individu, nom qui se trouve à tort dans l'explication de la planche IV.

…pède.

…A COLLECTION DU MUSÉUM.

[…]	RAPPORT À LA LONGUEUR DE LA TÊTE supposée 100 : diamètre de l'œil.	espace interorbitaire.	LIGNE LATÉRALE.	LIGNE TRANSVERSALE.	FORMULE de la NAGEOIRE dorsale.	NOMBRE des RAYONS de la nageoire anale.	DENTS LINGUALES.	OBSERVATIONS
30	18	23	60	7/17	IX, 12	10	2	Var. Trécul.
25	17	28	60	8/20	X, 12	9	[illegible]	
27	19	20	62	8/19	X, 12	11	[illegible]	En égard au donateur, on peut considérer ces animaux comme des types.
30	17	20	62	7/19	X, 12	10	0	
26	15	23	64	7/15	X, 12	10	0	Type donné par M. Holbrook.
29	14	21	69	8/19	X, 13	11	0	
34	17	27	69	9/22	X, 13	10	0	Empaillé; type de C. V. (*Hist. Poiss.* t. III, p. 57.)
32	25	?	71	9/25?	X, 14	10	?	Empaillé; type de C. V. (*Hist. Poiss.* t. III, p. 57.)
32	17	23	71	11/25	X, 14	9	0	
32	15	29	74	11/25	X, 14	11	0	
31	16	24	75	10/25	X, 14	11	0	
34	15	23	80	9/30	X, 7+x	11	0	Type de Lacépède. (*Hist. Poiss.* t. IV, p. 325, pl. III, fig. 3.)
33	17	23	86	11/25	X, 13	11	0	

caractère spécifique de premier ordre, d'autant, comme le montre le tableau, qu'il a pu être observé sur des individus de tailles très-variées et paraîtrait par conséquent ne pas subir de modifications avec l'âge.

En ayant égard à la combinaison de ces caractères, on peut, croyons-nous, d'après les exemplaires de la collection du Muséum, distinguer quatre espèces, qui ne sont toutefois proposées qu'à titre provisoire, vu l'insuffisance des matériaux dont nous avons pu disposer. Le tableau dichotomique suivant donnera une idée de leur compréhension :

Ligne transversale ayant pour formule	$\frac{7 \text{ à } 8}{15 \text{ à } 20}$	Ligne latérale : 60 à 70 écailles.	Des dents linguales	*M. nuecensis*, Grd.[1]
			Pas de dents linguales	*M. salmoides*, Lacép.[2]
	$\frac{9 \text{ à } 11}{25 \text{ à } 30}$	Ligne latérale :	69 à 75 écailles	*M. variabilis*, Lesueur.
			80 à 86 écailles	*M. Dolomieu*, Lacép.

[1] Pl. IV, fig. 2, 2 a, 2 b.

[2] Pl. IV, fig. 3 a, 3 b, 5 a et 5 b. — C'est tout à fait à tort que l'explication des planches donne, pour ces deux dernières figures, le nom de *Dioplites nuecensis*.

[3] Pl. IV, fig. 4 a, 4 b. — Désigné à tort, dans l'explication des planches, sous le nom de *Dioplites variabilis*.

Genre HOLOCENTRUM.

Cuvier, 1829, *Règne animal*, t. II, p. 150.

Percoïdes à ventrales thoraciques; plus de sept rayons branchiostéges; dorsale unique; ventrale avec une épine dure et sept rayons mous; os operculaires et sous-orbitaires dentelés, deux fortes épines operculaires et une également développée à l'angle du préopercule; mâchoires égales ou l'inférieure faiblement proéminente. Écailles pseudo-cténoïdes.

Les Holocentres et genres voisins *Myripristis*, *Beryx*, etc. se différencient nettement des autres Percoïdes par le nombre de leurs rayons branchiostéges et plus facilement encore par celui de leurs rayons pectoraux; aussi les ichthyologistes n'hésitent-ils pas aujourd'hui à les regarder comme devant former une famille à part, celle des *Berycidæ*. Nous avons indiqué dans l'introduction les motifs pratiques qui ont engagé à suivre dans ce travail la classification de Cuvier, telle que ce naturaliste l'a exposée dans sa dernière édition du *Règne animal*.

Le nom d'*Holocentrum* est, on le sait, emprunté à Artedi; mais, introduit dans un ouvrage antérieur à la nomenclature linnéenne, le *Thesaurus* de Séba, n'étant mentionné ni dans l'*Ichthyologia* d'Artedi, ni dans le *Systema naturæ*, c'est en réalité Cuvier qui doit être regardé comme l'ayant le premier scientifiquement défini.

Holocentrum pentecanthum.

(Pl. X *quater*, fig. 1, 1 *a*, 1 *b*, 1 *c*.)

Jaguaraca. Margraff, 1648; *Hist. nat. Brasiliæ*, p. 147.

Jaguaraca. Pison, 1658; *De Indiæ utriusque re naturali et medica*, Iᵉ part. p. 56 (Reproduit par Johnston, 1657; *De Piscibus*, p. 125, pl. XXXII, fig. 7; et par Willughby, 1686: *Historia piscium*, p. 332, pl. X, 7, fig. 7).

Perca marina rubra. Catesby, 1771 [1]; *Hist. nat. Carol. Florid. and Bahama Island*. p. 3, pl. III, fig. 2.

Matejuelo colorado. Parra, 1787; *Descripcion de Hist. nat.* etc. p. 23, pl. XIII, fig. 2.

Bodianus pentecanthus, Bloch, 1797; *Ichthyol.* VIIᵉ part. p. 29, pl. CCXXV.

Holocentrus sogo. Bloch, 1797; *Ichthyol.* VIIᵉ part. p. 46, pl. CCXXXII.

Sciæna rubra, Bloch-Schneider, 1801: *Syst. ichthyol.* p. 82.

Amphiprion sogho, Bloch-Schneider, 1801: *Syst. ichthyol.* p. 200.

[1] Cette date est celle d'une seconde édition, la première, que nous n'avons pu consulter, est de trente ou quarante ans antérieure.

A. matejuelo, Bloch-Schneider, 1801; *Syst. ichthyol.* p. 206.
Bodianus jaguar, Lacépède, 1802 (an x); *Hist. nat. des Poiss.* t. IV, p. 279 et 286.
Holocentrum longipinne, Cuvier et Valenciennes, 1829; *Hist. nat. des Poiss.* t. III, p. 185.
H. longipinne, Cuvier et Valenciennes, 1831; *Hist. nat. des Poiss.* t. VII, p. 496.
H. longipinne, Guichenot, 1853; Ramon de la Sagra, *Hist. de l'île de Cuba, Poissons*, p. 34.
H. matejuelo, Poey, 1856-1858; *Mem. Hist. nat. de la isla de Cuba*, t. II, p. 155.
H. longipinne, Günther, 1859; *Cat. Brit. Mus. Fishes*, t. I, p. 28.
H. longipinne, Poey, 1866; *Rep. Fis. nat. de la isla de Cuba*, t. II, p. 274.
H. matejuelo, Poey, 1867; *Rep. Fis. nat. de la isla de Cuba*, t. II, p. 158.
H. matejuelo, Poey, 1868; *Rep. Fis. nat. de la isla de Cuba*, t. II, p. 298.

B. VIII; D. XI, 15; A. IV, 10; V. I, 7.
Écailles : 4/50/7.

Cet Holocentre a proportionnellement le corps plus allongé que ne l'ont la plupart des autres espèces du genre, car la hauteur se trouve au moins contenue trois fois et demie, même près de quatre fois, dans la longueur totale. La hauteur de la partie molle de la dorsale, la longueur des ventrales et du lobe supérieur de la caudale, la faiblesse des épines, l'absence de tache sombre à la dorsale, permettent de le distinguer de l'*Holocentrum hastatum*, C. V., avec lequel il offre d'ailleurs les plus grands rapports.

La couleur, étudiée sur le frais, est d'un beau rouge carmin des plus brillants sur un fond blanc d'argent à reflets nacrés; cette dernière teinte forme sur le corps dix ou onze lignes longitudinales et prédomine sur les parties inférieures, aussi bien que sur la joue, quelques teintes jaunes existent à la partie inférieure de la tête. La membrane de la portion dure de la dorsale est rosée, avec le bord libre d'un rouge plus vif; cette dernière couleur se voit également aux extrémités des nageoires molles impaires, à celles des ventrales et à la base des pectorales; les rayons durs sont à leur base jaune doré. Iris d'un rouge carminé vif.

Écailles grandes et surtout remarquablement hautes, l'une d'elles[1], prise sur les flancs, mesure 12 millimètres de haut sur $7^{mm},5$ de long, le foyer n'est pas distinct, les crêtes concentriques, droites vers le centre de l'écaille, le coupent en travers; environ huit saillies marginales, formant des festons peu accusés, correspondent à autant de côtes centripètes, qui ne sont pas séparées par des sillons réels creusés dans une couche superficielle et interrompant les lignes concentriques, ces dernières excessivement fines sur toute la surface de l'écaille; le bord postérieur porte trente et une dents fortes, imitant la crête d'une palissade; ces dents, ainsi que Agassiz l'a indiqué[2], font corps avec la lamelle elle-même et ne peuvent se détacher comme les spinules des écailles réellement cténoïdes. Dans les écailles de la ligne latérale[3], la

[1] Pl. V *quater*, fig. 1 *b*. — [2] Agassiz, *Recherches sur les Poissons fossiles*, t. I, p. 73 et 85, pl. II, fig. 14, 1833-1843. — [3] Pl. V *quater*, fig. 1 *c*.

différence entre les dimensions longitudinales et transversales est un peu moins grande : l'une d'elles mesure 9 millimètres de haut sur 6mm.5 de large; le canal, en forme d'entonnoir à large ouverture dirigée en avant, se termine à une perforation centrale de la lamelle sans tube postérieur: la disposition des festons, des crêtes concentriques, des pointes du bord libre, au nombre d'une vingtaine, est la même que pour les écailles du corps.

Longueur totale	236mm
Hauteur	56
Épaisseur	24
Longueur de la tête (y compris l'épine operculaire)	60
Longueur de la nageoire caudale	61
Longueur du museau	15
Diamètre de l'œil	20
Espace interorbitaire	9

N° 9833 du Catalogue général de la collection du Muséum.

L'*Holocentrum pentacanthum*, Bl., est assez facile à distinguer des autres poissons du même genre. Cuvier et Valenciennes en ont donné une description très-détaillée; cependant il s'est glissé dans la rédaction quelques erreurs, qui expliquent comment M. Poey a pu hésiter à réunir son *Holocentrum matejuelo* à cette espèce. La plus importante est relative à la denticulation du premier sous-orbitaire, lequel, suivant les auteurs de l'*Histoire des Poissons*, «donne en avant deux grosses dents ou crochets plats, qui croisent la racine du maxillaire:» cette phrase peut faire penser qu'il existe deux grosses dents plates de chaque côté, tandis qu'en réalité il n'y en a qu'une, deux en tout: il nous a été facile de vérifier ce fait sur les exemplaires types conservés dans les collections. Les autres caractères différentiels cités par le savant ichthyologiste de Cuba[1], et tirés de la longueur du maxillaire ou de différences dans la coloration, n'ont pas une valeur suffisante pour justifier une distinction spécifique, qu'il n'a d'ailleurs jamais présentée que sous toutes réserves.

Ce même auteur a fait connaître, rien que de l'île de Cuba, un très-grand nombre d'Holocentres; dans un de ses derniers travaux de 1868, il en énumère douze[2], sans compter l'espèce typique. Plusieurs paraissent n'être connus que par un seul exemplaire; les caractères différentiels, tirés de légères variations dans les proportions du corps, la longueur du maxillaire, la coloration, sont bien faibles et l'on

[1] Felipe Poey, *Mem. sobre la Hist. nat. de la isla de Cuba*, t. II, p. 155, 1856-1858. — *Synopsis Piscium cubensium* (*Rep. Fis. nat. de la isla de Cuba*, t. II, p. 298, 1868).

[2] *Holocentrum osculum*, *H. perlatum*, *H. brachypterum*, *H. rostratum*, *H. coruscum*, *H. vexillarium*, *H. productum*, plus cinq espèces douteuses sans désignations spécifiques.

serait tenté de croire que ce sont de simples variétés. Tous ces poissons sont confondus sous le nom vulgaire de *Matejuelo*.

Cuvier et Valenciennes ont donné un exposé historique très-complet de cette espèce; mais, suivant la remarque de M. Poey[1], le nom d'*Holocentrum longipinne*, qu'ils lui imposent, ne peut à aucun titre être conservé, puisqu'il résulte de la synonymie donnée par eux-mêmes qu'il n'a pas l'antériorité. Sans tenir compte des dénominations de Margraff, de Catesby, de Parra, non conformes aux lois de la nomenclature, Bloch, tant dans sa grande *Ichthyologie* que dans son système ichthyologique, cite cet animal sous quatre noms différents, et Lacépède de son côté lui en donne un cinquième. Ce dernier ne peut être adopté, puisqu'il est postérieur à ceux de Bloch, et on peut le regretter, car il est précisément emprunté à la nomenclature de Margraff. Entre les autres noms, lequel mérite la préférence? Tout d'abord, les deux épithètes données dans la grande *Ichthyologie* sont antérieures à celles de l'ouvrage posthume publié par Schneider, c'est donc entre elles qu'on peut hésiter. On doit, pensons-nous, prendre la première, car non-seulement elle a l'antériorité de la pagination, elles ont été publiées dans le même volume, mais encore Bloch, en décrivant fort incomplétement et figurant encore plus mal cet Holocentre sous le nom de *Bodianus pentecanthus*, cite expressément Margraff, Pison, Johnston, Willughby, etc. et le nom de *Jaguaraca*, adopté par ces naturalistes. Il n'y a donc aucun doute sur le poisson qu'il veut désigner et ce nom est le premier donné suivant les règles de la nomenclature linnéenne. M. Poey préfère la dénomination d'*Holocentrum matejuelo* empruntée à Parra, ce qui n'est pas admissible: en effet, dans ce cas, on devrait reprendre de préférence le terme de *Jaguaraca* de Margraff, lequel est incontestablement le premier en date.

Cette espèce paraît commune dans le golfe du Mexique et surtout dans la mer des Antilles; elle descend sur la côte du Brésil et on l'a trouvée à Sainte-Hélène. L'individu rapporté par la Commission scientifique a été pris à la Jamaïque.

Genre POLYNEMUS.

Linné, 1766, *Systema naturæ*, 12e édit., p. 521.

Percoïdes à ventrales abdominales, cependant le bassin est encore suspendu à la ceinture scapulaire; sept rayons branchiostéges; deux dorsales nettement séparées, ces nageoires aussi bien que l'anale couvertes, en grande partie, d'écailles.

[1] Poey, «De los tipos Cuvierianos y Valenciennianos correspondientes á los Peces de la isla de Cuba». (*Rep. Fis. nat. de la isla de Cuba*, t. II, p. 274.)

Pectorale dédoublée, la portion antéro-inférieure composée de rayons allongés, entièrement libres. Écailles de dimensions médiocres, cténoïdes, polystiques.

Les auteurs de l'*Histoire naturelle des Poissons*[1] ont insisté sur les rapports multiples que présentent avec plusieurs autres familles ces percoïdes singuliers, aussi bon nombre d'ichthyologistes les regardent-ils comme méritant de former un groupe à part.

Les espèces du genre *Polynemus*, aujourd'hui assez nombreuses, offrent entre elles de grandes similitudes; les caractères différentiels principaux se tirent surtout du nombre et de la longueur des rayons libres de la nageoire pectorale. Ces organes ont une importance incontestable au point de vue physiologique, car on doit les considérer comme des parties spécialement disposées pour le tact et, depuis longtemps, on les a comparés aux rayons analogues des Trigles. Toutefois, il est difficile, dans l'état actuel de nos connaissances, de savoir si avec l'âge ou certaines conditions d'habitat une espèce ne peut pas présenter quelques variations dans les dimensions et peut-être même dans le nombre de ces appendices.

1. Polynemus Plumieri.

(Pl. V *quater*, fig. 2 *a*, 2 *b*.)

? *Piracouba*. Margraff, 1648; *Hist. nat. Brasiliæ*. p. 176 (reproduit par Johnston, 1657; *De Piscibus*, p. 135. pl. XXXV, fig. 5. et par Willughby, 1686; *Historia Piscium*, p. 204, pl. N, 13, fig. 3).
Polynemus paradiseus, Bloch (non Lin.), 1797; *Ichthyol.* IXe part. p. 20, pl. CCCCII.
P. paradiseus. Bloch-Schneider, 1801; *Syst. ichthyol.* p. 18.
Polydactylus Plumieri. Lacépède, 1803 (an XI); *Hist. nat. des Poiss.* t. V, p. 419 et 420, pl. XIV, fig. 3.
Polynemus americanus. Cuvier et Valenciennes, 1829; *Hist. nat. des Poiss.* t. III, p. 393.
P. Plumieri. Poey, 1855-1858; *Mem. Hist. nat. de la isla de Cuba*. t. II. p. 379.
P. Plumieri. Günther, 1860: *Cat. Brit. Mus. Fishes*. t. II, p. 321.
P. americanus. Poey, 1866; *Rep. Fis. nat. de la isla de Cuba*. t. I, p. 277.
Trichidion Plumieri. Poey, 1868; *Rep. Fis. nat. de la isla de Cuba*, t. II, p. 387.

D. VII — I, 13; A. II, 14.
Écailles : 6/55/14.

Cette espèce, fort bien caractérisée par Cuvier et Valenciennes, est trop connue pour

[1] Cuvier et Valenciennes. *Hist. nat. des Poiss.* t. III, p. 362. 1829.

que nous croyions devoir la décrire ici. Nous nous contenterons d'ajouter quelques détails sur la conformation des écailles, prises ici comme exemple pour le genre; ce que nous en dirons s'applique, sauf des différences insignifiantes, à toutes les espèces que nous avons pu examiner sous ce rapport.

D'après des notes prises par M. Bocourt sur le poisson frais, voici quelle serait la coloration : d'une teinte nacrée à sa partie inférieure, le dos gris mélangé de verdâtre, les deux nageoires supérieures plus foncées, le nez gris perlé, transparent, l'œil doré et entouré de jaune foncé.

Les écailles du corps[1], à peu près quadrilatères, mesurent 6mm.8 de long sur 7mm.2 de haut, le foyer est rapproché de l'aire spinigère, les crêtes concentriques sont fines et régulières, les lobes marginaux, au nombre de quatre, n'occupent que la partie moyenne du bord adhérent, les deux médians étant plus larges que les latéraux; les spinules, sur dix-huit rangs de profondeur, bien développées seulement dans le tiers postérieur, sont au nombre de quatre-vingts environ sur le bord libre. Une écaille de la ligne latérale[2] a la même forme et mesure 5mm.5 de long sur 6 millimètres de haut; le canal ne se prolonge pas dans l'aire spinigère et ne présente que deux ouvertures, comme chez les Centropomes; il y a trois festons marginaux, dont un plus développé et saillant en face du canal, les deux autres sont d'un même côté de celui-ci; sur certaines écailles il en existe aussi bien en haut qu'en bas; l'aire spinigère est semblable à celle des écailles du corps, sauf les différences que peut présenter le nombre des spinules.

Longueur totale	250mm
Hauteur	55
Épaisseur	21
Longueur de la tête	54
Longueur de la nageoire caudale	62
Longueur du museau	7
Diamètre de l'œil	12
Espace interorbitaire	13

N° 9834 du Catalogue général de la collection du Muséum.

Nous croyons devoir n'accepter qu'avec réserve l'assimilation de cette espèce au *Piracoaba* de Margraff, qui, d'après la description, ne possède que six appendices tactiles.

L'individu décrit a été pris à la Jamaïque.

[1] Pl. V *quater*, fig. 2 *a*. — [2] Pl. V *quater*, fig. 2 *b*.

2. Polynemus octonemus.

Polynemus octonemus. Girard. 1858; *Proceed. Acad. nat. sc. of Philadelphia*, p. 167.
P. octonemus. Girard. 1859; *U. S. and Mex. Boundary Ichthyology*, p. 19. pl. X, fig. 5 à 9.

D. VIII — I, 12; A. III, 14.
Écailles : 6/58/12.

Deux espèces de *Polynemus* présentent jusqu'ici ce caractère particulier d'avoir les rayons libres des pectorales au nombre de huit, le *Polynemus octonemus*, Grd. et le *Polynemus opercularis*, Gill[1]. D'après les descriptions des auteurs, elles se distingueraient l'une de l'autre surtout par le nombre des épines de l'anale et la formule des écailles; la seconde espèce ayant d'après M. Gill : A. II, 13 et écailles 8/69/14. Ajoutons que celle-ci a été trouvée à Panama et le *Polynemus octonemus* au Texas.

C'est donc à cette dernière espèce que nous croyons devoir rapporter l'exemplaire appartenant à la Commission; il répond exactement à la description et aux figures données par M. Girard: toutefois, c'est d'après l'une de celles-ci que nous jugeons de la formule des écailles, laquelle n'est pas indiquée par cet auteur d'une manière précise.

Longueur totale	175mm
Hauteur	37
Épaisseur	15
Longueur de la tête	33
Longueur de la nageoire caudale	45
Longueur du museau	3
Diamètre de l'œil	10
Espace interorbitaire	8

N° A 553 du Catalogue général de la collection du Muséum.

Cet exemplaire, acquis de M. Boucard par la Commission scientifique, provient du golfe du Mexique.

3. Polynemus melanopoma.

(Pl. V *quater*, fig. 2.)

Polynemus melanopoma. Günther, 1864; *Proceed. zool. Soc. of London*, p. 148.
P. melanopoma. Günther. 1868-1869; *Trans. zool. Soc. of London*, t. VI, part VII, p. 421.

D. VII — I, 12; A. II, 15.
Écailles : 7/71/17.

Cette belle espèce, qui rentre dans la section des *Polynemus* pourvus de neuf rayons libres à la pectorale, a été décrite très-soigneusement par M. Günther; une maquette

[1] Gill. *Proceed. Acad. nat. sc. of Philadelphia*, p. 168, 1863.

faite d'après nature par M. Bocourt nous permet cependant d'ajouter quelques détails en ce qui concerne la coloration.

Le dos est d'un bleu cendré, plus accusé suivant quelques lignes longitudinales; le ventre est d'un beau jaune à reflets nacrés. Une teinte verte se voit autour des yeux, aux parties supérieure et moyenne de la joue et sur l'opercule; la tache operculaire, sombre sur l'exemplaire conservé dans la liqueur, est d'un beau bleu foncé sur le frais; les lèvres sont rougeâtres, cette coloration se retrouve à l'orifice des ouïes. Les nageoires impaires sont d'un gris verdâtre, la teinte foncée du bord, visible sur les exemplaires conservés, semble moins nette sur le frais; les pectorales sont d'un jaune plus accusé, les rayons libres paraissent incolores, transparents.

Longueur totale	340^{mm}
Hauteur	74
Épaisseur	35
Longueur de la tête	78
Longueur de la nageoire caudale	76
Longueur du museau	11
Diamètre de l'œil	14
Espace interorbitaire	17

N° A 391 du Catalogue général de la collection du Muséum.

L'exemplaire observé par M. Bocourt avait été recueilli à Tanesco, malheureusement il est arrivé en si mauvais état qu'il a été impossible de le conserver; un autre, sur lequel ont été prises les dimensions, a été envoyé de Panama par M. Salmin.

Genre SPHYRÆNA, Bl. Schn.

Cuvier, 1829, *Règne animal*, t. II, p. 156.

Percoïdes à ventrales franchement abdominales, le bassin n'étant pas en connexion avec la ceinture scapulaire; sept rayons branchiostéges; deux dorsales largement écartées, courtes; des dents sur les mâchoires et les palatins, dont quelques-unes remarquablement fortes et tranchantes, vomer inerme; mâchoires non protractiles, l'inférieure proéminente; préopercule arrondi, mousse, operculaire avec ou sans pointe. Écailles nombreuses, faiblement adhérentes, sauf celles de la ligne latérale, cycloïdes.

Bien que la création de ce genre soit due à Schneider, qui l'a fait connaître dans le système ichthyologique posthume de Bloch; cependant cet auteur a si mal défini cette coupe, qu'il convient plutôt de l'attribuer à Lacépède ou, mieux encore, à Cuvier, lequel l'a scientifiquement limitée.

Ces poissons s'écartent encore notablement des véritables Percoïdes, comme les auteurs de l'*Histoire des Poissons* en ont depuis longtemps fait la remarque[1], aussi les ichthyologistes modernes les regardent-ils comme formant une famille à part. La présence d'écailles très-nettement cycloïdes, jointe à la dentition et à la disposition des viscères, en particulier de la vessie natatoire, établissent des rapports entre les Sphyrènes et les Scombéroïdes, affinités que Agassiz a fort justement mises en lumière[2].

SPHYRÆNA GUAGUANCHE.

Sphyræna guachancho, Cuvier et Valenciennes, 1829; *Hist. nat. des Poiss.* t. III, p. 342.
S. guachancho, Guichenot, 1853; Ramon de la Sagra, *Hist. de la isla de Cuba. Poissons*, p. 39.
S. guaguanche, Poey, 1856-1858; *Mem. Hist. nat. de la isla de Cuba*, t. II, p. 166.
S. guaguancho, Poey, 1865-1866; *Rep. Fis. nat. de la isla de Cuba*, p. 277.
S. guaguanche, Poey, 1868; *Rep. Fis. nat. de la isla de Cuba*, p. 359.

D. V — I, 9; A. I, 9.
Écailles : 15/120/16.

Cette Sphyrène, qui se rapproche de la *Sphyræna picuda*, Bl. Schn., par la position de ses ventrales placées en avant de l'origine de la première dorsale et environ à la réunion des deux tiers antérieurs avec le tiers postérieur des pectorales, s'en distingue surtout par le nombre des écailles de la ligne latérale, qui dans celle-ci est de 83 à 85.

Les écailles des flancs, sur l'exemplaire que nous avons examiné, sont en quadrilatère à angles arrondis mesurant 3mm,2 de haut sur 2mm,7 de large; les festons marginaux occupent tout le bord adhérent, plusieurs résultent de la dichotomisation des sillons centripètes, ils sont petits, au nombre d'environ une cinquantaine, les bords latéraux en présentent quelques-uns peu distincts sur leur partie antérieure; le bord postérieur est arrondi, l'aire correspondante chargée de crêtes concentriques irrégulièrement interrompues formant des vermiculations. Les écailles de la ligne latérale, longues d'environ 2mm,5 sur 2 millimètres de haut, ont un canal occupant la partie centrale, court et large, à deux orifices; les sillons et les crêtes concentriques n'existent ni en face de l'orifice antérieur du canal, ni sur la moitié postérieure de la lamelle, qui paraît rester membraneuse.

[1] Cuvier et Valenciennes, *Histoire des Poissons*, t. III, p. 323, 1829.

[2] Agassiz, *Recherches sur les Poissons fossiles*, t. V, 1re partie, p. 93, 1833-1843.

Longueur totale	310mm
Hauteur	33
Épaisseur	22
Longueur de la tête	86
Longueur de la nageoire caudale	53
Longueur du museau	41
Diamètre de l'œil	15
Espace interorbitaire	11

N° A 555 du Catalogue général de la collection du Muséum.

La distinction des espèces dans le genre *Sphyræna* n'est pas sans offrir quelques difficultés, les auteurs ayant le plus souvent eu égard à de faibles différences dans la position des ventrales. Le bassin qui supporte ces nageoires étant libre dans les chairs, on peut se demander si ce caractère présente ici une valeur comparable à celle qu'on lui attribue dans le cas où ces os se trouvent en relation directe avec le squelette. La comparaison des formules des écailles paraît donner des résultats plus certains; malheureusement, les anciens auteurs ayant souvent négligé d'indiquer ces détails sur les exemplaires qu'ils ont décrits, il y a de réelles difficultés pour établir d'une façon sûre la synonymie.

L'individu appartenant à la Commission scientifique a été acquis de M. Boucard et provient du golfe du Mexique.

Famille des SCIÉNOÏDES.

Cuvier, 1829, *Règne animal*, t. II, p. 171.

Cette famille, comprise suivant l'idée de Cuvier, renferme des Poissons très-voisins des Percoïdes et n'en différant guère que par l'absence des dents vomériennes et palatines. On sait aujourd'hui, d'une manière incontestable, que ces organes sont souvent caducs ou peuvent n'exister qu'à certaines époques de la vie; d'un autre côté, plusieurs genres identiques, par tous leurs autres caractères, à certains genres de Percoïdes vrais, sont privés de ces organes; on est donc fondé à contester la légitimité de ce groupe et les ichthyologistes modernes l'ont profondément modifié.

Cuvier, dans son *Règne animal* et plus tard dans l'*Histoire des Poissons*, avait réparti les genres sous quatre chefs principaux. Une première division, ayant pour type le genre *Sciæna*, comprenait ceux de ces animaux pourvus de sept rayons branchiostéges, avec deux nageoires dorsales et la ligne latérale continue. Une seconde renferme des poissons ne différant des premiers que par l'union de ses deux dorsales; elle a pour types principaux les *Diabasis* (*Hæmulon auct.*) et les *Pristipoma*. Un troisième groupe, où se trouve le genre *Lobotes* et autres, très-voisin d'ailleurs du second, présente moins de sept rayons branchiostéges. Enfin le dernier, si différent des précédents et en même temps si homogène « que l'on pourrait en faire une famille séparée[1] », réunit les animaux à moins de sept rayons branchiostéges, à dorsale unique et ayant la ligne latérale interrompue, il a pour type les *Pomacentrus*.

M. Günther avait divisé ces animaux en trois familles distinctes : les *Sciænidæ*, correspondant assez exactement au premier groupe de Cuvier et Valenciennes; les *Pristipomatidæ*, comprenant les genres de la deuxième et de la troisième section et, de plus, certains Percoïdes, tels que les *Ménides*, etc.; les *Pomacentridæ*, à peu près identiques à la quatrième division de Cuvier, mais qui, d'après la conformation de leurs os pharyngiens unis en une seule plaque, sont éloignés des Acanthoptérygiens vrais, pour passer dans la subdivision des *Pharyngognathi*. La soudure des pharyngiens inférieurs ne peut plus être regardée comme ayant une valeur absolue; les ichthyologistes modernes[2] ont fait voir que, dans des groupes très-voisins, elle existait ou n'existait pas, sans qu'il fût possible, au moins dans l'état actuel de la science, de saisir pour l'ensemble de l'organisation des différences de nature à justifier leur éloignement. Cependant le groupe des *Pomacentridæ*, pressenti, comme on vient de le voir, par Cuvier et Valenciennes, mérite d'être conservé, d'après surtout le caractère tiré de la ligne latérale interrompue, quels que puissent être d'ailleurs ses rapports avec les autres familles naturelles. Quant aux *Sciænidæ* et aux *Pristipomatidæ*, M. Günther, dans un récent travail[3], n'admet plus la dernière famille comme distincte et fait entrer les genres qui la composent parmi les *Percidæ*. Les caractères distinctifs de ces derniers, comparés aux *Sciænidæ*, sont premièrement que la dorsale épineuse est plus longue ou aussi longue que la portion molle, au lieu d'être plus courte; secondement que, le système des

[1] Cuvier et Valenc. *Hist. des Poissons*, t. V, p. 10, 1830.

[2] Ainsi le *Myriodon waigiensis* Q. et G., parmi les Percoïdes, a les pharyngiens inférieurs soudés (voy. Bleeker. *Systema Percarum rev.* pars I, p. 11, 1875); les Gerres ont ces os tantôt réunis, tantôt distincts, dans des espèces d'ailleurs très-voisines par l'ensemble de leurs caractères. (Voy. Sauvage, *Plaques pharyngiennes des Gerridæ*, Association française, 5e session, 1876, p. 549.)

[3] Günther. *An introduction to the study of Fishes*, p. 385, Edinburg, 1880.

canaux muqueux de la tête est moins développé. On voit combien sont faibles les différences établies entre ces divisions.

Les collections rassemblées par la Commission scientifique du Mexique offrent des représentants de la plupart de ces groupes. Parmi les *Sciænidæ* nous trouvons les genres *Otolithus*, *Corvina*, *Umbrina*, *Paralonchurus*, *Polycirrhus*, *Micropoma*; parmi les *Pristipomatidæ*, les genres *Diabasis*, *Conodon*, *Pristipoma*; enfin les genres *Pomacentrus* et *Glyphisodon* représentent les *Pomacentridæ*.

Genre OTOLITHUS, Cuvier.

Cuvier, 1829, *Règne animal*, t. II, p. 172.

Sciénoïdes à deux dorsales; sept rayons branchiostéges; mâchoire inférieure proéminente, à symphyse privée de barbillons; des dents plus ou moins saillantes au milieu de dents en velours; épines anales faibles. Ligne latérale continue. Écailles cténoïdes polystiques, celles de la ligne latérale à canal divisé dans l'aire spinigère.

Le genre *Otolithus* ne paraît guère comprendre actuellement plus de vingt-cinq à trente espèces : les deux tiers environ se trouvent sur les côtes d'Amérique, et plus particulièrement dans les parties chaudes. Elles y existent sur les deux rives du continent, plus abondantes jusqu'ici dans la partie atlantique, où l'on connaît les *Otolithus regalis*, Bl. Sch., *O. carolinensis*, C. V., *O. guatucupa*, C. V., *O. microlepidotus*, C. V., *O. leiarchus*, C. V., *O. thalassinus*, Holb., *O. nothus*, Holb., *O. amazonicus*, Cast., *O. Drummondi*, Richards, *O. Magdalenæ*, Steind., *O. jamaicensis*, *n. spec.* Dans le Pacifique on cite, vers Panama, les *Otolithus squamipinnis*, Günth., *O. albus*, Günth., *O. reticulatus*, Günth.; plus vers le Nord, l'*Otolithus californiensis*, Steind., et au Pérou l'*Otolithus analis*, Jenyns. Enfin une seule espèce, l'*Otolithus cayennensis*, Lacép., habite à la fois sur l'une et l'autre rive, comme on le verra plus bas.

Trois espèces, dont l'une paraît nouvelle, ont été recueillies par M. Bocourt : *Otolithus cayennensis*, Lacépède, *O. jamaicensis*, *n. spec.*, *O. squamipinnis*, Günther.

1. Otolithus cayennensis.

? *Cheilodipterus acoupa*, Lacépède, an x (1802); *Hist. nat. des Poiss.* t. III, p. 540 et 546.
Lutjanus cayanensis, Lacépède, an x (1802); *Hist. nat. des Poiss.* t. IV, p. 196 et 239.
Otolithus toe-roe, Cuvier et Valenciennes, 1830; *Hist. nat. des Poiss.* t. V, p. 72, pl. CIII.
O. toe-roe, Cuvier et Valenciennes, 1833; *Hist. nat. des Poiss.* t. IX, p. 478.
O. cayennensis, Günther, 1860; *Cat. Brit. Mus. Fishes*, t. II, p. 309.

D. X—I, 20; A. II, 9.
Écailles : 12/56/18.

Quoique cette espèce ne soit représentée que par un seul individu, la détermination de celui-ci ne nous paraît pas douteuse, d'après la description très-détaillée donnée par Cuvier et Valenciennes et la comparaison avec les types de la collection du Muséum. Les dimensions de l'individu sont petites.

Longueur totale	220^{mm}
Hauteur	40
Épaisseur	20
Longueur de la tête	53
Longueur de la nageoire caudale	39
Longueur du museau	13
Diamètre de l'œil	10
Espace interorbitaire	10

N° A 556 du Catalogue général de la collection du Muséum.

Tout en adoptant l'orthographe plus régulière de *cayennensis* pour épithète spécifique, je ferai remarquer que Lacépède écrit partout *cayanensis*. Le nom d'*acoupa* aurait l'antériorité si l'on pouvait admettre une assimilation qui, basée sur la concordance d'un nom vulgaire, doit être regardée comme des plus douteuses.

Notre individu a été pris par M. Bocourt à la Union et c'est un nouvel exemple d'espèce commune aux deux versants de l'Amérique centrale.

2. Otolithus jamaicensis, *n. sp.*

(Pl. VI, fig. 1, 1 *a*, 1 *b*, 1 *c* et 1 *d*.)

D. X—I, 25; A. II, 9.
Écailles : 6/59/18.

Corps médiocrement élevé; la hauteur, double de l'épaisseur, étant très-peu supérieure au cinquième de la longueur totale, dans laquelle la tête entre pour environ un quart. Mâchoire inférieure saillante, le museau fait très-peu moins du tiers de la longueur de la tête, le maxillaire dépasse à peine la verticale abaissée du centre de l'œil: celui-ci, égal à l'espace interorbitaire, faisant un peu plus du cinquième de la longueur de la tête. Préopercule arrondi en arrière, membraneux, strié; operculaire avec deux pointes mousses. Écailles de taille moyenne, un peu irrégulièrement disposées sur la partie antérieure du corps, couvrant toute la tête jusqu'à l'extrémité du museau.

Ligne latérale relevée en avant presque au quart supérieur de la hauteur du corps, à la partie moyenne depuis le quatrième rayon de la seconde dorsale; six écailles entre l'extrémité de cette dernière et la ligne latérale. Anus à l'union des trois cinquièmes antérieurs avec les deux cinquièmes postérieurs de la longueur totale.

Épines de la première dorsale faibles; la quatrième, la plus longue, étant environ moitié de la longueur de la tête. Première épine de l'anale rudimentaire, la seconde faible, mesurant à peine les deux tiers du diamètre de l'œil. Pectorales terminées à la même hauteur que les ventrales, mesurant les deux cinquièmes de la longueur de la tête.

La coloration n'offre rien de spécial; un cercle argenté entoure l'iris, dont la partie inférieure est nuancée de bleu tendre.

Écailles du corps en quadrilatère[1], un peu plus hautes que longues; foyer central, dans ce cas, souvent érodé, ou rapproché de l'aire spinigère; festons marginaux du bord adhérent petits, nombreux (une trentaine au moins), ne s'étendant pas jusqu'aux angles; spinules peu développées, une cinquantaine au bord libre et sur huit ou neuf rangs de profondeur; le dernier seul est spinifère, les autres n'étant indiqués que par des hexagones allongés transversalement, très-régulièrement disposés. Les écailles de la ligne latérale[2], dans leur ensemble, sont comparables aux précédentes, les spinules sont toutefois moins bien développées sur les écailles prises en avant[3]; le canal se partage, vers le niveau de la perforation interne de la lamelle, en deux ou trois branches principales, qui se subdivisent elles-mêmes avant d'atteindre le bord libre; j'ai souvent observé sur les branches primaires des perforations arrondies, nettes, dans la paroi extérieure du canal

Pas de pseudobranchie.

Longueur totale	240mm
Hauteur	52
Épaisseur	26
Longueur de la tête	63
Longueur de la nageoire caudale	22
Longueur du museau	18
Diamètre de l'œil	14
Espace interorbitaire	14

N° A 557 du Catalogue général de la collection du Muséum.

[1] Pl. VI, fig. 1 *a* et 1 *b*. — [2] Pl. VI, fig. 1 *d*. — [3] Pl. VI, fig. 1 *c*.

L'*Otolithus jamaicensis*, vu la brièveté de son maxillaire, ne peut guère être confondu qu'avec l'*Otolithus regalis*, Bl. Schn. et l'*O. reticulatus*, Günth. Il se distingue facilement du premier par les formules de ses nageoires, la première dorsale ayant une épine de plus et la seconde quatre rayons de moins; en outre, la formule de l'anale est toute différente. Quant à l'*O. reticulatus*, d'après la description qui en est donnée[1], son maxillaire se prolonge un peu plus en arrière et les dimensions de la quatrième épine dorsale et de la deuxième anale sont plus faibles, aussi bien que la longueur de la pectorale. La coloration particulière de cette dernière espèce ne se retrouve pas sur notre individu. Ces caractères différentiels assez faibles montrent que ces espèces sont très-voisines l'une de l'autre; nous n'avons pu examiner qu'un seul exemplaire, ce qui ne permet pas de pousser plus loin la comparaison.

Ce Poisson a été rapporté de la Jamaïque par M. Bocourt.

3. Otolithus squamipinnis.

Otolithus squamipinnis, Günther, 1868-1869; *Trans. Zool. Soc. of London*, t. VI, p. 429.

D. VIII — I. 22; A. II. 9.
Écailles : 10/63/19.

L'Otolithe dont il est ici question se rapproche évidemment beaucoup de l'*Otolithus squamipinnis*, Günth. Les nombres, pour les nageoires dorsales et anale, sont presque identiques et les proportions du corps sont les mêmes; à peine peut-on signaler une très-légère différence dans la forme de la caudale, qui est non pas arrondie, mais nettement anguleuse, rhomboïdale. Nous croyons donc devoir, jusqu'à plus ample informé, rapporter ces exemplaires à cette espèce, malgré la différence que présente la formule de la ligne latérale, sur laquelle, d'après M. Günther, on compte 85 écailles, écart notable et qui mériterait d'être pris en très-sérieuse considération, si, chez ces Poissons, la disposition souvent irrégulière de ces organes, surtout à la partie antérieure, ne rendait, ici particulièrement, cette formule douteuse.

Longueur totale	316mm
Hauteur	65
Épaisseur	36
Longueur de la tête	82
Longueur de la nageoire caudale	53
Longueur du museau	24
Diamètre de l'œil	14
Espace interorbitaire	17

N° A 558 du Catalogue général de la collection du Muséum.

Les exemplaires ont été pris à la Union, sur le Pacifique.

[1] A. Günther, *Trans. Zool. Soc. of London*, t. VI, p. 430, 1868-1869.

Genre CORVINA, Cuvier.

Cuvier, 1829, *Règne animal*, t. II, p. 173.

Sciénoïdes à deux dorsales; sept rayons branchiostéges; mâchoires égales ou la supérieure dépassant l'inférieure, celle-ci à symphyse privée de barbillons; pas de canines distinctes; seconde épine anale très-développée. Ligne latérale continue. Écailles cténoïdes polystiques, celles de la ligne latérale à canal divisé dans l'aire spinigère.

Les *Corvina*, que les auteurs américains ont proposé de partager en plusieurs genres (*Bairdiella*, *Rhinoscion*, *Ophioscion*, *Amblodon*, *Homoprion*, etc.), comprennent aujourd'hui au moins une quarantaine d'espèces et celles qu'on a signalées dans les eaux du Nouveau Monde sont fort nombreuses. Sans compter les Corbs à proprement parler des eaux douces, telles que les *Corvina oscula*, Lesueur, *C. Richardsonii*, C. V., on connaît sur les côtes atlantiques les *Corvina argyroleuca*, Mitch., *C. ronchus*, C. V., *C. monacantha*, Cope, *C. Gillii*, Steind., *C. subæqualis*, Poey; aujourd'hui les Corbs trouvés dans le Pacifique sont devenus fort nombreux, on y a signalé les *Corvina saturnus*, Gir., *C. fasciata*, Tschudi, *C. chrysoleuca*, Günth., *C. vermicularis*, Günth., *C. armata*, Gill, *C. ophioscion*, Gill, *C. Stearnsii*, Steind., *C. macrops*, Steind., *C. Furthii*, Steind., *C. acutirostris*, Steind., *C. Agassizii*, Steind., *C. fulgens*, *n. sp.* Un seul, le *Corvina stellifera*, Bl., se rencontrerait des deux côtés de l'isthme de Panama, comme on le verra plus loin. Il est possible que certaines de ces espèces doivent par la suite être supprimées comme faisant double emploi : plusieurs des publications où on les a fait connaître ayant paru simultanément, c'est une question difficile à résoudre à l'heure actuelle, bien que plusieurs de ces espèces aient été figurées avec grand soin.

Six espèces, *Corvina chrysoleuca*, Günth., *C. stellifera*, Bl., *C. vermicularis*, Günth., *C. ronchus*, C. V., *C. armata*, Gill, *C. fulgens*, *n. sp.*, font partie des collections appartenant à la Commission scientifique du Mexique.

1. Corvina chrysoleuca.

Corvina chrysoleuca, Günther, 1868-1869; *Trans. Zool. Soc. of London*, t. VI, p. 427, pl. LXVII, fig. 1.

D. X — I, 21; A. II, 8.
Écailles : 7/51/13.

Ce Poisson rentre dans le groupe des Corbs proprement dits à museau renflé et chanfrein élevé. M. Günther l'a décrit et figuré avec beaucoup de soin, en faisant remarquer combien il se rapproche du *Corvina ronchus*, C. V. Il serait possible qu'on dût un jour réunir ces deux espèces, qui diffèrent surtout par les proportions, celle qui nous occupe ici étant plus courte et plus haute.

Les écailles des flancs sont larges, quadrilatérales, les spinules sur 70 à 80 rangées transversales et 10 à 12 de profondeur au centre; la rangée immédiatement placée sur le bord postérieur est seule composée de véritables spinules saillantes, à pointe bifurquée, au moins sur le sec. Les écailles de la ligne latérale présentent dans l'aire spinigère des canaux divergents au nombre de quatre à six.

La vessie natatoire se termine en avant par deux prolongements, qui contournent les corps des vertèbres pour se placer à la face postérieure et inférieure du crâne.

Longueur totale	215mm
Hauteur	61
Épaisseur	29
Longueur de la tête	54
Longueur de la nageoire caudale	36
Longueur du museau	13
Diamètre de l'œil	11
Espace interorbitaire	15

A 972 du Catalogue général de la collection du Muséum.

Le nombre des écailles de la ligne latérale est un peu inférieur à celui qui est donné par M. Günther, 55-56; j'ai même trouvé un nombre encore plus faible, 45; comme on l'a vu pour certaines espèces du genre précédent, ces variations peuvent difficilement servir ici aux distinctions spécifiques.

Nos individus viennent de la Union, sur le Pacifique, où l'espèce paraît être assez commune, à en juger par le nombre des exemplaires rapportés (voir nos A 970 et A 971 du Catalogue), le plus petit mesure 139 millimètres.

2. Corvina stellifera.

Bodianus stellifer, Bloch, 1797; *Ichthyol.* VIIe part. p. 41, pl. CCXXXI, fig. 1.
Corvina stellifera, Günther, 1860; *Cat. Brit. Mus. Fishes*, t. II, p. 299.

D. XI - I. 25; A. II. 8.
Écailles : 6/42/12.

Quoique l'exemplaire appartenant à la Commission du Mexique soit de petite taille, cependant en le comparant au type décrit par Cuvier et Valenciennes sous le nom de *Corvina trispinosa*[1], il ne peut guère rester de doute sur la détermination. Ce Corb se distingue en effet, à première vue, des espèces analogues par sa tête grosse, raccourcie, et surtout la largeur de l'espace interorbitaire, qui est égal à près de la moitié de la longueur de la tête, tandis que dans les autres espèces il équivaut au quart ou, au plus, au tiers de cette dimension.

Les écailles du corps, présentant le type habituel, ne méritent pas de mention spéciale; celles de la ligne latérale, comparativement développées, ont un canal se partageant en deux branches divergentes postérieures, entre lesquelles se trouve la perforation de la lamelle. Nous devons faire remarquer que l'écaille de la ligne latérale examinée ne présentait aucune trace de spinules, l'écaille des flancs étant franchement cténoïde.

Longueur totale	108[mm]
Hauteur	29
Épaisseur	12
Longueur de la tête	22
Longueur de la nageoire caudale	22
Longueur du museau	5
Diamètre de l'œil	5
Espace interorbitaire	10

N° A 1011 du Catalogue général de la collection du Muséum.

Cette espèce a été assez bien figurée par Bloch, et le nom imposé par ce naturaliste doit, sans aucun doute, être préféré à celui de *Corvina trispinosa*, proposé par Cuvier et Valenciennes[2]. Cependant la queue n'est pas arrondie, comme la représente l'ichthyologiste de Berlin, mais plutôt rhomboïdale.

L'individu ici décrit a été acquis de M. Boucard et provient de Caïmito, sur le Pacifique; le type auquel nous l'avons comparé vient, on le sait, de Cayenne, où il avait été recueilli par Poiteau.

[1] N° 7620 du Catalogue de la collection du Muséum. — [2] Cuvier et Valenciennes, *Histoire des Poissons*, t. V, p. 109.

3. Corvina vermicularis.

Corvina vermicularis, Günther, 1868-1869; *Trans. Zool. Soc. of London*, t. VI, p. 427, pl. LXVII, fig. 2.

D. X — I. 25; A. II. 7.
Écailles : 8/48/13.

Un exemplaire nous paraît devoir être rapporté à l'espèce décrite sous ce nom par M. Günther, malgré quelques différences dans les proportions générales du corps. La hauteur n'atteint pas plus du quart de la longueur totale, au lieu d'en faire un peu moins du tiers; seulement, l'individu ayant été vidé, il peut y avoir doute pour les mesures prises: sauf cela, la forme de la tête, la coloration du corps et des nageoires, la force et le nombre des épines et des rayons sont les mêmes; on retrouve également cette disposition de la caudale imparfaitement arrondie par suite d'une légère saillie du lobe supérieur. La formule des écailles, pour la ligne latérale, n'est pas donnée par M. Günther; quant à celle de la ligne transversale, elle paraît un peu différente, puisque cet auteur donne 6/15 écailles et non 8/13; mais on remarquera que la somme 21 est la même, la discordance peut dépendre du lieu où le compte a été fait.

Les écailles des flancs ne présentent rien de remarquable à noter. Celles de la ligne latérale ont le canal ramifié dans l'aire spinigère: on observe deux tubes longeant les bords supérieur et inférieur de cet espace et dans l'intervalle deux autres petits tubes flexueux irréguliers, qui eux-mêmes se bifurquent avant d'atteindre le bord libre.

Longueur totale	173mm
Hauteur	42
Épaisseur	21
Longueur de la tête	40
Longueur de la nageoire caudale	27
Longueur du museau	9
Diamètre de l'œil	9
Espace interorbitaire	10

N° A 974 du Catalogue de la collection du Muséum.

L'individu qui fait partie des collections rapportées par la Commission scientifique du Mexique a été pris à la Union, sur le Pacifique.

4. CORVINA RONCHUS.

Corvina ronchus, Cuvier et Valenciennes, 1830; *Hist. nat. des Poiss.* t. V, p. 107.
C. ronchus, Günther, 1860; *Cat. Brit. Mus. Fishes*, t. II, p. 299.

D. X – I, 24; A. II, 7.
Écailles : 8/53/14.

Les écailles de la ligne latérale présentent, dans l'aire spinigère, des ramifications multiples du tube central, lesquelles sont au nombre de six, partant symétriquement par paires, trois en haut et autant en bas, au niveau du pourtour de la perforation de la lamelle; sauf cela, ces écailles, de même que celles des flancs, ne présentent rien de bien particulier à noter.

Longueur totale	232mm
Hauteur	51
Épaisseur	25
Longueur de la tête	55
Longueur de la nageoire caudale	35
Longueur du museau	11
Diamètre de l'œil	12
Espace interorbitaire	11

N° A 559 du Catalogue de la collection du Muséum.

L'individu dont il est ici question a été acquis de M. Boucard et provient du golfe du Mexique.

5. CORVINA ARMATA.

Bairdiella armata, Gill, 1863; *Proceed. Acad. nat. Sc. of Philadelphia*, p. 164.
Corvina armata, Günther, 1868-1869; *Trans. Zool. Soc. of London*, t. VI, p. 428.

D. X – I, 23, A. II, 8.
Écailles : 9/51/11.

Cette espèce, très-voisine du *Corvina ronchus*, C. V., suivant la remarque de M. Günther, en diffère cependant par sa hauteur un peu plus grande, son museau plus long proportionnellement à la dimension de la tête. Elle ne paraît pas moins voisine du *Corvina acutirostris* décrit et figuré par M. Steindachner[1]; le caractère le plus apparent pour distinguer ces deux espèces paraît se tirer des dimensions réciproques de la seconde épine anale et de la plus haute épine dorsale, égales dans le

[1] Steindachner. *Ichthyol. Beitr.* III, *Sitzb. der K. Akad. der Wissensch. Wien*, t. LXXII (p. 28 du tirage à part, pl. IV).

Corvina armata, tandis que la première est notablement plus longue que la seconde chez le *Corvina acutirostris*, Steind.

Les écailles sont du type habituellement observé chez les animaux du même genre. Une d'entre elles, prise sur la ligne latérale, présente dans l'aire spinigère deux ramifications inférieures du canal et une supérieure, la régularité serait moins grande que pour le *Corvina ronchus*, C. V., ce qui peut tenir à l'âge ou même au point où a été prise l'écaille.

Longueur totale	171^{mm}
Hauteur	44
Épaisseur	20
Longueur de la tête	42
Longueur de la nageoire caudale	34
Longueur du museau	10
Diamètre de l'œil	11
Espace interorbitaire	9

N° A 973 du Catalogue de la collection du Muséum.

Des individus, en nombre, ont été rapportés de la Union par M. Bocourt.

6. CORVINA FULGENS, *n. sp.*

(Pl. VI, fig. 2, 2 *a*, 2 *b*, 2 c et 2 *d*[1].)

D. X-I, 25; A. II, 8.
Écailles : 115/8/15.

Corps médiocrement élevé, la hauteur étant égale au quart de la longueur totale, qui est neuf fois plus grande que l'épaisseur. Tête entrant pour les deux neuvièmes dans cette longueur, à museau obtus, court, et bouche remarquablement oblique de haut en bas et d'avant en arrière; cependant, la mâchoire inférieure ne dépasse pas d'une façon notable la supérieure; le maxillaire atteint environ le niveau du centre oculaire, lequel se trouve à la réunion des deux cinquièmes antérieurs avec les trois cinquièmes postérieurs de la tête. Diamètre de l'orbite égal aux deux septièmes de la longueur de la tête; espace interorbitaire, comparé à cette même dimension, dans le rapport de 2 à 5. Deux paires de fossettes sous-maxillaires, la première punctiforme, peu visible. Préopercule denticulé sur tout son bord postérieur, les dents placées sur l'angle et dans son voisinage plus développées, formant de petites épines; une épine plate peu distincte termine l'operculaire. Tête entièrement écailleuse.

Ligne latérale située, vers le tiers supérieur de la hauteur, sur le corps en avant; vers la partie moyenne, sur le pédoncule caudal. Anus assez exactement au milieu de la

[1] Sous le nom de *Bairdiella fulgens*.

longueur totale. Écailles de taille médiocre. Surscapulaire distinct, armé de quatre à six denticulations, dont la force augmente graduellement de haut en bas.

Troisième et quatrième épine de la première dorsale les plus longues, à peu près égales, mesurant environ les deux tiers de la hauteur du corps. Seconde dorsale s'abaissant d'une façon régulière à partir du troisième rayon, qui est le plus développé et presque aussi haut que les épines. Ces deux nageoires sont contiguës, occupant sur la partie dorsale un espace qui n'est guère inférieur à la moitié de la longueur totale. Anale ayant la seconde épine, la plus développée, très robuste, plus longue que la troisième épine dorsale; couchée, elle atteint presque l'origine de la caudale; les rayons décroissent rapidement de longueur, le huitième étant à peine moitié du premier, qui dépasse peu ou pas la grosse épine; aussi le bord libre est-il sensiblement vertical quand la nageoire est étendue. Caudale à bord postérieur si faiblement échancré qu'on peut la regarder comme coupée carrément; elle occupe environ le sixième de la longueur totale. Pectorales légèrement aiguës, leur extrémité n'atteint pas celle de la ventrale; celles-ci avec une épine relativement forte et se terminant à une distance appréciable de l'anus.

Écailles du corps, prises sur les flancs soit au-dessus[1], soit au-dessous[2] de la ligne latérale, construites sur un même type, plus hautes que longues, à foyer ovalaire dans le sens de la hauteur; les lobes marginaux n'occupant que la partie moyenne du bord antérieur, les sillons centripètes ne s'étendent pas toujours jusqu'au foyer; aire spinigère en segment de cercle, spinules nombreuses, une grande écaille en porte cinquante-cinq au bord libre, sur environ onze rangées au centre, celles de la ligne latérale[3] plus sensiblement arrondies; canal à ramifications multiples postérieurement, deux branches externes limitent l'aire spinigère, deux autres se réunissent en circonscrivant la perforation de la lame, mais il peut exister des ramifications supplémentaires; bord antérieur avec ou sans festons marginaux; aire spinigère un peu réduite, mais très-distincte.

Vessie natatoire simple en avant autant, qu'il est possible d'en juger, très-prolongée en arrière.

Longueur totale	183^{mm}
Hauteur	44
Épaisseur	20
Longueur de la tête	42
Longueur de la nageoire caudale	30
Longueur du museau	9
Diamètre de l'œil	12
Espace interorbitaire	9

N° A 975 du Catalogue de la collection du Muséum.

[1] Pl. VI, fig. 2 *a*. — [2] Pl. VI, fig. 2 *b*. — [3] Pl. VI, fig. 2 *c* et 2 *d*.

Cette espèce paraît se rapprocher du *Corvina macrops*, Steind.[5], surtout par la direction oblique de la fente buccale et la grandeur de l'œil; mais ce dernier poisson est plus élevé, la hauteur étant égale aux deux cinquièmes de la longueur; le nombre des écailles, en particulier pour la ligne transversale, diffère également, 7/50/11 au lieu de 11.58/15; enfin sa seconde épine anale est beaucoup moins longue que la troisième épine dorsale.

Les exemplaires, au nombre de deux, qui ont servi à cette description, ont été pris par M. Bocourt à la Union.

Genre UMBRINA.

Cuvier, 1829, *Règne animal*, t. II, p. 174.

Sciénoïdes à deux dorsales; sept rayons branchiostéges; mâchoire supérieure dépassant l'inférieure, celle-ci n'ayant à la symphyse qu'un barbillon simple; toutes les dents en velours; épines anales médiocrement développées; ligne latérale continue. Écailles cténoïdes polystiques; celle de la ligne latérale à canal divisé dans l'aire spinigère.

Ce genre paraît un peu moins nombreux en espèces que le précédent et se trouve également sur toute la surface du globe, dans la zone intertropicale, quoi qu'il s'étende un peu au delà, aussi bien au nord qu'au sud. Les espèces américaines sont, à ma connaissance, au nombre de quatorze et, jusqu'ici du moins, aucune n'est signalée comme commune aux deux océans Atlantique et Pacifique. Dans le premier, on signale les *Umbrina alburnus*, Linn., *U. arenata*, C. V., *U. Broussonetii*, C. V., *U. martinicensis*, C. V., *U. gracilis*, C. V., *U. nebulosa*, Mitch., *U. littoralis*, Holbr. Les espèces du Pacifique, dans lequel on ne connaissait il y a encore peu de temps que l'*Umbrina ophicephalus*, Jenyns, seraient aujourd'hui en nombre égal aux précédentes, car il faut joindre à celui-ci les *Umbrina undulata*, Gir., *U. phalæna*, Gir., *U. elongata*, Günth., *U. nasus*, Günth., *U. analis*, Günth. et *U. panamensis*, Steind.

Nous n'avons à signaler ici que les *Umbrina alburnus*, Linn. et *U. Broussonetii*, C. V.

[5] Steindachner, *Ichthyol. Beitr.* III (p. 24 du tirage à part, pl. II 1875).

1. UMBRINA ALBURNUS.

Perca alburnus, Linné, 1766; *Systema naturæ*, édit. 12e, p. 482.
Umbrina alburnus, Cuvier et Valenciennes, 1830; *Hist. nat. des Poiss.* t. V, p. 180.
U. alburnus, Günther, 1860; *Cat. Brit. Mus. Fishes*, t. II, p. 275.

D. X — I, 24; A. I, 7.
Écailles : 9/63/18.

Ce Poisson a été déterminé moins d'après les descriptions données par les auteurs que par comparaison avec des exemplaires types de la collection du Muséum. La forme générale du corps et les proportions, les nombres donnés pour les nageoires, certains caractères anatomiques, comme l'absence de vessie natatoire, sont bien exacts; mais un caractère important, parce qu'il est positif, pourrait jeter un certain doute sur cette assimilation, à savoir la présence de denticulations très-nettes vers l'angle et sur le bord montant du préopercule. Cuvier et M. Günther disent en effet expressément qu'elles manquent dans cette espèce; cependant sur deux sujets vus par les auteurs de l'*Histoire naturelle des Poissons*[1], sur un individu type envoyé par M. Holbrook[2], ces denticulations existent d'une manière incontestable, aussi bien que sur les exemplaires dont il est ici question; elles paraissent seulement s'affaiblir chez les individus très-âgés.

Les écailles des flancs sont en quadrilatère un peu plus haut que large; le bord antérieur, sur l'une d'elles, présente neuf festons marginaux; sur le bord libre on compte trente-six spinules saillantes, sur quatre ou cinq au plus suivant une rangée centripète médiane. Une écaille de la ligne latérale a son canal rectiligne assez régulièrement cylindrique jusqu'à la rencontre de l'aire spinigère, il se divise là en deux branches, qui limitent celle-ci; dans l'angle qu'elles forment se voit la perforation interne; le bord antérieur, fortement convexe, présente vers le centre un énorme feston marginal, qui en occupe près de la moitié et répond à l'extrémité du canal; au-dessus et au-dessous se trouvent deux petits festons; l'aire spinigère est nettement triangulaire, le bord postérieur, rectiligne, porte vingt-cinq spinules.

Longueur totale	178mm
Hauteur	32
Épaisseur	21
Longueur de la tête	41
Longueur de la nageoire caudale	27
Longueur du museau	13
Diamètre de l'œil	9
Espace interorbitaire	8

N° A 977 du Catalogue de la collection du Muséum.

Un individu acquis de M. Boucard comme venant du golfe du Mexique.

[1] N° 7497 du Catalogue de la collection du Muséum. — [2] N° 4836 du Catalogue de la collection du Muséum.

2. UMBRINA BROUSSONETII.

Umbrina Broussonetii, Cuvier et Valenciennes, 1830; *Hist. nat. des Poiss.* t. V, p. 187 (et pl. CXVII sous le nom d'*U. coroides*).

U. Broussonetii, Günther, 1860; *Cat. Brit. Mus. Fishes*, p. 277.

D. X. — I, 26; A. II, 6.
Écailles : 6/48/12.

Les espèces d'Ombrines à deux épines anales sont peu nombreuses, et je n'en connais jusqu'ici que trois, les deux autres étant l'*Umbrina undulata*, Girard[1], et l'*U. analis*, Günther[2]. A en juger d'après les descriptions données par les auteurs et un Poisson de Californie, acquis de M. Salmin[3], attribué à la première de ces espèces, l'*Umbrina Broussonetii*, C. V., ne se distinguerait guère de celles-là que par sa tête un peu plus courte, son museau plus bombé et moins long, enfin son maxillaire moins prolongé en arrière, puisqu'il n'atteint que le bord antérieur de l'orbite, au lieu d'arriver jusqu'au niveau du centre de l'œil ou même de le dépasser. Ces différences sont assez légères pour qu'on puisse se demander si des études ultérieures, faites sur un nombre suffisant d'individus, n'amèneraient pas à réunir ces espèces, bien que l'habitat ne soit pas le même, les poissons décrits par M. Girard et M. Günther appartenant à l'océan Pacifique.

Les écailles sont proportionnellement grandes, eu égard aux nombres plus élevés qu'on trouve dans différentes espèces du même genre pour les lignes latérale et transversale, leur type est d'ailleurs celui qui a été décrit pour l'espèce précédente. Sur une écaille des flancs on trouve cinq lobes marginaux occupant la partie moyenne du bord antérieur; le champ postérieur porte sur le bord libre, légèrement convexe, quarante-cinq spinules; celles-ci sont au centre sur dix ou douze de profondeur, dont la moitié, celles qui sont voisines du foyer, peu distinctes. Une écaille de la ligne latérale est assez régulièrement en quadrilatère, à bords antérieurs et latéraux un peu convexes; le canal, obliquement dirigé, se divise, au niveau de la perforation interne, en deux branches formant les côtés du triangle, qui constitue le champ postérieur; le bord antérieur porte six lobes marginaux, à peu près égaux, celui qui correspond au canal étant le plus petit; l'aire spinigère offre vingt-deux spinules au bord libre, sur cinq ou six suivant une rangée centripète.

Longueur totale	170mm
Hauteur	40
Épaisseur	18
Longueur de la tête	38

[1] Girard, *Proceed. Acad. nat. Sc. Philadelphia*, p. 148, 1854. — Steindachner, *Ichthyol. Beitr.* III, *Sitzber. der Akad. Wiss. Wien*, t. LXXII, 1875 (p. 21 du tirage à part).

[2] Günther, *Trans. Zool. Soc. London*, t. VI, p. 426, 1868-1869.

[3] N° 7616 du Catalogue de la collection du Muséum.

Longueur de la nageoire caudale	21^{mm}
Longueur du museau	11
Diamètre de l'œil	10
Espace interorbitaire	9

N° A 978 du Catalogue de la collection du Muséum.

L'étude des types vus par Cuvier et Valenciennes confirme l'idée de M. Günther que les *Umbrina Broussonetii*, C. V., et *U. coroides*, C. V., doivent être regardés comme ne formant qu'une même espèce. En appliquant d'une façon stricte les règles de la nomenclature, la première dénomination spécifique a l'antériorité, puisqu'elle se trouve énoncée au haut de la page dans l'histoire des Poissons; il y aurait cependant à faire valoir, en faveur de la seconde, qu'elle répond à une description beaucoup plus complète, accompagnée d'une figure.

Si l'on admet que cette Ombrine est distincte des *Umbrina undulata*, Girard, et *U. analis*, Günth., l'espèce se rencontrerait uniquement dans l'océan Atlantique occidental, remontant jusqu'aux Antilles et descendant jusqu'à Rio Janeiro, d'après un exemplaire rapporté par M. le Dr Jobert. L'individu décrit ici provient du golfe du Mexique et a été acquis de M. Boucard.

Genre PARALONCHURUS.

Bocourt, 1869, *Nouvelles Archives du Muséum*, t. V; *Bulletin*, p. 21.

Sciénoïdes à dorsale fortement échancrée; sept rayons branchiostéges; mâchoire inférieure non proéminente; une série de barbillons sur le bord inférieur de ses branches et, à la symphyse, un barbillon multifide; épines anales faibles. Ligne latérale continue. Écailles cycloïdes, celles de la ligne latérale en grande partie membraneuses, à canal non visiblement prolongé dans l'aire postérieure.

Ce genre et le suivant, établis par M. Bocourt, paraissent bien distincts de ceux qui ont été admis jusqu'ici parmi les Sciénoïdes pourvus de barbillons à la mâchoire inférieure. Comme je ne possédais qu'un exemplaire de chacun d'eux, il ne m'a pas été possible de vérifier la disposition des dents pharyngiennes; autant qu'on en peut juger sur l'animal entier, elles paraissent toutes être en carde. D'ailleurs le barbillon multifide placé à la symphyse du menton est jusqu'ici particulier à ces deux genres et peut suffire à lui seul pour les distinguer.

Quant au caractère principal qui les sépare l'un de l'autre, fondé sur la nature des écailles, privées de spinules chez les *Paraloncharus*, pourvues de ces parties chez les *Polycirrhus*, Bleeker n'a pas cru devoir l'admettre et par suite il réunit ces deux genres en un seul[1]. Cet auteur assure, il est vrai, que chez les *Umbrina*[2] les écailles sont indifféremment cycloïdes ou cténoïdes; toutefois, mes recherches personnelles ne paraissent pas confirmer ce fait, au moins en ce qui concerne les écailles du corps, et il est plus rationnel, je crois, de conserver la distinction établie par M. Bocourt. On verra dans la description détaillée des espèces quelle est la structure de ces organes pour l'un et l'autre genre.

Paraloncharus Petersii.

(Pl. VIII, fig. 1, 1 *a*, 1 *b*, 1 *c* 1 *d* et 1 *e*.)

Paraloncharus Petersii, Bocourt, 1869; *Nouvelles Archives du Muséum*, t. V; *Bulletin*, p. 22.
P. Petersii. Bleeker. 1875: *Syst. Percarum rev.* pars II, p. 37.

D. X – I, 30; A. II, 17.
Écailles : 7/49/17.

Ce Poisson est de forme allongée, la hauteur n'étant guère que des deux onzièmes de la longueur totale (exagérée, il faut le dire, par la forme de la nageoire caudale); l'épaisseur est moindre : un huitième environ de cette dernière dimension.

La tête, obtuse en avant, occupe près des deux neuvièmes de cette même longueur. Le museau est arrondi, proéminent, court, car il n'occupe guère plus du quart de la longueur de la tête: il présente en avant, un peu au-dessous du point le plus proéminent, une fossette très-distincte et, à une certaine distance de chaque côté, une incisure verticale taillant dans la lèvre supérieure un lambeau médian terminé par deux lobes arrondis, au-dessus et en dehors desquels eixstent deux autres fossettes; dans le repli gingival, derrière ces incisures et à leur niveau, se trouvent deux enfoncements dans lesquels on peut faire pénétrer un stylet jusqu'à une profondeur de cinq à six millimètres. La bouche, infère, est de grandeur médiocre, le maxillaire se termine à peu près au niveau du bord postérieur de l'œil. Les dents sont fines aux deux mâchoires, à la supérieure seulement quelques-unes plus allongées, sétiformes. La narine antérieure est très-peu moins rapprochée de l'extrémité du museau que du bord de l'œil, au niveau duquel à peu près se trouve la postérieure. L'œil lui-même est petit, avec le centre situé vers le tiers antérieur de la tête, son diamètre est à peine égal au dixième

[1] Bleeker. *Systema Percarum rev.*, pars II (p. 37 du tirage à part). *Archives néerlandaises*, t. XI, 1875.

[2] Bleeker, revenant à une synonymie d'Artedi, désigne ces animaux sous le nom de *Sciæna*; les véritables Sciènes de Cuvier deviennent pour lui les *Pseudosciæna*. (*Systema Percarum rev.* p. 38 et 41.)

de la longueur de celle-ci; espace interoculaire égal à peu près au tiers de cette même dimension. L'espace intermandibulaire[1] présente deux paires de fossettes, dont la postérieure plus grande; en outre, on y remarque des barbillons, dont un médian, plus développé, se divise sur son pourtour en une dizaine de prolongements rayonnants; cette disposition, bien visible sur l'animal frais, ne peut être retrouvée sur l'animal conservé qu'en y prêtant une grande attention; le bord interne de la mandibule inférieure porte de plus une série de barbillons grêles dont le nombre exact n'est pas très-facile à apprécier, mais qui n'est pas moindre de huit ou dix paires. L'orifice branchial est largement ouvert; le préopercule, arrondi, a son bord membraneux finement denticulé; l'operculaire se termine par une pointe mousse, que prolonge un repli cutané. La tête est entièrement couverte d'écailles.

Le corps est sensiblement comprimé, surtout dans la portion caudale. La ligne latérale, relevée d'abord et située vers le quart de la hauteur, se recourbe en bas vers le milieu de la longueur du tronc, pour suivre la partie moyenne du corps à partir à peu près de l'origine de l'anale jusqu'à la nageoire caudale, sur laquelle elle se prolonge. L'anus est situé un peu en avant du milieu de la longueur totale; quant aux écailles du corps, elles sont proportionnellement assez grandes.

D'une manière générale, les nageoires sont bien développées. Les deux dorsales ne se distinguent que par l'abaissement de la membrane et la différence de dimensions entre la xe et la xie épine, cette dernière, plus développée, pouvant être considérée comme commençant la portion molle; mais, en réalité, il n'y a qu'une nageoire dorsale, occupant presque toute la longueur du dos; les épines sont faibles, la iiie et la ive, les plus développées, mesurent environ le tiers de la hauteur du corps. la portion molle, de même hauteur que la portion épineuse, court parallèlement au bord dorsal. L'anale, dont l'origine est située à une certaine distance de l'anus vers le niveau du milieu de la dorsale molle, est beaucoup moins développée, sa longueur étant à peine égale au septième de celle des dorsales; sa hauteur est un peu supérieure à l'étendue de sa base. La caudale, remarquablement allongée, occupant les deux neuvièmes de la longueur totale, est lancéolée, ses rayons moyens étant au moins doubles des rayons extrêmes, tant supérieur qu'inférieur. Les pectorales sont grandes, triangulaires, plus longues que la caudale et même que la tête, dépassant un peu le niveau de l'origine de l'anale; on y compte environ vingt et un rayons. Les ventrales, au contraire, insérées au niveau des précédentes, sont petites, ayant la formule habituelle I. 5; le premier rayon mou se prolonge un peu en soie (ce que n'indique pas suffisamment la figure d'ensemble).

D'après l'étude faite sur le frais par M. Bocourt, la coloration est peu brillante, les parties supérieures sont teintées terre de Sienne naturelle, les inférieures ocre jaune, avec la ligne latérale se détachant en clair. Dorsale gris ardoisé, caudale du même ton.

[1] Pl. VIII, fig. 1 c.

mais plus foncée; ventrales et anale jaunes avec les extrémités noirâtres; pectorales entièrement et fortement colorées en noir bleuâtre.

La structure des écailles est fort intéressante eu égard au groupe auquel se rapporte ce genre; aujourd'hui, il est vrai, les exemples ne sont pas rares de Poissons qui offrent des écailles privées de spinules et appartiennent malgré cela à des familles chez lesquelles ces organes sont franchement cténoïdes dans le plus grand nombre des cas. Les écailles du corps sont en quadrilatère à bord postérieur arrondi, assez grandes: l'une d'elles[1] mesure $4^{mm},5$ de long sur $6^{mm},3$ de haut: le foyer est très-net, central ou subcentral[2]: le bord antérieur présente de douze à dix-sept lobes marginaux, d'où partent des sillons centripètes plutôt parallèles entre eux que convergeant régulièrement vers le foyer; les champs latéraux et postérieur sont couverts de crêtes fines, concentriques au foyer, il n'y a pas trace de spinules. Les écailles de la ligne latérale ne sont pas moins singulières[3]: leur forme est irrégulièrement polygonale, la paroi extérieure du canal reste sans doute membraneuse; en tout cas, sur une écaille isolée aussi soigneusement que possible on n'en voit pas la trace: comme pour les organes précédents, le bord antérieur présente un nombre de festons marginaux très-variable (quatre à douze, d'après les écailles examinées), les champs latéraux sont couverts de crêtes concentriques; mais sur le champ postérieur, d'apparence membraneuse, ces dernières s'atténuent et disparaissent, une fente entame souvent le bord en ce point et se prolonge jusqu'à la perforation interne, celle-ci d'autant plus visible qu'elle n'est point cachée par la paroi du canal. Mais si l'on examine une écaille avec les parties qui l'accompagnent normalement, on voit dans le tégument superficiel une multitude de petites écailles de formes variées[4], la plupart arrondies ou ovalaires, cycloïdes, sans sillons centripètes, ou n'en présentant que les rudiments: ces squammules, se recouvrant les unes les autres d'une manière irrégulière, remplacent évidemment la paroi externe du canal. J'ai signalé plus haut pour les Serrans une disposition tout à fait de même ordre[5].

Il n'y a point de pseudobranchie: la vessie natatoire se compose d'une partie moyenne globuleuse en avant, autant qu'on en peut juger, s'atténuant en arrière en un cône étroit, prolongé presque jusqu'au niveau de l'anus; de chaque côté existe un autre prolongement, ce qui en porte le nombre à trois: ces derniers sont également coniques, plus longs et beaucoup plus grêles que le médian; l'état de l'individu ne permet pas de reconnaître s'il existait des prolongements antérieurs.

[1] Pl. VIII, fig. 1 *b*. — [2] Pl. VIII, fig. 1 *a* et 1 *b*. — [3] Pl. VIII, fig. 1 *d*. — [4] Voir page 54. — [5] Pl. VIII, fig. 1 *c*.

Longueur totale	253mm
Hauteur	49
Épaisseur	32
Longueur de la tête	57
Longueur de la nageoire caudale	58
Longueur du museau	15
Diamètre de l'œil	6
Espace interorbitaire	17

N° A 979 du Catalogue de la collection du Muséum.

Suivant la remarque de M. Bocourt, cet animal n'est pas sans offrir de grands rapports avec les *Lonchurus*[1]. Mais comme ce zoologiste a pu, grâce à l'obligeance de M. Peters, examiner le type vu par Bloch et conservé au Musée de Berlin, il lui a été facile de constater que les écailles, soit du corps[2], soit de la ligne latérale[3], ont une composition toute différente, puisqu'elles sont nettement cténoïdes. On peut ajouter que les petits barbillons latéraux manquent et que le barbillon médian est simplement bifide ou double[4]; l'état dans lequel se trouve l'exemplaire de Berlin ne permet plus de bien distinguer ces derniers caractères, mais les figures et la description données par Bloch ne laissent heureusement aucun doute à cet égard. La vessie natatoire n'offrirait aussi que trois prolongements au lieu de cinq indiqués par M. Günther pour le *Lonchurus depressus*, Bl. Schn., espèce d'ailleurs douteuse comme réellement distincte du *Lonchurus lanceolatus*, Bl.; toutefois, cet organe étant à sa partie antérieure, comme je l'ai déjà dit, dans un état médiocre de conservation sur notre exemplaire, il est difficile de décider cette question.

Le *Paralonchurus Petersii*, Boc., a été trouvé à la Union (République du Salvador), sur la côte occidentale de l'Amérique; les *Lonchurus* viennent de la côte atlantique.

Genre POLYCIRRHUS.

Bocourt, 1869, *Nouvelles Archives du Muséum*, t. V; *Bulletin*, p. 23.
Paralonchurus, Bleeker, 1875; *Systema Percarum revisum*, pars II, p. 37.

Sciénoïdes à dorsale fortement échancrée; sept rayons branchiostéges; mâchoire inférieure non proéminente, une série de barbillons sur le bord inférieur de ses branches et, à la symphyse, un barbillon multifide; épines anales médiocrement

[1] Cette manière d'écrire le nom (de Λόγχη, « fer de lance ») est celle qui a été adoptée sur la planche dans le grand ouvrage de Bloch, tandis que le texte porte *Lonchiurus*, orthographe moins régulièrement formée, qui n'a pas été admise, même dans l'édition posthume due à Schneider.

[2] Pl. VIII, fig. 2 *a* et 2 *b*.

[3] Pl. VIII, fig. 2 *c*.

[4] Pl. VIII, fig. 2.

développées. Ligne latérale continue. Écailles cténoïdes, polystiques, celles de la ligne latérale avec un canal divisé dans l'aire spinigère.

Il est inutile d'insister ici de nouveau sur la distinction à établir entre ce genre et le précédent, cette question ayant été traitée plus haut; j'ajouterai seulement que les *Polycirrhus*, par leur corps plus élevé, la brièveté de leurs pectorales et la forme arrondie de la nageoire caudale, ont plus l'aspect des vrais Sciénoïdes que les *Lonchurus* et les *Paralonchurus*.

Polycirrhus Dumerilii.

(Pl. VIII, fig. 3, 3 *a*, 3 *b* 3 *c*, 3 *d* et 3 *e*.)

Polycirrhus Dumerilii, Bocourt, 1869; *Nouvelles Archives du Muséum*, t. V; *Bulletin*, p. 23.

D. IX - I, 22; A. II, 7.
Écailles : 7/52/17.

Le corps de ce Poisson est élevé, la hauteur égalant environ le quart de la longueur totale, tandis que l'épaisseur en atteint à peine le neuvième. Longueur de la tête à peu près égale à la hauteur du corps: museau mousse visiblement avancé au delà de la bouche, n'ayant guère moins des trois onzièmes de la longueur de la tête: à son extrémité, il est percé de plusieurs pores, dont le plus distinct est placé sur la ligne médiane; de chaque côté s'en trouvent deux autres, l'externe répondant à une incisure verticale de la lèvre, qui toutefois n'entame pas celle-ci dans toute son épaisseur: l'intermédiaire est le moins visible: il en existe encore plusieurs, mais irrégulièrement disposés, au moins sur cet exemplaire : ainsi on en distingue un à gauche au-dessus du pore externe, il ne paraît pas y en avoir à droite. Comme chez le *Paralonchurus*, deux profonds enfoncements existent dans le repli gingivo-labial, en face des incisures. Bouche médiocre, le maxillaire dépasse à peine le centre de l'œil: dents fines, en cardes, mobiles et pouvant se coucher d'avant en arrière. Narines rapprochées de l'œil, l'antérieure étant à peu près à mi-distance entre l'extrémité du museau et le bord antérieur de celui-ci, la postérieure plus grande que l'autre à peu près du double. Œil médiocre, son diamètre étant environ égal au cinquième de la longueur de la tête: espace interorbitaire ayant un peu moins du tiers de cette même dimension. Un barbillon symphysaire à huit prolongements, pouvant (d'après les observations faites sur le frais par M. Bocourt) soit s'étaler en rayonnant[1], soit se réunir en faisceau[2]: le long du bord interne de la mandibule inférieure, sept ou huit petits barbillons grêles; quant aux pores géniens, on

[1] Pl. VIII, fig. 3 *d*. — [2] Pl. VIII, fig. 3 *c*.

en distingue deux paires, moins visibles toutefois que chez le *Paralonchurus*, l'antérieure à la base du barbillon symphysaire, l'autre placée plus en arrière. Operculaire avec une pointe obtuse, presque arrondi; préopercule à bord mousse, la peau qui le recouvre formant de petites dentelures en scie.

La ligne latérale, placée à son origine vers le tiers supérieur du corps, suit la courbe du dos, elle est située au milieu de la hauteur sur le pédoncule caudal. L'anus se trouve sensiblement en arrière du milieu de la longueur totale et à une certaine distance en avant de l'anale. L'une des écailles du corps mesure 6mm,4 de haut sur 5 millimètres de long.

La nageoire dorsale, très-développée, occupe la plus grande partie de la longueur du dos; en réalité, elle est unique; cependant la différence de force et de hauteur entre la IXe épine et la suivante, l'abaissement de la membrane en ce point, peuvent permettre zoologiquement de la considérer comme double; la dorsale épineuse est environ moitié moins longue que la molle, et d'un quart plus haute à la troisième épine, la plus élevée et mesurant 29 millimètres; partie basilaire de la dorsale molle couverte de petites écailles. L'anale est courte, à peine égale au quart de la longueur de la dorsale molle, mais à peu près de même hauteur. Caudale à bord postérieur convexe, n'ayant guère que le septième de la longueur totale. Pectorales courtes, arrondies; ventrales à premier rayon prolongé en filament.

D'après l'étude faite sur le frais par M. Bocourt, les parties supérieures du corps sont teintées de brun violacé, les flancs et le ventre argentés. Nageoire dorsale brune, semée de points de même couleur; pectorales jaunâtres; ventrales, anale et caudale également jaunâtres, mais, comme la dorsale, semées de points bruns. On voit de chaque côté du corps sept bandes verticales brunes, la première en avant de la dorsale, épineuse et ne dépassant pas en bas la naissance de la pectorale, les deux suivantes répondant à la première dorsale, les autres à la dorsale molle, la seconde, la troisième et la quatrième descendent jusqu'aux parties inférieures du ventre, les trois dernières s'arrêtent vers la ligne latérale.

Les écailles sont sur le type habituellement connu chez les Sciénoïdes. Celles du corps que j'ai étudiées, prises sur les flancs, soit au-dessous[1], soit au-dessus de la ligne latérale[2], à foyer placé contre l'aire spinigère, lorsqu'il n'est pas érodé, ont au bord antérieur de neuf à dix-huit lobes marginaux; le bord postérieur, dans la plus grande écaille examinée, porte quatre-vingts spinules; on en compte au milieu de neuf à onze sur une rangée centripète. Les écailles de la ligne latérale[3], de forme plus arrondie, ont un canal qui, au niveau de la perforation interne, donne naissance à deux branches, limitant l'aire spinigère, et desquelles se détachent d'autres tubes simples ou ramifiés; le bord antérieur présente tantôt de nombreux lobes marginaux à peu près

[1] Pl. VIII, fig. 3 *b*. — [2] Pl. VIII, fig. 3 *a*. — [3] Pl. VIII, fig. 3 *c*.

de même dimension, au nombre de dix-huit à vingt, tantôt un grand lobe répondant au canal et occupant près de la moitié du bord, ayant de chaque côté trois à cinq sillons centripètes limitant de petits lobes.

Il n'y a point de pseudobranchie. La vessie natatoire, d'après ce qu'on peut reconnaître, est analogue dans sa disposition à celle des *Paralonchurus* et des *Lonchurus;* une portion médiane conique étendue sur toute la longueur de la cavité abdominale donne naissance, à sa partie antérieure et de chaque côté, à deux longs tubes presque cylindriques, qui l'accompagnent en arrière et paraissent la dépasser; en avant naissent deux autres prolongements plus grêles et n'ayant guère plus de 2 ou 3 centimètres, il est difficile, vu l'état de conservation du sujet, dont les viscères ont été enlevés, de savoir au juste quels étaient les rapports de ces derniers; il est probable qu'il existait d'autres prolongements analogues plus antérieurs.

Longueur totale	225^{mm}
Hauteur	56
Épaisseur	25
Longueur de la tête	51
Longueur de la nageoire caudale	31
Longueur du museau	14
Diamètre de l'œil	11
Espace interorbitaire	16

N° A 1001 du Catalogue de la collection du Muséum.

Cette intéressante espèce n'est représentée que par un exemplaire venant de la Union (République du Salvador).

Genre MICROPOGON, Cuv. et Val.

Cuvier et Valenciennes, 1830. *Histoire naturelle des Poissons*, t. V, p. 213.

Sciénoïdes à deux dorsales, réunies seulement à la base; sept rayons branchiostéges; mâchoire inférieure non proéminente, quelques barbillons rudimentaires au bord interne des branches de la mâchoire inférieure; épines anales faibles. Ligne latérale continue. Écailles cténoïdes polystiques, celles de la ligne latérale à canal divisé dans l'aire spinigère.

On ne connaît jusqu'ici que peu d'espèces de ce genre, trois environ, en admettant que le *Micropogon trifilis*, Mull. et Trosch, soit bien distinct du *Micropogon undulatus*, Linné. Ces deux Poissons ont été rencontrés sur le versant atlantique; plus récemment, M. Günther a décrit une nouvelle espèce du Pacifique, le *Micropogon altipinnis*[1], sur laquelle il a fait cette remarque importante, que les barbillons paraissent se développer avec l'âge et manquent plus ou moins complétement chez les jeunes individus. S'il en était ainsi, les distinctions, même génériques, établies parmi les Sciénoïdes devraient, dans bien des cas, être regardées comme douteuses; c'est un point qui mérite de fixer l'attention des ichthyologistes.

Ces Poissons se rencontrent aussi bien dans la mer que dans les eaux douces.

MICROPOGON UNDULATUS.

Perca undulata, Linné, 1766; *Systema Naturæ*, p. 483.
Micropogon undulatus, Günther, 1860; *Cat. Brit. Mus. Fishes*, t. II, p. 271.

D. X – I, 28; A. II, 8.
Écailles : 10/60/19.

L'exemplaire rapporté par la Commission scientifique du Mexique vient à l'appui de l'opinion émise par M. Günther, qui réunit en une seule espèce les *Micropogon undulatus* et *M. lineatus*, distingués par Cuvier et Valenciennes; en effet, d'une part, il offre la coloration et, en particulier, les lignes obliques dorsales du premier; d'un autre côté, les proportions sont plutôt celles du second, la hauteur n'étant pas comprise plus de quatre fois dans la longueur totale; les lèvres sont remarquablement papilleuses, surtout la supérieure.

Écailles très-franchement cténoïdes, polystiques, celles des flancs à foyer placé contre le bord de l'aire spinigère; on compte sur une d'elles treize festons marginaux, et le bord libre porte soixante-quatorze spinules; sur une rangée centripète médiane il y en a quatorze, dont les six externes seules bien nettes. Une écaille de la ligne latérale a son canal bifurqué au niveau du bord antérieur de la perforation interne, chacune des branches suit la limite antérieure de l'aire spinigère et émet dans celle-ci des rameaux en nombre variable, irrégulièrement dichotomisés et même s'anastomosant entre eux; un grand lobe marginal, médian, répond en avant au canal; il est accompagné, en dessus et en dessous, de lobes plus petits, deux d'un côté, six de l'autre.

Longueur totale	355mm
Hauteur	82
Épaisseur	46
Longueur de la tête	91

[1] Günther, *Trans. Zool. Soc. London*, t. VI, p. 425, 1869.

Longueur de la nageoire caudale	47^{mm}
Longueur du museau	29
Diamètre de l'œil	16
Espace interorbitaire	22

N° A 1002 du Catalogue de la collection du Muséum.

Ce magnifique individu a été pêché dans le lac Isabal, par conséquent dans des eaux douces.

Genre DIABASIS.

Desmarest, 1823; *Première Décade ichthyologique*, p. 34 (*Hæmulon* auctorum).

Sciénoïdes à dorsale unique; sept rayons branchiostéges; mâchoires égales, à lèvres épaisses, papilleuses; pas de barbillons, mais une petite fossette ovale et deux pores sous la symphyse. Ligne latérale continue, portions molles de la dorsale et de l'anale fortement squammeuses. Écailles cténoïdes polystiques, celles de la ligne latérale à canal divisé dans l'aire spinigère.

Les espèces de ce genre, au nombre peut-être d'une vingtaine, car on est en droit de penser que, parmi celles qui ont été décrites, il peut y avoir quelque double emploi, sont propres aux mers intertropicales de l'Amérique. Les Gorettes anciennement n'étaient connues que de la région orientale : *Diabasis formosus*, Lin., *D. chrysopterus*, Lin., *D. chromis*, Brouss., *D. elegans*, Bl., *D. trivittatus*, Bl. Sch., *D. canna*, C. V., *D. albus*, C. V., *D. xanthopterus*, C. V., *D. candimacula*, C. V., *D. aurolineatus*, C. V., *D. Schrankii*, Agass., *D. microphthalmus*, Günth., *D. macrostoma*, Günth., *D. chrysargyreus*, Günth., *D. lateralis*, n. sp.; aujourd'hui on en connaît plusieurs du Pacifique : *Diabasis sex-fasciatus*, Gill, *D. flaviguttatus*, Gill (= *D. margaritiferus*, Günth., sec. Steindachner), *D. maculicauda*, Gill, *D. brevirostris*, Günth., *D. undecimalis*, Steind.

Bien que le nom d'*Hæmulon*, créé par Cuvier dans la seconde édition du *Règne animal* (1829), soit le plus généralement adopté et préférable sous certains rapports, cependant, pour se conformer aux règles de la nomenclature, on doit reprendre comme antérieure la dénomination de *Diabasis* donnée par Desmarest. On sait que cet auteur, frappé du caractère fourni par les écailles, qui couvrent en grande partie les nageoires molles impaires, regarde les Poissons du genre qu'il a décrit comme intermédiaires entre les Squammipennes d'une part, les Lutjans et les Pristipomes d'une autre (διάβασις, passage).

Quatre espèces, *Diabasis elegans*, C. V., *D. lateralis*, n. sp., *D. chrysopterus*, Linn., *D. microphthalmus*, Günth., ont été rapportées par la Commission scientifique du Mexique.

1. Diabasis elegans.

(Pl. VII, fig. 1, 2, 2 *a*, 2 *b* et 2 *c*.)

Hæmulon elegans, Cuvier et Valenciennes, 1830; *Hist. nat. des Poiss.* t. V, p. 227.

D. XII, 17; A. III, 9.
Écailles : 8/55/19.

Cette espèce est-elle réellement distincte du *Diabasis formosus*, Linné? C'est ce qui peut sembler douteux, surtout quand on examine les spécimens recueillis et dessinés par M. Bocourt. Suivant Cuvier et Valenciennes, ces animaux ne diffèrent absolument que par la coloration. M. Günther[1] ajoute quelques détails pour les proportions : dans le *Diabasis formosus*, Linné, le diamètre de l'œil fait les deux neuvièmes de la longueur de la tête et les trois cinquièmes de la longueur du museau; les rapports de ces mêmes dimensions pour le *Diabasis elegans*, C. V., seraient deux septièmes et deux tiers. Ces différences, on le voit, sont légères.

Les deux spécimens figurés ici, et qui bien évidemment appartiennent à la même espèce, offrent des différences presque de même ordre, si l'on y regarde d'un peu près. Ainsi, sur l'un le diamètre de l'œil est égal aux deux neuvièmes de la longueur de la tête, sur l'autre il est un peu supérieur au quart; sur le premier ce diamètre, comparé à la longueur du museau, est un peu plus grand que la moitié; sur l'autre il est presque égal aux deux tiers; j'ajouterai que le premier m'a offert pour formule des écailles 11/52/17, ce qui s'éloigne un peu, pour la ligne transversale surtout, des chiffres donnés plus haut; toutefois il faut remarquer que la somme des écailles, supérieures et inférieures, est sensiblement la même sur l'un et l'autre individu.

Quant à la coloration, dont les croquis de M. Bocourt donnent une idée parfaite, on voit que sur l'un[2] les teintes, d'une manière générale, sont plus vives, la couleur jaune doré du fond s'étendant au ventre et aux nageoires, surtout pour le bord libre de la caudale, l'anale et les ventrales; sur l'autre[3] les lignes bleues manquent à l'abdomen, ce qui semblerait conduire au *Diabasis formosus*, Linné, où elles n'existent plus que sur la tête.

[1] Günther, *Cat. Brit. Mus. Fishes*, 1860, t. I, p. 305 et 306. — [2] Pl. VII, fig. 1. — [3] Pl. VII, fig. 1

Les écailles des flancs[1] sont analogues à celles que l'on connaît chez les Sciénoïdes vrais, plus ou moins régulièrement quadrilatères, avec des lobes marginaux au nombre de huit ou neuf sur le bord antérieur; les spinules au bord libre sont nombreuses, j'en compte plus d'une centaine sur une écaille de grande taille mesurant 8^{mm},8 de haut sur 7 millimètres de long. Les écailles de la ligne latérale sont plus intéressantes[2]; le canal, à lame bien distincte, arrivé à l'angle antérieur de l'aire spinigère, se continue, au delà de la perforation interne, en deux branches simples non ramifiées, qui atteignent le bord libre en divisant la rangée postérieure des spinules en trois parties; les sillons centripètes, qui limitent les lobes marginaux, plus ou moins indistincts en se rapprochant du foyer, font qu'en face du canal paraît exister dans certains cas un lobe plus développé; les spinules sont toujours parfaitement nettes.

Longueur totale	241^{mm}
Hauteur	80
Épaisseur	29
Longueur de la tête	71
Longueur de la nageoire caudale	45
Longueur du museau	31
Diamètre de l'œil	16
Espace interorbitaire	19

N° 9835 du Catalogue de la collection du Muséum[3].

Ces Poissons ont été pris à la Jamaïque, au mois de février 1865.

2. DIABASIS LATERALIS, *n. sp.*

D. XII, 15; A. III, 8.
Écailles : 9/55/16.

Par son aspect général, ce Poisson se rapproche des *Diabasis formosus*, Linné, et *D. elegans*, C. V.; il est en effet comprimé, la plus grande hauteur faisant très-près du tiers de la longueur totale, tandis que l'épaisseur n'en atteint guère que le huitième.

La tête, à chanfrein élevé, est égale à la plus grande hauteur, le museau en occupe les trois septièmes, l'œil le quart seulement, la perpendiculaire abaissée du centre de ce dernier tombe fort près de l'extrémité du maxillaire.

Quant à la coloration, autant qu'on en peut juger, le corps est orné d'une série de lignes longitudinales sombres (uniformément teintées sur l'individu conservé dans la liqueur), l'une, partant de dessus l'œil, passe à l'angle supérieur de la fente branchiale et suit exactement le trajet de la ligne latérale jusqu'au pédoncule caudal; une

[1] Pl. VII, fig. 2 b. — [2] Pl. VII, fig. 2 c. — [3] L'exemplaire figuré pl. VII, fig. 1, porte le n° 9836 du Catalogue de la collection du Muséum.

seconde, placée plus bas, part du bord postérieur de l'orbite et traverse la région operculaire pour aller en ligne droite rejoindre la précédente en arrière, partageant en quelque sorte le corps en deux parties égales, l'une supérieure, l'autre inférieure; entre ces deux lignes on voit des traces de lignes courtes, obliques de bas en haut et d'avant en arrière; enfin deux dernières lignes moins distinctes, partant de la région suroculaire et dirigées parallèlement à la courbure dorsale, existent entre celle-ci et la ligne latérale, divisant cet espace en trois parties à très-peu près égales. Sur la tête on ne peut reconnaître de lignes bien distinctes.

Les écailles, sauf quelques détails peu importants, sont trop semblables à celles de l'espèce précédente pour que je croie utile d'y revenir ici.

Longueur totale	248mm
Hauteur	77
Épaisseur	32
Longueur de la tête	76
Longueur de la nageoire caudale	53
Longueur du museau	32
Diamètre de l'œil	18
Espace interorbitaire	19

N° A 4817 du Catalogue de la collection du Muséum.

Cette espèce est-elle réellement distincte de la précédente? C'est ce qu'il est assez difficile de décider, par la raison surtout que je n'ai pu examiner qu'un exemplaire. Cependant les différences, légères il est vrai, qu'on constate dans la formule des nageoires et dans l'aspect général, soit pour les proportions, soit pour le système de coloration m'engagent à l'en séparer. J'ajouterai que, dans ses notes de voyage, M. Bocourt l'avait regardée comme un type particulier.

Le *Diabasis lateralis* a été pris à la Jamaïque avec les précédents.

3. DIABASIS CHRYSOPTERUS.

Perca chrysoptera, Linné, 1766; *Systema naturæ*, 12e édit., p. 485.
Hæmulon chrysopteron, Cuvier et Valenciennes, 1830; *Hist. nat. des Poiss.* t. V, p. 240.

D. XIII, 14; A. III, 8.
Écailles : 9/55/14.

Cet exemplaire, malgré sa petite taille, présente tous les caractères de l'espèce linnéenne; en particulier les caractères relatifs à la longueur du corps, à celle du maxillaire, à la disposition des dents, à la grandeur de l'orbite. Toutefois, il présente à la base de la nageoire caudale une tache noire (après conservation dans la liqueur) que les auteurs ne mentionnent pas.

Les écailles sont construites sur le type habituel, celles de la ligne latérale offrent un canal terminal double dans l'aire spinigère.

Longueur totale	125mm
Hauteur	34
Épaisseur	14
Longueur de la tête	33
Longueur de la nageoire caudale	26
Longueur du museau	11
Diamètre de l'œil	10
Espace interorbitaire	8

N° A 4815 du Catalogue de la collection du Muséum.

Ce Poisson vient de la Jamaïque, comme les précédents.

4. Diabasis microphthalmus.

Hæmulon microphthalmum, Günther, 1859: *Cat. Brit. Mus. Fishes*, t. I, p. 306.

D. XII. 16; A. III. 8.
Écailles : 10/52 17.

Je n'ai eu à ma disposition qu'un exemplaire en peau; bien qu'il fût en état de parfaite conservation, il peut y avoir quelque doute sur la détermination spécifique. Il est certain cependant que c'est une espèce proportionnellement fort allongée, la hauteur n'étant pas beaucoup supérieure au quart de la longueur totale; d'un autre côté, le maxillaire atteint à peine le niveau de la verticale abaissée au devant de l'œil; ce dernier enfin est petit, faisant environ le sixième de la longueur de la tête, et il est contenu au moins deux fois dans la longueur du museau.

Ces caractères ne se rencontrent réunis, pour les espèces jusqu'ici décrites, que chez les *Diabasis microphthalmus*, Günth., *D. albus*, C. V., *D. macrostoma*, Günth., *D. canna*, C. V.; mais les deux derniers présentent des lignes sombres, dont il n'y a pas trace sur l'exemplaire que j'ai entre les mains, et comme le *Diabasis albus*, C. V., tout en étant assez allongé, l'est moins que le *Diabasis microphthalmus*, Günther, je crois devoir plutôt rapprocher cet individu de ce dernier; ces deux espèces, autant qu'on en peut juger, sont d'ailleurs très-voisines l'une de l'autre.

Longueur totale	510mm
Hauteur	130
Épaisseur	?
Longueur de la tête	134
Longueur de la nageoire caudale	114

Longueur du museau	62^m
Diamètre de l'œil	24
Espace interorbitaire	36

N° A 4814 du Catalogue de la collection du Muséum.

Cet individu a été recueilli par M. Bocourt à la Jamaïque.

Genre CONODON, Cuv. et Val.

Cuvier et Valenciennes, 1830; *Histoire naturelle des Poissons*, t. V, p. 156.

Sciénoïdes à deux dorsales subdistinctes ou plutôt à dorsale unique profondément échancrée; sept rayons branchiostéges; mâchoire inférieure dépassant à peine la supérieure, à symphyse privée de barbillons; dents de la rangée externe robustes, coniques, surbaissées; épines anales fortes, surtout la seconde. Ligne latérale continue. Écailles cténoïdes polystiques, celles de la ligne latérale à canal indistinct dans une aire spinigère paucispinulée et en partie membraneuse.

On conserve ce genre à titre historique; comme M. Günther l'a fait remarquer, il ne peut réellement être distingué du genre *Pristipoma;* il en sera question plus loin à propos du *Pristipoma cavifrons*, C. V. M. Troschel aurait même émis l'opinion que l'espèce la plus connue du genre, le *Conodon Plumieri*, Bl., est identique au *Pristipoma Coro*, Bl.[1], et M. Steindachner[2] n'hésite pas à faire entrer dans le genre *Pristipoma* le *Conodon Pacifici*, Günth.; le savant ichthyologiste de Vienne décrit aussi, sous le nom de *Pristipoma Furthii*, Steind., un Poisson que la grosseur de ses dents antérieures permet également de rapprocher du *Conodon Plumieri*, Bl.

[1] Müller (J.-W.). *Reisen in den Vereinigten Staaten*, etc. p. 91. 1864-1865 (d'après le *Zoolog. Record*, p. 182).

[2] Steindachner, *Ichthyol. Beiträge*, V, 1876 (p. 3 du tirage à part).

Conodon Plumieri, Bloch.

Sciæna Plumieri, Bloch, 1797; *Ichthyol.* IXe part. p. 57, pl. CCCVI.
Conodon antillanus, Cuvier et Valenciennes, 1830; *Hist. nat. des Poiss.* t. V, p. 156.
C. Plumieri, Günther, 1859; *Cat. Brit. Mus. Fishes*, t. I, p. 304.

D. XII, 13; A. III, 7.
Écailles : 6/52/14.

Il me paraît probable, suivant l'opinion adoptée par M. Günther, qu'il faut regarder le *Sciæna Plumieri* de Bloch comme identique au *Conodon antillanus* de Cuvier et Valenciennes. Les exemplaires, au nombre de deux, faisant partie de la collection rassemblée au Mexique, confirment d'autant mieux cette manière de voir, que, malgré l'altération causée par la liqueur conservatrice, on reconnaît encore sur l'un d'eux la trace des bandes longitudinales jaunes indiquées sur le dessin du P. Plumier. Seulement ce dernier aurait imparfaitement rendu la disposition des nageoires, surtout en ce qui concerne la dorsale, divisée nettement en deux sur son dessin, tandis qu'une membrane continue réunit tous les rayons chez le *Conodon antillanus*, C. V. Le douzième rayon est en réalité un peu plus long que le précédent et la membrane d'union s'abaisse notablement entre eux deux, cependant il est incontestable, au point de vue anatomique, que l'épiptère est continue.

Une écaille des flancs proportionnellement grande, en quadrilatère, mesurant 6^{mm},7 de haut sur 5^{mm},5 de large, offre au bord postérieur dix ou onze lobes; les spinules, au bord libre, sont au nombre de cinquante-trois, sur cinq ou six suivant une rangée longitudinale prise au centre; l'écaille examinée offrait un foyer large, érodé. Une écaille de la ligne latérale est plutôt de forme triangulaire, à côtés fortement convexes, devenant subcirculaire: le canal, simple jusqu'au niveau de la perforation interne, se bifurque au delà; les tubes ainsi formés sont peu nets et paraissent être en partie membraneux; les lobes marginaux manquent; on ne distingue, en effet, qu'un sillon centripète rapproché du bord inférieur; l'aire spinigère porte des spinules peu distinctes au nombre de treize ou quatorze au bord libre.

Longueur totale	219^{mm}
Hauteur	57
Épaisseur	29
Longueur de la tête	54
Longueur de la nageoire caudale	37
Longueur du museau	18
Diamètre de l'œil	14
Espace interorbitaire	11

N° A 3447 du Catalogue de la collection du Muséum.

Deux espèces seulement seraient jusqu'ici décrites comme appartenant au genre Conodon : le *Conodon Plumieri*, Bl., et le *Conodon Pacifici*, Günth.[1] ; les proportions du corps sont tellement dissemblables qu'il est inutile d'insister sur les caractères différentiels. Ce dernier est beaucoup plus haut relativement à sa longueur, le rapport de ces deux dimensions étant environ comme deux tiers; le *Pristipoma* (*Conodon*) *Furthii*, Steind., s'en rapproche sous ce rapport[2].

Cette espèce est représentée dans les collections de la Commission par deux exemplaires, l'un pris pour type, recueilli à la Jamaïque par M. Bocourt, l'autre acquis de M. Boucard comme venant du golfe du Mexique.

Genre PRISTIPOMA, Cuv.

Cuvier, 1829; *Règne animal*, t. II, p. 176.

Sciénoïdes à dorsale unique; sept rayons branchiostéges; mâchoires égales, à lèvres d'ordinaire médiocrement épaisses et peu papilleuses; pas de barbillons, mais une petite fossette ovale et deux pores sous la symphyse. Ligne latérale continue, portions molles de la dorsale et de l'anale peu ou point squammeuses. Écailles cténoïdes, celles de la ligne latérale à canal bifurqué dans l'aire spinigère, qui se trouve ainsi divisée en trois parties.

Le genre Pristipome est, parmi les Sciénoïdes, l'un des plus nombreux en espèces, car il n'en comprend pas moins d'une soixantaine, en y réunissant les quelques Poissons du genre *Conodon* cités précédemment. Ces animaux habitent surtout les mers intertropicales; cependant quelques espèces remontent ou descendent plus loin, puisqu'on en connaît des côtes d'Algérie, d'une part, et, d'un autre côté, de Valparaiso.

Sur les côtes orientales d'Amérique, on en signale un certain nombre : *Pristipoma surinamense*, Bl., *P. coro*, Bl., *P. serrula*, C. V., *P. crocro*, C. V., *P. Catharinæ*, C. V., *P. lineatum*, C. V., *P. fasciatum*, C. V., *P. viridense*, C. V., *P. bicolor*, Cast. (= *P. brasiliense*, Steind.). On en connaît encore davantage du Pacifique : *Pristipoma Conceptionis*, C. V., *P. cantharinum*, Jenyns, *P. notatum*,

[1] Günther. *Trans. Zool. Soc. of London*, t. VI, p. 117, pl. LXIV, fig. 3, 1868-1869.

[2] Steindachner, *Ichthyol. Beiträge*, V, 1876 (p. 4 du tirage à part), pl. I. On verra plus loin, lorsqu'il sera question du *Pristipoma cavifrons*, C. V., que ces deux espèces de *Conodon* peuvent même être regardées comme douteuses.

Peters, *P. humile*, Kn. et Steind., *P. Knerii*, Steind., *P. nitidum*, Steind., *P. axillare*, Steind., *P. brevipinne*, Steind., *P. Davidsonii*, Steind., *P. panamense*, Steind., *P. Furthii*, Steind., *P. Dovii*, Günth., *P. chalceum*, Günth., *P. macracanthum*, Günth., *P. Andrei*, Sauv. Enfin on en trouve quelques-unes, et le nombre s'en accroîtra sans doute, qui habitent sur les deux rives : *Pristipoma virginicum*, Linné, *P. cavifrons*, C. V., *P. melanopterum*, C. V., *P. Boucardi*, Steind., *P. leuciscus*, Günth.

Six espèces font partie des collections appartenant à la Commission scientifique du Mexique : *Pristipoma cavifrons*, C. V., *P. Dovii*, Günth., *P. melanopterum*, C. V., *P. leuciscus*, Günth., *P. macracanthum*, Günth., *P. Boucardi*, Steind.

1. PRISTIPOMA CAVIFRONS.

Diagramma cavifrons, Cuvier et Valenciennes, 1830; *Hist. nat. des Poiss.* t. V, p. 290, pl. CXXIII.
Pristipoma cavifrons, Günther, 1859; *Cat. Brit. Mus. Fishes*, t. I, p. 286.
? *Conodon Pacifici*, Günther, 1869; *Trans. Zool. Soc. of London*, t. VI, p. 417, pl. LXIV, fig. 3.
? *Paraconodon Pacifici*, Bleeker, 1875; *Syst. Percarum rev.* pars I (p. 26 du tirage à part).
? *Pristipoma Pacifici*, Steindachner, 1876; *Ichth. Beitr.* V (p. 2 du tirage à part).
? *Pristipoma Furthii*, Steindachner, 1876; *Ichth. Beitr.* V (p. 4 du tirage à part), pl. I.

D. XII, 13; A. III, 9.
Écailles : 8/45/16.

La comparaison de cet exemplaire avec le type du *Diagramma cavifrons*, C. V., et de plus avec un autre individu rapporté de Rio Janeiro par Menestriès et, d'après l'étiquette, vu également par les auteurs de l'*Histoire naturelle des Poissons*, aussi bien qu'avec des individus envoyés de Bahia par M. Brunet, ne permet pas de douter de l'identification spécifique. Il est à remarquer toutefois que la fossette génienne médiane est indistincte sur le second, qui ne mesure guère plus de 200 millimètres[1], elle se trouve sur le dernier, long de 370 millimètres, aussi bien que sur l'individu dont il est ici plus particulièrement question. Malgré l'importance attribuée à ce caractère par les auteurs systématiques, il me semble qu'on peut le regarder comme dépendant de l'âge, le reste de l'organisation ne présentant pas de différences sensibles et l'aspect étant absolument le même. Rien ne paraît d'ailleurs mériter d'être ajouté aux descriptions générales, fort bien faites, qui ont été données de ce Poisson.

Les écailles, vu la taille de l'individu, sont énormes : une d'elles, prise sur les flancs, ne mesure pas moins de 15 millimètres de haut, sur autant de long; on compte

[1] Sur le type véritable, rapporté du Brésil par Delalande et long de 280 millimètres, il est difficile d'apprécier ce caractère, cet individu étant empaillé.

quatorze lobes marginaux et cent vingt-cinq spinules au bord libre; ceux-ci sont seuls bien développés et, au contraire, assez rudimentaires suivant une ligne centripète à la partie médiane pour qu'il soit difficile d'en déterminer au juste le nombre. Une écaille de la ligne latérale est beaucoup moins grande, car elle mesure 7 millimètres de haut sur 7mm,5 de long; aire spinigère petite; le canal, bifurqué, intercepte un espace triangulaire médian, qui paraît rester membraneux, aussi bien que les spinules peu nombreuses dont il est armé; dans les espaces latéraux, au contraire, les spinules sont rigides et bien développées; est-ce un fait normal ou un accident individuel?

Longueur totale	310mm
Hauteur	112
Épaisseur	44
Longueur de la tête	81
Longueur de la nageoire caudale	60
Longueur du museau	21
Diamètre de l'œil	21
Espace interorbitaire	26

N° A 4827 du Catalogue de la collection du Muséum.

Si l'on accordait à la disposition de l'appareil dentaire l'importance que lui donnait Cuvier, le *Pristipoma cavifrons*, C. V., devrait être placé dans le genre *Conodon*: mais on voit sur bon nombre de Pristipomes les dents de la rangée externe plus développées que les autres: aussi convient-il, comme je l'ai dit plus haut, de réunir tous ces animaux en un même groupe. A plus forte raison le genre *Paraconodon*, proposé par Bleeker, ne peut être conservé, le caractère tiré de l'union des dorsales en une nageoire unique est inexact, attendu que ces dorsales ne sont pas réellement distinctes, même chez le *Conodon Plumieri*, Bloch.

Enfin ne doit-on pas réunir encore à cette espèce les *Pristipoma* (*Conodon*) *Pacifici*, Günther, et *Pristipoma Furthii*, Steind.? La compétence incontestable, dans une semblable question, des deux auteurs qui ont créé ces espèces, rend évidemment la réponse fort difficile, d'autant que M. Steindachner les a maintenues l'une et l'autre dans le travail cité. Toutefois j'avoue qu'après avoir lu attentivement toutes les descriptions, avoir comparé les différentes figures données, il me paraît infiniment probable qu'elles représentent une seule et même espèce, mais la comparaison directe des exemplaires types pourrait seule permettre de juger la question.

L'individu appartenant à la Commission scientifique du Mexique a été pris par M. Bocourt à la Union (République du Salvador): c'est encore une espèce à joindre à celles qui se trouvent à la fois dans les mers qui baignent les deux versants de l'Amérique tropicale.

2. Pristipoma Dovii.

Pristipoma Dovii, Günther, 1864; *Proceed. Zool. Soc. of London*, p. 23, pl. III, fig. 1.
P. Dovii, Günther, 1869; *Trans. Zool. Soc. of London*, t. VI, p. 414.

D. XI, 15; A. III, 9.
Écailles : 9/46/15.

L'ensemble des caractères et la comparaison avec l'excellente figure donnée par M. Günther ne laissent aucun doute sur l'identification spécifique. Il y a, il est vrai, pour la dorsale, une différence qui n'est pas sans importance, les types présentant la formule XII, 16, c'est-à-dire une épine et un rayon de plus; toutefois des variations analogues se rencontrent dans différentes espèces du même genre[1], il n'y a donc pas trop lieu de s'y arrêter.

Les écailles sont construites sur le type ordinaire, celles de la ligne latérale avec un canal bifurqué.

Longueur totale	143^{mm}
Hauteur	45
Épaisseur	19
Longueur de la tête	37
Longueur de la nageoire caudale	31
Longueur du museau	10
Diamètre de l'œil	12
Espace interorbitaire	9

N° A 4228 du Catalogue de la collection du Muséum.

Ce Pristipome, par la hauteur de son corps, la convexité de son chanfrein et d'autres caractères, se rapproche beaucoup du *Pristipoma cavifrons*, C. V., précédemment cité. A la Union, localité où M. Bocourt l'a recueilli, les pêcheurs le considèrent comme étant l'état jeune de celui-ci. Cette opinion, quoique admissible, demanderait à être confirmée par des observations positives.

3. Pristipoma melanopterum.

Pristipoma melanopterum, Cuvier et Valenciennes, 1830; *Hist. nat. des Poiss.* t. V, p. 273.
P. melanopterum, Günther, 1869; *Trans. Zool. Soc. of London*, t. VI, p. 414 (excl. synon. : *P. bilineatum* C. V.).

D. XII, 18; A. III, 8.
Écailles : 8/50/16.

Ce Pristipome, remarquable par la hauteur de son corps, égale pour le moins aux quatre onzièmes de la longueur totale, est trop connu pour qu'il soit nécessaire

[1] Ainsi les *Pristipoma argenteum*, Forsk., *P. Bennettii*, Lowe, *P. japonicum*, C. V.

d'en donner ici la description. Cependant je ferai remarquer que dans les exemplaires examinés le maxillaire dépasse visiblement le niveau de la verticale abaissée au devant de l'œil; en outre, la plus longue épine de la dorsale est la quatrième et non la troisième.

La couleur du plus grand des individus correspond bien à celle qui est indiquée par Cuvier et Valenciennes; le plus petit, qui mesure 120 millimètres, offre deux bandes longitudinales comme le *Pristipoma bilineatum*, C. V.

Les écailles sont construites sur le type habituel : une écaille des flancs, laquelle mesure 6 millimètres dans les deux dimensions, a huit festons marginaux avec cinquante-sept spinules au bord libre. A la ligne latérale, le canal, simplement bifurqué dans une aire spinigère étroite, circonscrit un îlot central chargé de spinules et laisse deux parties externes également armées, peu élargies.

Longueur totale	149^{mm}
Hauteur	54
Épaisseur	19
Longueur de la tête	38
Longueur de la nageoire caudale	29
Longueur du museau	11
Diamètre de l'œil	13
Espace interorbitaire	9

N° A 4830 du Catalogue de la collection du Muséum.

Cette espèce présente des caractères trop nets pour qu'elle puisse être confondue avec aucune autre; elle offre toutefois, pour la synonymie, certaines difficultés sur lesquelles M. Günther a insisté. Le savant directeur du Musée Britannique fait remarquer que le *Pristipoma melanopterum*, C. V., devrait, suivant toutes probabilités, être considéré comme l'adulte du *Pristipoma bilineatum*, C. V., puisqu'il a observé sur les petits individus les bandes caractéristiques de ce dernier. La comparaison avec le type décrit et figuré par Cuvier et Valenciennes, lequel est dans un état de conservation ne laissant rien à désirer, ne paraît pas justifier entièrement cette manière de voir. En premier lieu, les formules données pour les nageoires sont parfaitement exactes et celle de la dorsale en particulier est bien XII, 15; je trouve pour les écailles 8 46 14; enfin le chanfrein est moins convexe que chez le *Pristipoma melanopterum*, C. V. Jusqu'à plus ample informé, il serait donc préférable de conserver les deux espèces; il est vrai que le *Pristipoma bilineatum*, C. V., n'est connu que par un seul exemplaire.

Les *Pristipoma melanopterum*, C. V., appartenant à la collection de la Commission scientifique, ont été acquis de M. Boucard et viennent du golfe du Mexique. M. Günther signale l'espèce comme ayant été rapportée également du Pacifique.

4. Pristipoma leuciscus.

Pristipoma leuciscus, Günther, 1864; *Proceed. Zool. Soc. of London*, p. 147.
P. leuciscus. Günther, 1869; *Trans. Zool. Soc. of London*, t. VI, p. 416, pl. LXVI, fig. 3.
? *P. axillare*. Steindachner, 1869; *Ichthiol. Notiz.* VIII, (p. 7 du tirage à part), pl. IV.

D. XII. 15; A. III. 7.
Écailles : 5/52/14.

Les proportions, les formules des nageoires et les autres caractères répondent si exactement à la description et à la figure données par M. Günther, qu'il me paraît impossible de ne pas rapporter à cette espèce l'exemplaire recueilli par M. Bocourt; toutefois, la troisième épine anale n'est pas sensiblement plus longue que la deuxième, laquelle est moins forte que ne l'indique la figure de M. Günther. Ces différences, et quelques autres aussi peu importantes, sont évidemment trop faibles pour justifier une distinction spécifique.

La coloration, à en juger par l'individu conservé, diffère de celle qui est indiquée pour les types, elle paraît uniformément argentée, un peu plus foncée sur le dos, avec quatre ou cinq lignes étroites, longitudinales, situées à la partie moyenne des flancs; une petite tache noire existe à l'angle axillaire de la pectorale, elle est moins marquée que ne l'indique la figure du *Pristipoma axillare* donnée par M. Steindachner; on ne voit pas de coloration particulière au point d'attache des nageoires ventrales.

Les écailles ne méritent pas de mention spéciale. Une écaille des flancs, un peu plus haute que longue, (7^{mm},2 sur 6 millimètres), n'a que cinq lobes marginaux et porte soixante-dix-sept spinules au bord libre. A la ligne latérale, le canal, bifurqué dans l'aire spinigère, a ses branches assez rapprochées, en sorte que le delta qu'elles comprennent n'occupe guère plus du cinquième de la largeur du bord postérieur; les spinules sont bien développées.

Longueur totale	200^{mm}
Hauteur	53
Épaisseur	26
Longueur de la tête	50
Longueur de la nageoire caudale	39
Longueur du museau	18
Diamètre de l'œil	13
Espace interorbitaire	11

N° A 4829 du Catalogue de la collection du Muséum.

L'exemplaire du *Pristipoma leuciscus*, Günth., rapporté par M. Bocourt, a été pris à la Jamaïque; les individus d'après lesquels M. Günther a décrit son espèce venaient de Chiapam et de Panama, c'est-à-dire du versant Pacifique.

J'ai cru devoir rapprocher de cette espèce, avec doute, le *Pristipoma axillare*, Steind., notre individu paraît intermédiaire entre celui-ci et le *Pristipoma leuciscus*, Günth., et participe des caractères de l'un et de l'autre; peut-être conviendra-t-il un jour de les réunir.

5. PRISTIPOMA MACRACANTHUM.

(Pl. VIII *bis*, fig. 1.)

Pristipoma macracanthum, Günther, 1869; *Trans. Zool. Soc. of London*, p. 416, pl. LXIV, fig. 1.

D. XII, 13; A. III, 7.
Écailles : 7/49/13.

Je ne vois rien d'important à ajouter à la description donnée par M. Günther, d'autant que l'individu qui appartient aux collections du Muséum étant empaillé, les mensurations ne peuvent être prises qu'imparfaitement; mais un croquis fait d'après nature par M. Bocourt permet de fournir, quant à la coloration, quelques renseignements complémentaires.

Le corps est d'un beau vert tendre sur les parties supérieures, passant au violet rougeâtre sur la tête et le ventre; les lèvres sont rouges, comme chez les *Diabasis*, assez épaisses pour que, les mâchoires étant rapprochées, la bouche paraisse notablement plus petite qu'elle ne l'est en réalité. Les nageoires pectorales sont jaunes, les ventrales et la dorsale épineuse bleuâtres, les autres nageoires impaires verdâtres, plus ou moins nuancées de rouge ou de bleu[1]. Iris rouge et doré.

Longueur totale	395mm
Hauteur	100
Épaisseur	60
Longueur de la tête[2]	?123
Longueur de la nageoire caudale	67
Longueur du museau	?50
Diamètre de l'œil	?24
Espace interorbitaire	43

N° 9840 du Catalogue de la collection du Muséum.

C'est à Tanesco que M. Bocourt a recueilli cet exemplaire.

[1] Il est impossible d'apercevoir aucune trace de cette coloration sur l'individu sec, qui est devenu uniformément brun.

[2] Les dimensions précédées du signe ? n'ont pu être prises d'une manière absolument exacte, par suite du mauvais état de conservation de l'individu.

6. Pristipoma Boucardi.

Pristipoma Boucardi. Steindachner, 1869; *Ichthyol. Notiz*. VIII (p. 1 du tirage à part), pl. I.

D. XIII, 12; A. III, 8.
Écailles : 7/50/18.

Les collections de la Commission scientifique du Mexique renferment un exemplaire qui présente fort exactement les caractères de cette espèce, à forme très-allongée, à mâchoire supérieure dépassant un peu et abritant l'inférieure, ayant le préopercule fortement denticulé, surtout vers l'angle, et enfin la seconde épine anale, robuste, remarquablement allongée, car elle a bien près des sept huitièmes de la longueur de la tête. La description et la figure du travail de M. Steindachner en donnent d'ailleurs une idée très-exacte.

Les écailles sont cténoïdes, sur le type ordinaire. Une écaille des flancs, en quadrilatère, à foyer très-rapproché de l'aire spinigère, mesure $4^{mm},5$, aussi bien en hauteur qu'en longueur; il y a neuf lobes marginaux et cinquante-cinq spinules au bord libre, sur une dizaine de profondeur à la partie médiane, dont les cinq externes seules bien visibles. Écaille de la ligne latérale à côtés arrondis, haute de $2^{mm},5$, longue de 3 millimètres, avec dix lobes marginaux, celui d'entre eux qui répond au canal étant très-peu plus grand que les autres; la bifurcation du canal dans l'aire spinigère limite un delta médian qui occupe environ les deux cinquièmes du bord libre; la portion laissée en dessus est d'un peu moindre dimension, tandis que l'inférieure équivaut à peine au dernier cinquième; partout les spinules sont bien développées.

Longueur totale	175^{mm}
Hauteur	40
Épaisseur	20
Longueur de la tête	43
Longueur de la nageoire caudale	31
Longueur du museau	14
Diamètre de l'œil	13
Espace interorbitaire	8

N° 1088 du Catalogue de la collection du Muséum.

C'est du *Pristipoma humile*, Kn. Steind., que paraît se rapprocher davantage cette espèce: toutefois le premier présente un museau plus long, l'espace interorbitaire est plus large.

L'individu dont il est ici question, acquis de M. Sallé, vient de Cosamaloapam, localité qui se trouverait dans la province d'Oaxaca et par conséquent sur le Pacifique; le type décrit par Steindachner a été recueilli dans le golfe du Mexique.

De ce dernier point M. Bocourt a rapporté un Pristopome[1] que je regarde également comme un *Pristipoma Boucardi*, Steind.; il est plus grand et mesure 229 millimètres de longueur totale, mais les proportions, les formules des nageoires sont sensiblement les mêmes, la seule différence un peu importante est que sur celui-ci le maxillaire dépasse le niveau du bord orbitaire antérieur, tandis que pour l'exemplaire cité en premier lieu il l'atteint à peine; c'est encore un rapprochement à établir avec le *Pristipoma humile*, Kn. Steind.

Genre POMACENTRUS, Lacép.

Cuvier, 1829, *Règne animal*, t. II, p. 179.

Sciénoïdes anormaux à dorsale unique; cinq rayons branchiostéges, préopercule dentelé; dents unisériées, tranchantes, relativement fortes. Ligne latérale interrompue. Écailles cténoïdes polystiques, celles qui appartiennent à la ligne latérale avec un canal à deux ouvertures (l'orifice antérieur et la perforation interne) non prolongé dans l'aire spinigère, dont le bord est simple, plus rarement échancré.

Il serait fort difficile de se faire une idée exacte du nombre des espèces appartenant à ce genre, car beaucoup d'entre elles, fondées sur la coloration, ne devront sans doute pas être conservées.

La plupart des Pomacentres appartiennent à la faune indienne et nous n'en connaissons relativement que peu sur les côtes d'Amérique. Dans l'Atlantique on signale les *Pomacentrus fuscus*, C. V., *P. planifrons*, C. V., *P. leucostictus*, Müll. et Trosch., *P. adustus*, Trosch., *P. flaviventer*, Trosch., *P. otophorus*, Poey, *P. xanthurus*, Poey[2]. Sur la côte occidentale on cite les *Pomacentrus latifrons*, Tschudi, et *P. quadriguttata*, Gill. Enfin le *Pomacentrus rectifrænum*, Gill, dont il sera question plus bas, existe aussi bien dans le Pacifique que dans l'Atlantique.

La disposition anatomique des écailles de la ligne latérale est importante à noter. Par suite de l'absence de prolongement du canal au delà de la perforation interne, les spinules, dans l'aire spinigère, forment des séries ininterrompues comme sur les écailles des corps. Ce sont des écailles du type décrit plus haut en détail chez les Centropomes[3].

[1] N° 4831 du Catalogue de la collection du Muséum.

[2] Les espèces suivantes, de Cuba, indiquées par M. Poey (*Rev. de los Pesces descr. por Poey*, 1867, et *Ann. Soc. Esp.* 1876) sont décrites d'une manière trop incomplète pour qu'on puisse dès à présent les admettre comme réelles : *Pomacentrus atrocyaneus*, *P. partitus*, *P. analis*, *P. caudalis*, *P. dorsopunicans*, *P. obscuratus*, *P. niveatus*.

[3] Voy. page 9.

POMACENTRUS RECTIFRÆNUM.

Pomacentrus rectifrænum, Gill, 1862; *Proceed. Acad. nat. sc. of Philadelphia*, p. 148.
P. rectifrænum, Günther, 1862; *Cat. Brit. Mus. Fishes*, t. IV, p. 26.
P. rectifrænum, Günther, 1869; *Trans. Zool. Soc. of London*, p. 415 (à consulter pour la discussion de la synonymie).

D. XII, 14; A. II, 12.
Écailles : 4/20+6/10[1].

Un petit individu appartenant aux collections de la Commission scientifique du Mexique se rapporte assez exactement aux descriptions données de cette espèce, laquelle malheureusement n'a pas, que je sache, été encore figurée. Cependant il est à remarquer que la dorsale présente en moins un rayon et l'anale deux.

Quant au système de coloration, sur l'animal conservé dans la liqueur, elle est uniforme, avec une tache blanc bleuâtre au centre de chaque écaille, au point où celle-ci n'est plus couverte par les deux écailles précédentes; ces taches, plus visibles à la partie dorsale, où elles ont une forme lunulée, sont arrondies sur le reste du corps et, entre les yeux, donnent naissance à des lignes plus ou moins interrompues. Il résulte de cet ensemble un dessin assez élégant, en quinconce, et surtout deux séries parallèles, longitudinales, de points limitant la ligne latérale. On remarque en outre, à la partie antérieure et à la base de la dorsale molle, une tache sombre parsemée et circonscrite de ces mêmes points blancs, figurant une sorte d'ocelle, puis, sur la partie supérieure du pédoncule caudal, une autre tache également sombre et cerclée d'une teinte pâle.

Les écailles sont proportionnellement grandes, comme dans tous les Poissons du même groupe. Une écaille des flancs, mesurant 5mm,9 de haut sur 3mm,4 de long, a son foyer peu distinct: les sillons centripètes qui séparent les dix lobes marginaux du bord antérieur convergent fortement en éventail vers ce foyer; l'aire spinigère, étroite, offre à son bord libre un nombre considérable de spinules, il n'y en a pas moins de cent vingt; en profondeur on en trouve deux ou trois rangées seulement. L'écaille de la ligne latérale, un peu plus petite, 4mm,3 de haut sur 3 millimètres de long, est pourvue d'un canal court, qui ne présente que deux ouvertures, correspondant l'une à l'orifice antérieur, l'autre à la perforation interne, il ne paraît pas y avoir trace d'orifice postérieur; six lobes marginaux, dont un à peine plus développé, correspondant au canal; aire spinigère semblable à celle des écailles du corps, puisqu'elle n'est traversée par aucun prolongement canaliculé, toutefois à bord libre légèrement sinueux, on compte au moins quatre-vingt-sept spinules saillantes.

[1] Le premier des chiffres pour la ligne latérale indique le nombre des écailles canaliculées jusqu'au point d'interruption, il faut y ajouter le second pour avoir le nombre total des rangées transversales d'écailles.

Longueur totale	79^{mm}
Hauteur	29
Épaisseur	10
Longueur de la tête	18
Longueur de la nageoire caudale	18
Longueur du museau	5
Diamètre de l'œil	6
Espace interorbitaire	5

N° A 4832 du Catalogue de la collection du Muséum.

Par ses dimensions, par la distribution des couleurs, ce Poisson se rapproche surtout du *Pomacentrus rectifrænum*, Gill, en admettant toutefois, avec M. Günther, que plusieurs espèces décrites par l'auteur américain ne doivent être considérées que comme représentant de simples variétés. Je dois faire remarquer que la comparaison faite avec le *Pomacentrus variabilis*, individu type rapporté par Castelnau, montre de grands rapports entre ce Poisson et l'exemplaire dont il est question ici. La figure et la description, d'ailleurs assez incomplètes, même erronées sur certains points, données du *Pomacentrus variabilis*, Cast., ne signalent pas des taches qui ornent la tête et le dos, elles sont identiques à celles que présente notre *Pomacentrus rectifrænum*, Gill. Cette coloration n'apparaît-elle qu'après la mort et l'immersion dans l'alcool? C'est ce qu'il est impossible de décider en l'absence d'observations directes plus précises.

L'exemplaire de la collection du Muséum a été acquis de M. Boucard et provient de Caïmito, près de Panama.

Genre GLYPHISODON, Lacépède.

Cuvier, 1829, *Règne animal*, t. II, p. 180.

Sciénoïdes anormaux à dorsale unique, cinq ou six rayons branchiostéges: préopercule non dentelé; dents tranchantes souvent échancrées, unisériées, parfois alternes. Ligne latérale interrompue. Écailles cténoïdes polystiques; celles qui appartiennent à la ligne latérale à canal très variable, tantôt à deux orifices simples, comme chez les *Pomacentrus*, d'autrefois prolongé au delà de la perforation interne par de petits tubes, courts, rayonnants, qui toutefois n'atteignent pas la zone spinigère, dont le bord libre est simple, plus rarement échancré.

Pour les *Glyphisodon*, il n'y aurait qu'à répéter ce qui a été dit plus haut des *Pomacentrus* relativement à l'incertitude où l'on se trouve actuellement quant au nombre réel des espèces. M. Günther, dans le quatrième volume de son catalogue des Poissons du Musée britannique, en cite cinquante-deux, beaucoup ont été indiquées depuis, par Bleeker notamment, mais on ne peut regarder toutes ces espèces comme parfaitement établies.

Les *Glyphisodon* américains sont également peu nombreux, bien que dans ces derniers temps on ait décrit plusieurs nouvelles espèces. On les trouve répartis à peu près également sur les deux rives. Sont cités de l'Atlantique : *Glyphisodon chrysurus*, C. V., *G. taurus*, Müll. et Trosch., *G. rudis*, Poey; du Pacifique : *Glyphisodon Troschelii*, Gill, *G. declivifrons*, Gill, *G. dorsalis*, Gill. Le *Glyphisodon concolor*, Gill, a été signalé de l'un et de l'autre océan, il faut y joindre le *Glyphisodon saxatilis*, Linné.

D'après l'examen d'écailles de la ligne latérale prises sur les différentes espèces que renferme la collection du Muséum, ces organes sont loin d'être constitués sur un type aussi uniforme chez les *Glyphisodon* que chez les *Pomacentrus*, toutes réserves faites d'ailleurs sur ce que l'avenir pourrait montrer, car ces études sont jusqu'ici bien peu avancées. Parfois le canal est à deux orifices simples, d'autrefois autour de la perforation interne on distingue de petits tubes plus ou moins prolongés, parfois ramifiés, mais qui n'atteignent jamais les parties de la lamelle chargées de spinules. C'est une sorte de passage entre les écailles simples des Pomacentres et les écailles à tube complexe des Sciénoïdes. Ces différences, dont il est difficile d'apprécier la valeur dans l'état actuel de la science, demanderaient à être étudiées sur une ou plusieurs espèces données, en vue de constater les variations qui peuvent exister suivant le point qu'occupe l'écaille dans la ligne latérale, et, en second lieu, sur les différentes espèces; on pourrait trouver là de nouvelles bases pour le classement des Pomacentridées; la distinction des genres, établis aujourd'hui d'après le nombre des écailles de la ligne latérale, la denticulation plus ou moins accusée de certaines pièces operculaires ou faciales, etc., y gagnerait peut être en clarté et en précision.

Deux espèces seulement sont représentées dans les collections de la Commission scientifique du Mexique, les *Glyphisodon saxatilis*, Linné, et *G. concolor*, Gill.

1. Glyphisodon saxatilis.

Chætodon saxatilis, Linné, 1766; *Systema naturæ*, 12e édit., t. I, p. 466.
Glyphisodon saxatilis, Cuvier et Valenciennes, 1830; *Hist. nat. des Poiss.* t. V, p. 446.
Glyphidodon saxatilis, Günther, 1862; *Cat. Brit. Mus. Fishes*, t. IV, p. 35.

D. XIII, 13; A. II, 12.
Écailles : 5/21 + 5/11.

Malgré quelques différences dans la formule des écailles, M. Günther la donne comme étant 4/30/11; les proportions du corps, la coloration, et surtout la comparaison avec des individus types vus par Cuvier et Valenciennes, ne peuvent laisser de doute sur l'identification spécifique, quoique les exemplaires appartenant à la Commission scientifique du Mexique n'aient pas encore atteint toute leur taille.

Les écailles des flancs sont construites d'après le type observé sur les *Pomacentrus*: l'une d'elles mesure 6mm,8 de haut sur 5mm,5 de long; il y a neuf lobes marginaux et environ quatre-vingt-dix spinules au bord libre. L'écaille de la ligne latérale est plus singulière : le canal, simple en arrière, présente, au niveau de la perforation interne, quatre tubes courts, étroits, partant de points à peu près également distants les uns des autres sur la circonférence de celle-ci, et terminés par des ouvertures à la partie extérieure de la lame; entre les tubes antérieurs, deux autres tubes encore plus étroits et plus courts, ne se voyant bien qu'à un certain grossissement, aboutissent à des sortes d'ampoules, lesquelles, autant qu'on en peut juger, sont absolument closes, sauf le point de communication avec le tube; aucun de ces prolongements ne pénètre d'ailleurs dans l'aire spinigère.

Longueur totale	101mm
Hauteur	42
Épaisseur	11
Longueur de la tête	22
Longueur de la nageoire caudale	26
Longueur du museau	5
Diamètre de l'œil	7
Espace interorbitaire	7

N° A 4833 du Catalogue de la collection du Muséum.

Cette espèce se rapproche beaucoup du *Glyphisodon Troschelii*, Gill, dont elle ne diffère guère que par la hauteur du corps, à peine plus grande, et quelques détails de coloration.

Les exemplaires, au nombre de deux, que la Commission scientifique du Mexique a acquis de M. Boucard, viennent de Caïmito, sur le Pacifique; jusqu'ici le *Glyphisodon saxatilis*, Linné, n'était connu que de la côte orientale.

2. Glyphisodon concolor.

Euschistodus concolor, Gill, 1862; *Proceed. Acad. nat. sc. of Philadelphia*, p. 145.
Glyphidodon concolor, Günther, 1862 : *Cat. Brit. Mus. Fishes*. t. IV, p. 37.

D. XIII, 12; A. II, 9.
Écailles : 4/20 + 5/11.

L'individu dont il est ici question, confondu avec les précédents dans le même envoi, se distingue de ceux-ci surtout par le nombre moindre des rayons de la nageoire anale. Les bandes verticales sombres ont à peu près la même disposition, mais sont beaucoup moins visibles, ce qui peut tenir au mode de conservation; la ligne transversale cunéiforme, signalée à la base de la pectorale, est bien visible du côté droit, au côté opposé elle a presque entièrement disparu. En somme, la diagnose donnée par M. Günther, celle de M. Gill étant fort insuffisante[1], permet un rapprochement assez exact; je trouve seulement un rayon de moins à l'anale.

Les écailles se rapprochent absolument de celles des *Pomacentrus;* sur l'une d'elles, prise à la ligne latérale, le canal simple, avec deux orifices, l'antérieur et la perforation interne, ne m'a pas présenté les petits canaux supplémentaires signalés plus haut chez le *Glyphisodon saxatilis*, Linné, ce qui peut tenir au rang de l'écaille, la question, comme on l'a dit plus haut, devant rester en suspens jusqu'à ce qu'on ait pu étudier le fait sur un nombre convenable d'individus et d'espèces.

Longueur totale	93mm
Hauteur	39
Épaisseur	11
Longueur de la tête	22
Longueur de la nageoire caudale	22
Longueur du museau	6
Diamètre de l'œil	7
Espace interorbitaire	7

N° A 4834 du Catalogue de la collection du Muséum.

Un individu acquis de M. Boucard et venant de Caïmito. D'après M. Günther l'espèce habite sur les deux rives de l'Amérique centrale.

[1] Elle consiste en quelques renseignements mis en note dans un travail où sont décrits des Poissons de la Basse-Californie, mais l'*Euschistodus concolor* vient de Panama, dit M. Gill

Famille des SPAROÏDES.

Cuvier, 1829, *Règne animal*, 2e édit. p. 180.

Cette famille, d'après Cuvier, se distingue plutôt par des caractères négatifs, dont les plus importants seraient : l'absence de dents au palais, la tête n'offrant pas ce développement du système des canaux dits muqueux, si remarquable chez les Sciénoïdes, enfin les nageoires, qui ne présentent jamais ce revêtement écailleux, plus ou moins complet, qu'on observe parfois dans cette dernière famille et toujours chez les Squammipennes. Malgré cette limitation, scientifiquement si imparfaite, le groupe, très-légèrement modifié, a été conservé par les auteurs modernes et en particulier par M. Günther; c'est qu'en effet les Poissons qui y sont réunis offrent, à peu d'exceptions près, un facies particulier, qui les fait reconnaître au premier coup d'œil.

Cependant les études ichthyologiques réclament aujourd'hui une plus grande précision; aussi ne faudrait-il pas regarder les Sparoïdes comme une section définitivement limitée, ni s'étonner de certaines divergences dans l'appréciation des rapports des animaux entre eux. Ainsi, en n'ayant égard qu'aux derniers travaux publiés sur ce sujet, nous voyons M. Günther, pour les cinq sections dans lesquelles il partage cette famille, admettre à peu près les divisions établies par Cuvier, en les réduisant toutefois d'une; ses Cantharina, Sargina, Pagrina correspondent, avec quelques légers changements, aux quatre divisions données dans le règne animal, la modification la plus importante est la suppression des genres *Dentex* et *Pentapus*, reportés parmi les *Pristipomatidæ* ou mieux parmi les *Percidæ*, d'après la manière de voir adoptée en dernier lieu par l'auteur anglais. Mais il y introduit les Haplodactylina et les Pimelepterina comprenant deux genres dont les affinités avec les Spares sont plus douteuses.

Les Sparoïdes, poissons des mers chaudes et tempérées, se rencontrent sur les côtes intertropicales de l'Amérique et au Mexique; jusqu'ici toutefois, en ce qui concerne ce dernier pays, les espèces signalées sont relativement peu nombreuses et se rapporteraient aux genres *Sargus*, *Chrysophrys* et *Pimelepterus*. Le premier seul est représenté dans les collections de la Commission scientifique du Mexique.

Genre SARGUS.

Cuvier, 1829, *Règne animal*, t. II, p. 181.

Sparoïdes à dents antérieures tranchantes, les postérieures arrondies, grosses, disposées sur plusieurs rangs; pas de dents au palais; écailles cténoïdes, polystiques; celles de la ligne latérale à canal bifurqué dans l'aire spinigère.

Ce genre, bien distinct par sa dentition, ne pourrait guère être confondu qu'avec les *Charax*, mais ceux-ci sont nettement caractérisés par leurs molaires petites et unisériées. C'est sans doute auprès des Sargues qu'il conviendrait aussi de placer le genre *Boridia*, C. V., si, conformément à l'opinion de M. Günther, on range ces animaux parmi les Sparoïdes, ce qui paraît rationnel en admettant que la disposition des dents prime les caractères tirés de la forme générale du corps et de la présence de deux dorsales. Toutefois, à en juger par l'individu conservé dans les collections du Muséum, l'apparence générale est plutôt celle des Pristipomatidées; malheureusement l'exemplaire, unique jusqu'ici, est un empaillé, qui ne permet pas d'apprécier exactement la forme générale.

Les écailles du corps n'offrent rien de bien remarquable à noter; quant à celles de la ligne latérale, elles présentent quelques particularités intéressantes. Le canal, au niveau de la perforation interne, se divise en deux branches, qui, d'ordinaire, suivent les bords supérieur et inférieur de l'aire spinigère, sans cependant atteindre le bord postérieur; parfois ces branches sont tout à fait rudimentaires ou manquent complétement; mais on peut en reconnaître le trajet indiqué par des trous arrondis, percés comme à l'emporte-pièce dans la lamelle, et disposés plus ou moins en séries centrifuges. Le *Sargus argenteus*, C. V., est celui qui nous a présenté le plus nettement cette dernière disposition.

On a signalé sur les côtes d'Amérique une douzaine d'espèces, la plupart de l'Atlantique : *Sargus rhomboïdes*, Lin., *S. unimaculatus*, Bl., *S. ovis*, Mitch., *S. lineatus*, C. V., *S. argenteus*, C. V., *S. flavo-lineatus*, C. V., *S. aries*, C. V., *S. ambassis*, Günth., *S. tridens*, Poey, *S. Holbrookii*, Bean; dans ces dernières années seulement, M. Steindachner a fait connaître le *S. Pourtalesi*, des îles Galapagos, et M. Lockington le *S. brachysomus*, pris sur les côtes de la Basse-Californie.

QUATRIÈME PARTIE.

3e LIVRAISON.

Texte : Feuilles 16 à 25. — Planches V *bis*, VI, VIII, IX et X *bis*.